精 彩 案 例 欣 赏

HTML 5 为网页添加背景音乐

HTML 5 在网页中播放视频

在网页中实现特殊字体

制作图像页面

制作网站滚动公告

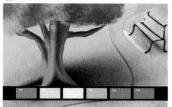

插入图像占位符

插入时间和注释

制作网站欢迎页面

美化网页中的超链接

精 彩 案 例 欣 赏

实现网页中视频播放

制作文本页面

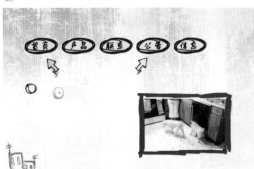

在网页中插入 FLV 视频

应用 CSS 类选区

实现网页特效

制作网站导航栏

插入 Shockwave 动画

制作 Flash 欢迎页面

设置网页定位样式

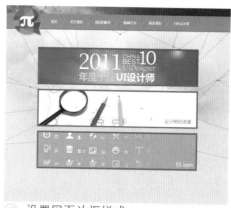

设置网页边框样式

设置网页背景样式

在网页中实现文本分栏显示

制作音乐排行

设置网页扩展样式

设置网页列表样式

● 制作框架页面

● 插入图像域

● 使用 Spry 验证用户登录

● 制作上传照片

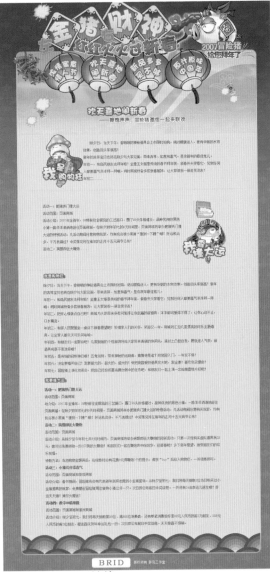

● 创建 E-mail 链接

● 创建热点链接

● 设置网页方框样式

在网页中实现鼠标交互

网页跳转

判断浏览器插件

制作可折叠栏目

为网页添加弹出广告

添加浏览器状态栏文本

制作商品展示页面

实现 JavaScript 特效

制作可自由伸缩的新闻公告

实现网页中可拖动元素

制作网站导航菜单

精彩案例欣赏

控制网页元素的显示

为网页添加弹出信息

创建基于模板的页面

应用网站版底库项目

使用 AP Div 溢出制作多行文本框

创建 IFrame 框架页面

添加网页过渡效果

使用 AP Div 排版

制作网站新闻模块

制作新闻栏目

制作游戏类网站页面

为网站的内容创建空链接和下载链接

制作儿童类网站页面

插入表格

创建内部链接

创建脚本链接

光 盘 内 容

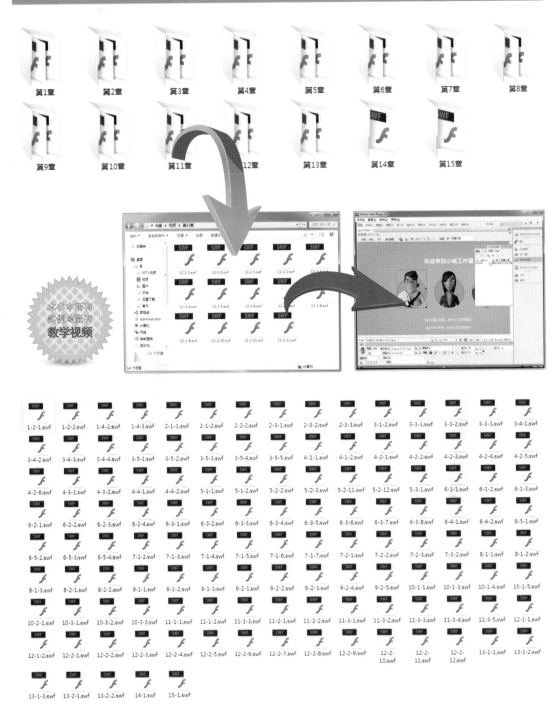

光盘中提供的视频为 SWF 格式，这种格式的优点是体积小，播放快，可操控。除了可以使用 Flash Player 播放外，还可以使用暴风影音、快播等多种播放器播放。

网页设计殿堂之路

张国勇 编著

Dreamweaver网页设计全程揭秘

清华大学出版社
北京

内 容 简 介

Dreamweaver是Adobe公司推出的网页制作软件，该软件容易上手并且可以快速生成跨平台和跨浏览器页面，深受广大网页设计者的欢迎。

全书采用了理论与实践相结合的方式，将基础知识与实例相结合，贯穿整本书，从而达到更加有效的学习效果。全书共分15章，从初学者的角度入手，全面讲解了Dreamweaver CS6中所涉及的知识点，从浅到深，由点到面地对Dreamweaver CS6的使用方法和网页的制作技巧进行全面阐述，其中包括Dreamweaver CS6入门、创建站点、源代码与网页的基础设置、制作图文基础网页等内容。

本书附赠1张DVD光盘，其中提供了丰富的练习素材、源文件和最终文件，并为书中所有实例都录制了多媒体教学视频，方便读者学习和参考。

本书内容清晰明了、文字通俗易懂，主要面向初、中级读者，包括想进入网页设计领域的读者以及与网页设计相关专业的学生阅读，同时也可作为广大网页设计爱好者的参考书籍以及网页设计制作的理想培训教材。

图书在版编目(CIP)数据

Dreamweaver网页设计全程揭秘 / 张国勇 编著. —北京：清华大学出版社，2014
(网页设计殿堂之路)
ISBN 978-7-302-35794-0

Ⅰ.①D… Ⅱ.①张… Ⅲ.①网页制作工具 Ⅳ.①TP393.092

中国版本图书馆CIP数据核字(2014)第060883号

责任编辑：李 磊
封面设计：王 晨
责任校对：邱晓玉
责任印制：沈 露

出版发行：清华大学出版社
    网 址：http://www.tup.com.cn，http://www.wqbook.com
    地 址：北京清华大学学研大厦 A 座 邮 编：100084
    社 总 机：010-62770175 邮 购：010-62786544
    投稿与读者服务：010-62776969，c-service@tup.tsinghua.edu.cn
    质 量 反 馈：010-62772015，zhiliang@tup.tsinghua.edu.cn
印 刷 者：北京鑫丰华彩印有限公司
装 订 者：三河市溧源装订厂
经 销：全国新华书店
开 本：190mm×260mm 印 张：21.5 彩 插：4 字 数：523千字
    (附 DVD 光盘 1 张)
版 次：2014 年 10 月第 1 版 印 次：2014 年 10 月第 1 次印刷
印 数：1～3500
定 价：49.00 元

产品编号：059409-01

现如今，随着 Internet 技术的飞速发展及应用，我们的生活、学习、工作等也越来越离不开内容丰富的网站，而高质量的网页是宣传网站的重要窗口，内容丰富、制作精美的网页能够更好地吸引浏览者的阅览，如何制作出精美的网页已成为一项重要技能，因为其决定着网站的生存与发展。

作为业界领先的网页制作软件，无论在国内还是国外，Dreamweaver 都深受广大网页设计者的青睐，Dreamweaver 是一款对 Web 站点、Web 网页和 Web 应用程序进行设计、编码和开发的专业编辑软件。目前，Dreamweaver CS6 是该软件的最新版本，它是一个集网页创作与站点管理两大利器于一身的重量级创作软件，本书基于该软件编写，与前几个版本相比，该版本界面更加简单，操作更加人性化，而且支持目前各种主流的动态网站的开发语言。

本书内容

本书每章都采用了知识点与实例相结合的讲解方式，其详细的讲解步骤配合图示，使每个步骤都清晰易懂，一目了然。全书分为 15 章对内容进行讲解，为读者尽可能全面地诠释每一个知识点。各章的主要内容如下。

第 1 章　Dreamweaver CS6 入门，主要介绍了网页设计的基础知识和设计网页的技巧，全新版本的 Dreamweaver 的基础操作、新增功能，以及安装和卸载该软件的方法。

第 2 章　创建站点，主要介绍了在 Dreamweaver CS6 中站点的创建和管理方法，以及站点的一些基本操作知识和技巧。

第 3 章　Dreamweaver CS6 中的源代码与网页基础设置，介绍了关于 HTML 的相关基础知识，同时介绍了如何设置头信息，以及网页整体属性设置的操作及技巧。

第 4 章　制作图文基础网页，详细介绍了网页中文字、图像和其他图像元素的处理方法，结合实战练习的操作，使读者更容易理解和应用。

第 5 章　制作多媒体网页，主要介绍网页中插入 Flash 和其他多媒体的方法，在 Dreamweaver CS6 中如何插入多媒体，其中包括插入 Flash、声音、视频、JavaApplet 和 Activex 控件等。

第 6 章　使用 CSS 样式控制页面元素，主要介绍 CSS 样式的相关知识，其中包括认识、创建和编码 CSS 样式，以及 CSS 3 的新增属性。

第 7 章　制作表单网页，介绍了 Dreamweaver CS6 中各个表单元素的使用方法和在网页上实现的效果，通过实际的操作练习，可以掌握网页中常见表单的制作。

第 8 章　制作框架页面，详细介绍了框架页面的相关知识，其中包括框架页面的制作，IFrame 框架等相关操作。

第 9 章　设置网页链接，介绍了不同类型的链接的创建方法，通过实战练习的制作，可以掌握网页中各种页面链接的设置。

第 10 章　使用模板和库提高网页制作效率，主要讲述了在 Dreamweaver CS6 中模板和库的创建和应用。

第 11 章　表格与 Spry 特效的应用，首先介绍了网页中表格的基本操作和应用技巧，然后重点讲解了 Spry 构件的应用，其中包括 Spry 菜单栏、Spry 选项卡面板等构件。

第 12 章　AP Div 与行为在网页中的应用，简单地介绍了如何使用 AP Div 进行排版，还介绍了网页中各种行为效果的应用方法。

第 13 章　测试与上传网站，介绍了关于网站制作完成后的上传与维护操作，包括网站的测试、站点上传和维护。

第 14 章　制作儿童类网站页面，本章通过设计分析、色彩分析和制作步骤，全面介绍儿童类网站的制作方法及流程。

第 15 章　制作游戏类网站页面，本章综合运用和巩固前面所学的知识，让大家能够将所学的知识运用到实战中。

本书特点

全书内容丰富、结果清晰，通过知识点与实战的结合，为广大读者全面、系统地介绍了使用 Dreamweaver CS6 设计和制作网页的方法及技巧。

实例经典，上手快速，语言通俗易懂，讲解清晰，除了图书配合多媒体教学讲解外，对书中的配图也做了详细、清晰的标注，每步一图，让读者学习起来更加轻松，阅读更加容易。

本书主要从初学者角度入手，由浅入深、循序渐进地讲解了使用 Dreamweaver CS6 设计和制作网页的使用技法。

本书由具有丰富教学经验的设计师编写，在每一个实例后面都有相关的提问及解答，这些都是作者从日常工作中精心提炼处理的实战应用技巧，让读者在学习中少走弯路。

本书配套的多媒体教学光盘中提供了书中所有实战的相关视频教程，以及所有实例的源文件及素材，方便读者制作出和本书实战一样精美的效果。

本书作者

本书由张国勇编著，另外参与编写的还有解晓丽、孙慧、程雪翾、王媛媛、胡丹丹、刘明秀、陈燕、王素梅、杨越、王巍、王状、赵建新、赵为娟、邢燕玲、贺春香等人。本书在写作过程中力求严谨，由于水平有限，难免有错误和疏漏之处，希望广大读者朋友批评指正。

编　者

第 1 章　Dreamweaver CS6 入门

本章主要向读者介绍了网页设计与制作过程中所涉及的相关基础知识，使读者对于网页设计有大致的了解。然后介绍 Dreamweaver CS6，使读者了解到 Dreamweaver CS6 提供的强大可视化布局功能、应用开发功能以及对代码的编辑支持。通过对 Dreamweaver CS6 软件的使用，使读者掌握网页设计与制作过程中所必备的技能。

1.1　认识网页

网页实际上就是一个文件，这个文件可以存放在世界上的任何一台计算机上，并且这台计算机需要保持与互联网的连接。网页是由网址（URL，例如 www.sina.com）来识别与存取的。在浏览器的地址栏中输入网页的地址后，经过复杂而又快速的程序解析（域名解析系统）后，网页文件就会被传送到计算机中，最后通过浏览器解释网页的内容，使网页呈现在浏览者的眼前。

1.1.1　网页与网站

简单来说，网站是由若干网页集合而成的，而互联网又由许多个网站构成，因此网页是构成网站以及互联网的主体部分。网站通过与互联网的有机结合就构成了我们现在所熟悉的内容丰富多彩的网络世界。

网页是在互联网上展示的一种形式，一般的网页都包括图像和文本信息，稍微复杂的还包括声音和视频等多媒体信息。当浏览者输入一个网址或者单击某个链接，在浏览器中看到的文字、图像、动画和视频等内容，能够承载这些内容的页面，称之为网页。

本章知识点

- ☑ 了解网页相关基础知识
- ☑ Dreamweaver CS6 的安装与启动
- ☑ Dreamweaver CS6 的新增功能
- ☑ Dreamweaver CS6 工作界面
- ☑ Dreamweaver CS6 基本操作

地址栏　开始游戏　　图像链接　　文字链接

浏览者进入某个网站首先看到的网页称为"主页",也称为"首页"。首页承载了一个网站的所有主要内容,浏览者可以按照首页中的分类来精确、快速地找到自己想要的内容。

网站则是各种内容网页的集合,目前主要有门户类网站和公司网站两种。门户类的网站内容比较庞大复杂(例如新浪、网易和搜狐等)。公司网站一般只有几个页面,但都是由最基本的网页元素组合在一起的。

大家熟悉的 WWW,也就是 World Wide Web——万维网,万维网是互联网的一个子集,为全世界用户提供信息。WWW 共享资源共有 3 种机制,分别为"协议"、"地址"和 HTML。

● 协议

超文本传输协议 Hyper Text Transfer Protocol(HTTP),是访问 Web 上资源必须遵循的规范。

● 地址

统一定位符 Uniform Resource Locators(URL)用来标示 Web 页面中的资源,WWW 按统一命名方案访问 Web 页面资源。

● HTML

HTML 是超文本标记语言的简称,使用超文本标记语言创建的文档称为 HTML 文档,扩展名为 .htm 或 .html,可以在 Web 上直接访问。HTML 文档使用 HTML 标记和元素建立页面并将其保存到服务器上,与互联网连接。

提示　使用浏览器请求某些信息时,Web 服务器也会做出相应的请求,它会将请求的信息发送至浏览器。浏览器将会处理从服务器发来的信息。

1.1.2 网页的类型

不用的网页文件,它的后缀也不相同,一般包含 CGI、ASP、PHP、JSP 和 VRML 等。通常我们看到的网页都是以 htm 或 html 后缀结尾的文件,俗称 HTML 文件,下面对各种类型的网页文件进行简单的讲解。

● CGI

CGI 是一种编程标准,它规定了 Web 服务器用其他可执行程序的接口协议标准。CGI 程序通过读取使用者的输入请求,从而产生 HTML 网页。它可以用任何程序设计语言编写。

● ASP

ASP 是一种应用程序环境,主要用于网络数据库的查询和管理。其工作原理是当浏览者发出浏览请求的时候,服务器会自动将 ASP 的程序代码解释为标准的 HTML 格式的网页内容,再发送到浏览者的浏览器上显示出来,也可以将 ASP 理解

为一种特殊的 CGI。

● PHP

PHP 是一种 HTML 内嵌式的语言,PHP 与 ASP 有点相似,它们都是一种在服务器端执行嵌入 HTML 文档的脚本语言,风格类似于 C 语言。PHP 独特的语法混合了 C、Java、Perl 以及 PHP 自创的语法。它可以比 CGI 或 Perl 更快速地执行动态网页,PHP 在大多数 Unix 平台 GUN/Linux 和微软 Windows 平台上均可运行。

● JSP

JSP 是一种动态网页技术标准,JSP 与 ASP 非常相似。不同之处在于 ASP 的编程

语言是 VBScript 之类的脚本语言，而 JSP 使用的是 Java 语言。此外，ASP 和 JSP 还有一个更为本质的区别：两种语言引擎用完全不同的方式处理页面中嵌入的程序代码。在 ASP 下，VBScript 代码被 ASP 引擎解释执行；在 JSP 下，代码被翻译成 Servlet 并由 Java 虚拟机执行。

🔘 **VRML**

　　VRML 是虚拟实境描述模型语言，是描述三维的物体及其结构的网页格式。利用经典的三维动画制作软件 3ds Max，可以简单而快速地制作出 VRML。

1.1.3　静态网页与动态网页

　　静态网页是相对于动态网页而言的，并不是说网页中的元素都是静止不动的。静态网页是指浏览器与服务器端不发生交互的网页，网页中的 GIF 动画、Flash，以及 Flash 按钮等都会发生变化。

　　静态网页的执行过程大致如下。

　　（1）浏览器向网络中的服务器发出请求，指向某个静态网页。

　　（2）服务器接到请求后将传输给浏览器，此时传送的只是文本文件。

　　（3）浏览器接到服务器传来的文件后解析 HTML 标签，将结果显示出来。

　　动态网页除了静态网页中的元素外，还包括一些应用程序，这些程序需要浏览器与服务器之间发生交互行为，而且应用程序的执行需要服务器中的应用程序服务器才能完成。

　　动态网页可以是纯文本内容的，也可以是包含各种动画内容的，这些只是网页具体内容的表现形式，无论网页是否具有动态效果，采用动态网站技术生成的网页都称为动态网页。在动态网页网址中有一个标志性的符号——"？"。

💡 **提示**　　动态网页与静态网页是相对应的，静态网页的 URL 后缀是以 .htm、.html、.shtml 和 .xml 等常见形式出现的。而动态网页的 URL 后缀是以 .asp、.jsp、.php、.perl 和 .cgi 等形式出现的。但是在某些大型网站，可能为提高网站的浏览速度或者出于安全考虑，会通过后台程序的方式将动态网页的 URL 后缀显示为 .html。

1.1.4　网页的基本构成元素

　　在 Internet 早期，网站只能保存纯文本。经过近十几年的发展，图像、声音、动画、视频和 3D 等技术已经在网页中得到了广泛应用，网页已经发展成为集视、听为一体的媒体，并且通过动态网页技术，使用户可以与其他用户或者网站管理者进行交流。

网页中常见的构成元素有文本、图像、声音、视频、动画、超链接、菜单、表单和程序等。

网站 Logo
导航菜单
广告图片

搜索表单
广告动画
新闻标题文字

网站 Logo

在网页设计中，Logo 代表了公司或者网站的形象，因此在网站中起着非常重要的作用。一个制作精美的 Logo 不仅可以很好地树立公司形象，还可以传达丰富的产品信息。网站 Logo 是网站特色和内涵的集中体现，它用于传递网站的定位和经营理念，同时便于人们识别。通过调查发现，一个网站的首页美观与否常常决定了浏览者是否进行深入浏览，而 Logo 作为首先映入访问者眼帘的具体形象，其重要性则不言而喻。

网站广告图片

网站作为一种全新的、为大众所熟悉和接受的媒体，已逐步显示出其特有的、蕴藏深厚的广告价值。纵观网上大多数门户及商业网站，广告收入正是其生存发展的支柱性收入，无所不在的网站广告已经得到了网站和浏览者的认同。

虽然网站广告的历史不长，但是其发展的速度却是非常快的，与其他媒体的广告相比，中国的网络广告市场还有一个相当大的发展空间，未来的网络广告将与电视广告占有同等地位的市场份额。与此同时，网络广告的形式也发生了重要的变化，以前网站广告的主要形式还是普通的按钮广告，近几年大横幅大尺寸广告已经成为了网站中最重要的广告形式，也是现今采用最多的网站广告形式。

导航菜单

导航是网站中重要的基础元素，它对网站的信息进行了大致的分类，通过网站导航可以使浏览者查询到相应的信息。导航菜单应该引人注目一些，这样使浏览者进入网站后，会优先寻找导航菜单，以便于直观地了解网站的内容及信息的分类方式，从而判断出这个网站上是否有自己感兴趣的内容。

在网站中导航，就是在网站的各个页面间自由地切换，引导用户快速到达所想到达的位置，这就是为什么每个网站内都包含很多导航要素。在这些要素中包含菜单按钮、移动图像和链接等各种各样的对象，网站的页面数包含的内容和信息越复杂多样，那么它的导航要素的构成和形态是否成体系、位置是否合适，将是决定该网站能否成功的重要因素。一般来说，在网页的上端或左侧设置主导航菜单的情况是比较普遍的方式。

文本和图像

文本和图像是网页中最基本的构成元素，在任何的网页中，这两种基本的构成元素都是必不可少的，它们可以用最直接、最有效的方式向浏览者传达信息。而网页设计人员需要考虑如何把这些元素以一种更容易被浏览者接受的方式组织起来放到网页中去，对于网页中的基本构成元素（文本和图像），大多数浏览器本身都可以显示，无须任何外部程序或模块支持。随着技术

的不断发展，更多的元素会在网页艺术设计中得到应用，使浏览者可以享受到更加完美的效果。在新技术不断发展的大环境下，网页设计的要求也在不断提高，而新技术也让网页设计提高到了更高的层次。

动画

随着互联网的迅速发展和网络速度的快速提升，在网页中出现了越来越多的多媒体元素，包括动画、声音和视频等。大多数浏览器本身都可以显示或播放这些多媒体元素，无须任何外部程序或模块支持。例如，多数浏览器都可以显示 GIF、Flash 动画，但有些多媒体文件（如 MP3 音乐）需要先下载到本地硬盘上，然后启动相应的外部程序来播放。另外，浏览器可以使用插件来播放更多格式的多媒体文件。

在网页中应用的动画元素主要有 GIF 和 Flash 两种形式，GIF 动画的效果单一，已经不能适应人们对网页视觉效果的要求。随着 Flash 动画技术的不断发展，Flash 动画的应用已经越来越广泛，特别是在网页中，已经成为最主要的网页动画形式，打开任何一个网站，几乎都可以在该网站上看到 Flash 动画。Flash 动画因为其特殊的

表现形式，更加直观、生动，受到人们的欢迎，特别是在突出表现某些信息内容的时候，Flash 动画可以更加突出、更加精确地表现内容。

● **表单**

表单是功能型网站中经常使用的元素，是网站交互中最重要的组成部分。在网页中，小到搜索框与搜索按钮，大到用户注册表单及用户控制面板，都需要使用表单及其表单元素。

网页中的表单元素用来收集用户信息，帮助用户进行功能性控制。表单的交互设计与视觉设计是网站设计中相当重要的环节。从表单视觉设计上来说，经常需要摆脱 HTML 提供的默认的比较粗糙的视觉模式。

面向初级用户和专业用户，填写项要尽量精简，做简单的填写说明和清晰的验证，只放置与填写表单相关的链接，避免用户通过其他链接将视线转移到别的地方，从而放弃填写表单。

如果完成表单的填写任务需要多个步骤，需要用图形或文字标明所需的所有步骤，以及当前正在进行的步骤。

可能的话，尽量先放置单行文本框和多行文本框等需要输入的选项，再放置下拉列表、单选按钮和复选框等用鼠标操作的项，紧接着放置"提交"按钮，这样操作起来会更加简单。

在文本输入框中一般会对文本格式进行相应的设置，比如加粗和字体大小等，而且尽量让此内容与用户完成以后所要发布的内容一致。

在网页设计中表单的应用非常广泛，主要应用在搜索、用户登录和用户注册等方面。

1.2 初识 Dreamweaver CS6

Dreamweaver CS6 是 Adobe 公司用于网站设计与开发的业界领先工具的最新版本，它提供了强大的可视化布局工具、应用开发功能和代码编辑支持，使设计和开发人员能够有效创建出非常有吸引力的、基于标准的网站。

1.2.1　安装 Dreamweaver CS6 的系统要求

Dreamweaver CS6 可以在 Windows 系统中运行，也可以在苹果机中运行。Dreamweaver CS6 在 Windows 系统中运行的系统要求如下。

- **CPU**

  Intel Pentium4 或 AMD Athlon 64 处理器。
- **操作系统**

  Microsoft Windows XP、Windows Vista Home Premium、Business、Ultimate 或 Enterprise 或 Windows 7。
- **内存**

  512MB 内存，推荐使用 1GB 以上内存。
- **硬盘空间**

  1GB 可用硬盘空间用于安装；安装过程中需要额外的可用空间（无法安装在可移动闪存设备上）。
- **显示器**

  16 位显卡，1280×800 像素的显示分辨率。
- **光盘驱动器**

  DVD-ROM 驱动器。
- **产品激活**

  在线服务需要宽带 Internet 连接。

➡ 实战 01+ 视频：安装 Dreamweaver CS6

在了解了 Dreamweaver CS6 的系统要求后，接下来将在 Windows 7 系统中安装中文版 Dreamweaver CS6。

🏠 源文件：无

📡 操作视频：视频 \ 第 1 章 \1-2-1.swf

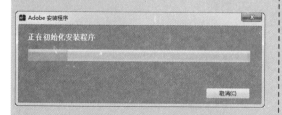

`01` ▶ 将 Dreamweaver CS6 安装光盘放入 DVD 光驱中，稍等片刻，自动进入初始化安装程序界面。

`02` ▶ 初始化完成后会自动进入欢迎界面，可以选择安装或试用。

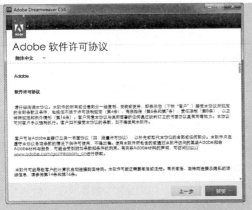

03 ▶ 单击"安装"按钮，进入 Dreamweaver CS6 软件许可协议界面。

04 ▶ 单击"接受"按钮，进入序列号界面，输入序列号，单击"下一步"按钮。

05 ▶ 用户可以勾选需要安装的选项，设置"语言"为"简体中文"，并指定安装路径。

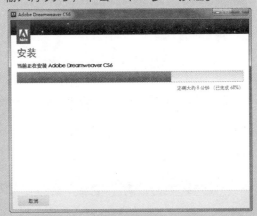

06 ▶ 单击"安装"按钮，进入安装界面，显示安装进度。

07 ▶ 安装完成后，进入"安装完成"界面，单击"关闭"按钮，关闭安装窗口，完成 Dreamweaver CS6 的安装，单击"立即启动"按钮，可以运行 Dreamweaver CS6 软件。

08 ▶ 软件安装结束后，Dreamweaver 会自动在 Windows 程序组中添加一个 Dreamweaver CS6 的快捷方式。

提问：如果 Dreamweaver CS6 软件出现问题，如何卸载？

答：如果用户所安装的 Dreamweaver CS6 软件出现问题，则需要将 Dreamweaver CS6 卸载后再重新进行安装。打开 Windows 系统中的"控制面板"窗口，单击"程序和功能"选项，进入"程序和功能"窗口，在列表中选择 Dreamweaver CS6，单击"卸载"按钮，弹出"卸载选项"对话框，即可对 Dreamweaver CS6 进行卸载。

1.2.2　Dreamweaver CS6 概述

Dreamweaver CS6 是一款由 Adobe 公司开发的专业 HTML 编辑器，用于对 Web 站点、Web 页面和 Web 应用程序进行设计、编码和开发。利用 Dreamweaver 中的可视化编辑功能，用户可以快速创建页面，而无须编写任何代码。

Dreamweaver CS6 在增强面向专业人士的基本工具和可视技术的同时，还为网页设计用户提供了功能强大的、或基于标准的开发模式。Dreamweaver CS6 的出现巩固了自 1997 年推出 Dreamweaver 1 以来，长期占据网页设计专业开发领域行业标准级解决方案的领先地位。

Dreamweaver CS6 是业界领先的网页开发工具，通过该工具能够使用户高效地设计、开发和维护基于标准的网站和应用程序。使用 Dreamweaver CS6，网页开发人员能够完成从创建和维护基本网站、支持最佳实践和最新技术，以及高级应用程序开发的全过程。

与其他的网页设计制作软件相比，Dreamweaver CS6 具有以下特点。

（1）集成的工作区，更加直观，使用更加方便。

（2）Dreamweaver CS6 支持多种服务器端开发语言。

（3）Dreamweaver CS6 提供了强大的编码功能。

（4）具有良好的可扩展性，可以安装 Adobe 公司或第三方推出的插件。

（5）Dreamweaver CS6 提供了更加全面的 CSS 渲染和设计支持，用户可以构建符合最新 CSS 标准的站点。

（6）Dreamweaver CS6 可以更好地与 Adobe 公司的其他设计软件集成，如 Flash CS6、Photoshop CS6 和 Fireworks CS6 等，以方便对网页动画和图像的操作。

实战 02+ 视频：启动 Dreamweaver CS6

完成 Dreamweaver CS6 软件的安装后，接下来要运行 Dreamweaver CS6 软件。

源文件：无　　操作视频：视频 \ 第 1 章 \1-2-2. swf

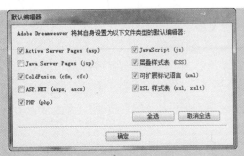

01 ▶ 运行 Dreamweaver CS6，第一次启动时首先会出现"默认编辑器"对话框，从中可以复选其中的文件类型，将 Dreamweaver CS6 设置为这些文件类型的默认编辑器。

02 ▶ 完成文件类型的默认编辑器选择，单击"确定"按钮，进入 Dreamweaver CS6 工作区。

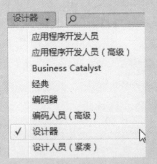

03 ▶ 执行"文件>新建"命令，弹出"新建文档"对话框，新建一个空白的 HTML 页面，在默认情况下，Dreamweaver CS6 的工作区布局是以设计视图布局的。

04 ▶ 在 Dreamweaver CS6 中可以对工作区布局进行修改。单击"菜单"栏右侧的"设计器"按钮 设计器▼，在其下拉菜单中选择一种布局工作区的布局模式即可。

> **提示**
> Dreamweaver CS6 设计视图布局是一种将全部元素置于一个窗口中的集成布局，是 Adobe 家族的标准工作区布局。建议大多数用户使用这个工作区布局。本书对 Dreamweaver CS6 的介绍将主要以设计视图为主。

> **提问**
> 提问：如何退出 Dreamweaver CS6？
> 答：如果需要退出 Dreamweaver CS6 软件，可以执行"文件>退出"命令，或按快捷键 Ctrl+Q，还可以单击 Dreamweaver CS6 软件界面右上角的"关闭"按钮，即可退出并关闭 Dreamweaver CS6 软件。

1.3 Dreamweaver CS6 新增功能

　　Dreamweaver CS6 提供了众多功能强大的可视化设计工具、应用开发环境和代码编辑支持，使开发人员和设计师能够快捷地创建代码规范的应用程序，其集成程度非常高，开发环境精简而高效，开发人员能够运用 Dreamweaver 与服务器技术构建功能强大的网络应用程序衔接到用户的数据、网络服务体系中。

　　Dreamweaver CS6 是 Dreamweaver 的最新版本，它与以前的 Dreamweaver CS 5.5 版本

相比，增加了一些新的功能，并且还增强了很多原有的功能，下面就对 Dreamweaver CS6 的新增功能进行介绍。

1.3.1　全新的"管理站点"对话框

在 Dreamweaver CS6 中对"管理站点"对话框进行了全新的改进和增强，执行"站点 > 管理站点"命令，即可弹出"管理站点"对话框，在全新的"管理站点"对话框中保持了对站点的基本编辑和管理功能，新增了创建站点和导入 Business Catalyst 站点的功能。

1.3.2　Business Catalyst 站点

在 Dreamweaver CS6 中可以直接创建 Business Catalyst 站点，执行"站点 > 新建 Business Catalyst 站点"命令，弹出 Business Catalyst 对话框。

1.3.3　Business Catalyst 面板

创建了 Business Catalyst 站点后，Dreamweaver CS6 将会自动连接到在远程服务器上所创建的 Business Catalyst 站点，并在"文件"面板中显示 Business Catalyst 站点，可以直接在 Dreamweaver CS6 的 Business Catalyst 面板中管理 Business Catalyst 模块。

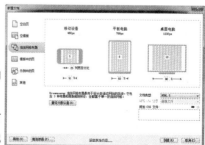

1.3.4　流体网格的 CSS 布局

在 Dreamweaver CS6 中新增了基于流体网格的 CSS 布局功能，执行"文件 > 新建流体网格布局"命令，弹出"新建文档"对话框，并自动切换到"流体网格布局"选项卡中，可以创建针对不同屏幕尺寸的流体 CSS

布局。在使用流体网格生成网页时，布局及其内容会自动适应用户的查看设备，包括智能手机、平板电脑等。

1.3.5　为单个元素应用多个 CSS 样式

在 Dreamweaver CS6 中可以将多个类的 CSS 样式应用于页面的同一个元素。需要为单个元素应用多种类的 CSS 样式，可以选中该元素，在"属性"面板上的"类"下拉列表中选择"应用多个类"选项，弹出"多类选区"对话框，在该对话框中可以选择为选中元素需要应用的类的 CSS 样式。

1.3.6　CSS 过渡效果

在 Dreamweaver CS6 中可以为元素创建 CSS 的过渡效果，可以通过"CSS 过渡效果"面板来创建 CSS 的过渡效果，将 CSS 样式平滑过渡效果应用于页面元素，从而可以实现更多的交互效果。例如，当鼠标悬停在某个菜单项上时，该菜单栏的背景颜色能够从一种颜色逐渐转变为另一种颜色。

1.3.7　Web 字体

在 Dreamweaver CS6 中新增了 Web 字体的功能，可以使用具有 Web 支持的字体，例如 Google 或 Typekit Web 字体。如果需要使用 Web 字体，可以执行"修改 >Web 字体"命令，随后弹出"Web 字体管理器"对话框，将需要使用的 Web 字体添加到 Dreamweaver 站点中，在网页中即可使用所添加的 Web 字体了。

 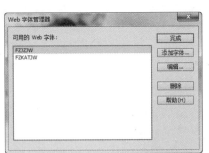

1.3.8　优化图像功能

在 Dreamweaver CS6 中对图像优化功能进行了优化，根据在页面中所选择的图像格式，在弹出的"图像优化"对话框中将显示不同的优化选项。例如，在页面中选中一个 JPEG 格式的图像，单击"属性"面板上的"编辑图像设置"按钮，弹出"图像优化"对话框，提供 JPEG

格式图像的优化选项，并且在"图像优化"对话框中进行优化设置后，可以在页面中看到
图像优化的实时效果。

1.3.9　支持 jQuery 1.6.4 和 jQuery Mobile 1.0

Dreamweaver CS6 附带了 jQuery 1.6.4 和 jQuery Mobile 1.0
文件。执行"文件 > 新建"命令，弹出"新建文档"对话框，
切换到"示例中的页"选项卡，选择"Mobile 起始页"选项，
即可创建 jQuery Mobile 文件。

1.3.10　新增 jQuery Mobile 色板

在 Dreamweaver CS6 中编辑 jQuery Mobile 文件时，可以执行"窗
口 >jQuery Mobile 色板"命令，打开"jQuery Mobile 色板"面板，使用
该面板可以在 jQuery Mobile 文件中应用标题、列表、按钮和其他的元素
效果。

1.3.11　集成 PhoneGap Build

在 Dreamweaver CS6 中集成了 PhoneGap 服务，可以使用 PhoneGap 服务构建和模拟
移动设备的应用程序，该服务集成了包括 Android、iOS、Blackberry 和 WebOS 应用程序环境，
能够打包并输出用户的应用程序。执行"站点 >PhoneGap Build 服务 >PhoneGap Build 服
务"命令，打开"PhoneGap Build 服务"面板，启动该服务后，可以将 Web 应用程序发布
到 PhoneGap Build。

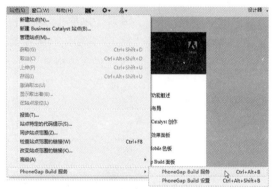

1.4　认识 Dreamweaver CS6

Dreamweaver 软件自从开发以来就作为网页制作工具的
标准被人们广泛应用，它的后续升级版本也得到了很大的提
高。最新版 Dreamweaver CS6 为设计和开发人员提供了强大
的可视化布局工具、应用开发功能和代码编辑支持功能。

1.4.1　Dreamweaver CS6 工作界面

Dreamweaver CS6 提供了一个将全部元素置于一个窗
口中的集成工作界面。在集成的工作界面中，全部窗口和

面板都被集成到一个更大的应用程序窗口中，使用户可以查看文档和对象属性，还将许多常用操作放置于工具栏中，使用户可以快速更改文档。

1.4.2 菜单栏

Dreamweaver CS6 的主菜单共分 10 个，即"文件"、"编辑"、"查看"、"插入"、"修改"、"格式"、"命令"、"站点"、"窗口"和"帮助"。

Dw 文件(F) 编辑(E) 查看(V) 插入(I) 修改(M) 格式(O) 命令(C) 站点(S) 窗口(W) 帮助(H)

● "文件"菜单

"文件"菜单包含用于文件操作的标准菜单项，例如"新建"、"打开"和"保存"等。还包含其他各种命令，用于查看当前文档或对当前文档执行操作，例如"在浏览器中预览"和"打印代码"等。

● "编辑"菜单

"编辑"菜单包含用于基本编辑操作的标准菜单项，例如"剪切"、"拷贝"和"粘贴"等。"编辑"菜单中包括选择和搜索命令，例如"选择父标签"和"查找和替换"，并且提供对键盘快捷方式编辑和标签编辑器的访问。它还提供对 Dreamweaver CS6 菜单中"首选参数"的访问。

● "查看"菜单

"查看"菜单可以使用户切换文档的各种视图（例如设计视图、代码视图和实时视图），并可以显示和隐藏不同类型的页面元素及不同的 Dreamweaver CS6 工具。

● "插入"菜单

"插入"菜单中提供了"插入"面板的替代项，以便于将页面元素插入到网页中（列入标签、图像、媒体）。

● "修改"菜单

"修改"菜单中可以使用户更改选定页面元素的属性。使用此菜单，用户可以编辑标签属性，更改表格和表格元素，并且为库和模板执行不同的操作等。

● "格式"菜单

"格式"菜单中主要是为了方便用户设置网页中文本的格式（如"缩进"、"凹凸"、"段落格式"等）。

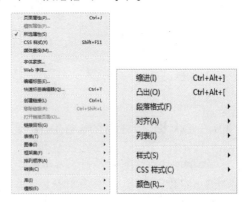

● "命令"菜单

"命令"菜单中提供对各种命令的访问，可以根据格式参数的选择来设置代码格式、排序表格，以及使用 Fireworks 优化图像的命令。

● "站点"菜单

　　"站点"菜单中提供的选项可用于创建、打开和编辑站点，以及用于管理当前站点中的文件。

● "窗口"菜单

　　"窗口"菜单中提供了对 Dreamweaver CS6 中的所有面板、检查器和窗口的访问。

● "帮助"菜单

　　"帮助"菜单主要提供对 Dreamweaver CS6 文件的访问，包括如何使用 Dreamweaver CS6 及创建对 Dreamweaver CS6 的扩展的帮助系统，并且包括各种代码的参考材料等。

⇒ **实战 03+ 视频：新建和保存网页**

　　在使用 Dreamweaver CS6 设计和制作网页的时候，首先必须新建网页和 CSS 样式，接着才能完成其他操作，完成设计后最终保存预览。

🏠 源文件：无

🔊 操作视频：视频 \ 第 1 章 \1-4-2.swf

01 ▶ 打开 Dreamweaver CS6 软件，执行"文件 > 新建"命令，弹出"新建文档"对话框。在"空白页"选项卡中新建基本的静态网页和动态网页，其中最常用的就是 HTML 选项。

02 ▶ 单击"空模板"选项卡，切换到"空模板"选项中，在其中可以新建静态和动态的网页模板，包括 ASP JavaScript 模板、ASP VBScript 模板、ASP.NET C# 模板、ASP.NET VB 模板、ColdFusion 模板、HTML 模板、JSP 模板和 PHP 模板。

03 ▶单击"流体网格布局"选项卡，可以切换到"流体网格布局"选项中，该选项为 Dreamweaver CS6 新增的功能，可以新建基于"移动设备"、"平板电脑"或"桌面电脑" 3 种设备的流体布局网页。

04 ▶单击"模板中的页"选项卡，可以切换到"模板中的页"选项中，创建基于各站点中的模板的相关页面，选择需要创建基于模板页的站点，在"站点的模板"列表中显示所选站点中的所有模板页面。

05 ▶单击"示例中的页"选项卡，可以切换到"示例中的页"选项中，在该选项卡中包含有两个示例文件夹，分别为"CSS样式表"和"Mobile 起始页"，其中"Mobile起始页"为 Dreamweaver CS6 新增的功能。

06 ▶单击"其他"选项卡，可以切换到"其他"选项中，可以新建各种网页相关文件，包括ActionScript 远程文件、ActionScript 通信文件、C# 文件、EDML 文件、Java 文件、SVG 文件、TLD 文件、VB 文件、VBScript 文件、WML 文件和文本文件。

07 ▶在"新建文档"对话框的左侧单击选择"空白页"选项；在"页面类型"选项中选择一种需要的类型，这里选择"HTML"选项，在"布局"选项中选择一种布局样式，一般默认情况下为"无"，单击"创建"按钮，即可创建一个空白的 HTML 文档。

08 ▶在空白文档上输入文档内容，这时文档窗口的标签上将会出现"*"标签，表示该文档尚未保存。

09 ▶ 除了上面介绍的新建文件的方法外，如果刚刚打开 Dreamweaver CS6，可以直接在欢迎屏幕的"新建"选项下方单击不同类型的页面，即可创建相应的文件。

10 ▶ 需要保存当前编辑的网页时，可以执行"文件 > 保存"命令，弹出"另存为"对话框，设置文件名，并设置文件的保存位置，单击"保存"按钮即可对此文档进行保存。

 保存文件时，设置完文件名和保存位置后，可以直接按 Enter 键确认保存。如果没有另外指定的文件类型，文件会自动保存为扩展名为 HTML 的网页文件。

 关闭文档时，可以单击文档窗口右上角的"关闭"按钮，也可以在文档标签上单击鼠标右键，在弹出的快捷菜单中选择"关闭"命令。

提问：在 Dreamweaver 中如何打开网页？

答：在 Dreamweaver 中打开网页的方式有多种，可以执行"文件 > 打开"命令，也可以通过"文件"面板，还可以直接将需要打开的文件拖入到 Dreamweaver 软件窗口中。

1.4.3　文档工具栏

文档工具栏中包含了各种按钮，它们提供了各种"文档"窗口的视图，例如设计视图、代码视图的选项，各种查看选项和一些常用操作，例如在浏览器中预览页面等。文档工具栏中还包含一些与查看文档、在本地和远程站点间传输文档有关的常用命令和选项。

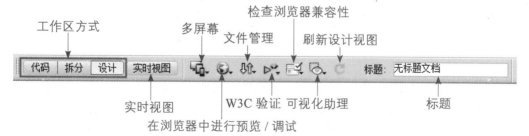

● **工作区方式**

通过该部分可以切换 Dreamweaver 文档窗口的视图模式，单击"代码"按钮，文档窗口将显示代码视图；单击"拆分"按钮，文档窗口将以垂直平分的方式显示代码视图和设计视图；单击"设计"按钮，文档窗口将显示页面设计视图。

● 实时视图

　　单击该按钮，将在 Dreamweaver 的文档窗口中显示当前编辑页面的实时视图效果。

● 多屏幕

　　单击该按钮，将弹出相应的菜单，在弹出的菜单中可以选择相应的选项，即可将当前文档窗口显示为所选择的屏幕尺寸。例如，在弹出菜单中选择"320×480 智能手机"选项，则 Dreamweaver 的文档窗口显示为智能手机屏幕的大小。

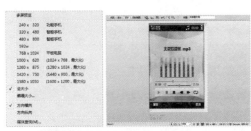

● 在浏览器中进行预览／调试

　　单击该按钮，在弹出的菜单中将显示系统中所安装的浏览器，可以选择相应的浏览器对当前编辑的页面进行预览。

● 文件管理

　　单击该按钮，在弹出的菜单中提供了对当前文件的相关管理操作选项。

● W3C 验证

　　单击该按钮，弹出相应的菜单，选择"验证当前文档（W3C）"选项，即可对当前文档进行 W3C 验证；选择"设置"选项，则弹出"首选参数"对话框，可以对 W3C 验证的相关选项进行设置。

● 检查浏览器兼容性

　　单击该按钮，将弹出相应的菜单，在其中选择相应的选项，即可对当前页面的浏览器兼容性进行检查。

● 可视化助理

　　单击该按钮，将弹出相应的菜单，在其中选择相应的选项，即可对页面中相应元素在设计视图中的可见性进行控制。

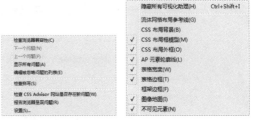

● 刷新设计视图

　　当在代码视图中为页面添加了代码内容后，该按钮可用，单击该按钮，可以刷新设计视图中的显示效果。

● 标题

　　该选项用于设置页面的标题，可以在该选项后的文本框中输入页面的标题，默认的页面标题为"无标题文档"。

➡ 实战 04+ 视频：打开和预览网页

　　在 Dreamweaver CS6 中要想编辑网页文件，就必须先打开文件。Dreamweaver CS6 可以打开多种格式的文件，它们的扩展名分别为 .html、.shtml、.asp、.js、.xml、.as 和 .css 等。在 Dreamweaver CS6 中完成了网页的制作，可以通过实时视图或浏览器预览网页效果。

源文件：无

操作视频：视频 \ 第 1 章 \1-4-3. swf

01 ▶ 打开 Dreamweaver CS6 软件，执行"文件 > 打开"命令，弹出"打开"对话框，选择需要打开的文件。

02 ▶ 单击"打开"按钮，即可在 Dreamweaver 中打开该网页。

03 ▶ 为了更快捷地制作页面，Dreamweaver CS6 中提供了实时预览功能，单击工具栏上的"实时预览"按钮，就可以看到网页的制作效果。

04 ▶ 如果需要在浏览器中预览网页，可以单击工具栏上的"在浏览器中预览"按钮，在弹出的菜单中选择一种浏览器进行预览。

提示　"实时视图"与传统的 Dreamweaver 设计视图的不同之处在于，它提供了页面在某一浏览器中的不可编辑、更逼真的外观，在设计视图操作时，可以随时切换到"实时视图"查看，进入"实时视图"后，设计视图变为不可编辑状态；代码视图保持可编辑状态，用户可以对代码进行更改，刷新"实时视图"查看更改后的效果，在"实时视图"状态下时，"实时代码"按钮处于激活状态。

05 ▶ 在弹出的菜单中选择"预览在 IExplore"选项，即可在 IE 浏览器中预览页面。

06 ▶ 如果在弹出的菜单中选择"预览在 Chrome"选项，即可在谷歌浏览器中预览页面。

提问

提问：如何在 Dreamweaver 中添加多浏览器预览选项？

答：在操作系统中安装了多个不同类型的浏览器，在 Dreamweaver 中执行"编辑 > 首选参数"命令，弹出"首选参数"对话框，在左侧的"分类"列表中选择"在浏览器中预览"选项，在该选项设置界面中可以为 Dreamweaver 添加多浏览器预览选项。

1.4.4 状态栏

状态栏位于"文档"窗口底部，提供与正在创建的文档有关的其他信息。

标签选择器　　　　手形工具　　平板电脑大小　文档窗口大小　　　　　页面编码
　　　　　　　　　　　缩放比例

〈body〉〈div#box〉　　　▶ ♙ Q 100% ▼　□ ▣ ▬　651 × 506 ▼　2405 K / 51 秒　Unicode (UTF-8)

　　　　　缩放工具　手机大小　　文档大小和估计下载时间
选取工具　　　桌面电脑大小

● 标签选择器

显示环绕当前选定内容的标签的层次结构。单击该层次结构中的任何标签，以选择该标签及其全部内容。

● 选取工具

使用"选取工具"可以选择页面中的相关元素，包括文字、图像和表格等。

● 手形工具

使用"手形工具"可以在 Dreamweaver CS6 的设计视图中拖动页面，以便查看整个页面中的所有内容。

● 缩放工具

使用"缩放工具"可以对页面的设计视图进行缩放操作，按住 Alt 键不放，可以将"缩放工具"在放大和缩小之间切换。

● 缩放比例

在该下拉列表中可以选择预设的页面大小。

● 手机大小

单击该按钮，可以将页面的当前文档窗口的页面尺寸设置为手机大小（480×800像素）。

● 平板电脑大小

单击该按钮，可以将页面的当前文档窗口的页面尺寸设置为平板电脑大小（768×1024像素）。

● 桌面电脑大小

单击该按钮，可以将页面的当前文档窗口的页面尺寸设置为桌面电脑大小（1000×557像素）。

● 文档窗口大小

　　显示当前设计视图中窗口部分的尺寸，在该选项上单击鼠标，在弹出的菜单中提供了一些常用的页面尺寸大小。

● 文档大小和估计下载时间

　　显示当前文档的大小以及下载该文档所需要的时间。

● 页面编码

　　在此位置显示当前页面中使用的是哪一种编码形式。

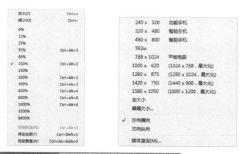

1.4.5　"插入"面板

　　网页的内容虽然多种多样，但是都可以称为对象，简单的对象有文字、图像和表格等，复杂的对象包括导航条和程序等。大部分的对象都可以通过"插入"面板插入到页面中。

　　在"插入"面板中包含了用于将各种类型的页面元素（如图像、表格和 AP Div）插入到文档中的按钮。每一个对象都是一段 HTML 代码，允许用户在插入时设置不同的属性。例如，用户可以在"插入"面板中单击"图像"按钮，插入一个图像。当然也可以不使用"插入"面板而使用"插入"菜单来插入页面元素。

> **提示**　在 Dreamweaver CS6 的早期版本中都是将"插入"栏横向放置于整个设计窗口的正上方，"文件"菜单的下方，从 Dreamweaver CS4 开始，将"插入"面板放置于设计窗口的右侧。如果用户还是习惯了以前版本的工作方式，可以单击"设计器"按钮，在其下拉菜单中选择"经典"选项，则 Dreamweaver CS6 的工作区将切换到经典的工作区布局。

　　在"插入"面板中可以看到，在类别名称按钮旁有一个三角形的扩展按钮，单击该按钮可以在不同类别的插入对象之间进行切换。

1.4.6　"属性"面板

　　网页设计中的对象都有各自的属性，比如文字与字体、字号和对齐方式等属性，图形有大小、链接和替换文字等属性。所以在有了上面的对象面板之后，就要有相应的面板对对象进行设置，这就要用到"属性"面板，该面板的设置选项会根据对象的不同而相应变化。

1.4.7 其他浮动面板

　　浮动面板是 Dreamweaver 操作界面的一个很重要的特色，其中有个好处就是可以节省屏幕空间。用户可以根据需要显示浮动面板，或拖曳面板脱离面板组，也可以通过在三角图标上单击鼠标展开或折叠起浮动面板。

　　在 Dreamweaver CS6 工作界面的右侧，整齐地竖直排放着一些浮动面板，这一部分可以称之为浮动面板组，可以在"窗口"菜单中选择需要显示或隐藏的浮动面板。Dreamweaver CS6 的浮动面板比较多，这里就不再逐一介绍。

　　面板打开之后，可能随意放置在屏幕上，有时会很杂乱，这时候选择"窗口 > 工作区布局"菜单命令的一种布局方式，面板就能够整齐地摆放在屏幕上。当需要更大的编辑窗口时，可以按快捷键 F4，将所有的面板都隐藏。再按一下快捷键 F4，隐藏之前打开的面板又会在原来的位置上出现。对应的菜单命令是"窗口 > 显示面板（或隐藏面板）"，使用快捷键更加方便快捷。

1.5　本章小结

　　本章主要介绍了网页的相关基础知识，使读者对网页设计制作有初步的了解，并且重点介绍了全新的 Dreamweaver CS6，包括 Dreamweaver CS6 的新增功能、Dreamweaver CS6 的软件界面以及 Dreamweaver 的基础操作方法。通过本章的学习，读者需要熟悉 Dreamweaver CS6 的工作环境，并且掌握 Dreamweaver CS6 的基本操作。

第 2 章 创建站点

互联网中形形色色的网站，小到公司企业宣传网站，大到知名主流门户网站，再精美的网站都是要从构建站点开始，在本地磁盘上建立的站点叫做本地站点，如果想让更多的人浏览到自己的网站，就必须把网站上传到 Web 服务器上，而处在 Web 服务器上的站点叫做远程站点，建立完善的站点，疏通网站的结构与脉络对网站的建设具有重要的意义。

2.1 使用 Dreamweaver CS6 创建站点

Dreamweaver CS6 是 Adobe 公司主流网站开发软件，因其完善的技术和强大的功能，正日益被广大网页设计者所喜爱，使用 Dreamweaver CS6 制作网站首先要创建站点，就如同盖房子一样，首先要打好根基，无论你是网页的初学者或是网页设计师，第一步要做的就是创建站点。

2.1.1 创建本地静态站点

站点的类型有很多，包括本地静态站点、远程动态站点和 Business Catalyst 站点等。对于网页初学者来说，创建本地静态站点是很关键的，在 Dreamweaver 中创建本地静态站点的步骤很简单。

要创建本地静态站点，首先需要打开"站点设置对象"对话框，执行"站点 > 新建站点"命令，即可弹出"站点设置对象"对话框，或者执行"站点 > 管理站点"命令，在弹出的"管理站点"对话框中单击"新建站点"按钮，同样可以弹出"站点设置对象"对话框。

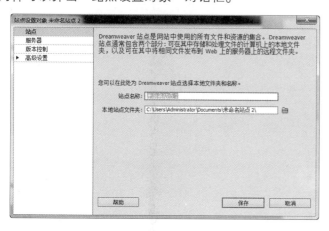

本章知识点

- ☑ 创建本地静态站点
- ☑ 设置远程服务器信息
- ☑ 了解站点其他设置选项
- ☑ Business Catalyst 站点
- ☑ 掌握站点的操作

● **站点名称**

可以在该选项后的文本框中输入所创建站点的名称。

● **本地站点文件夹**

在该选项后的文本框中可以设置所创建站点的本地站点文件夹位置，可以通过单击该选项后的"浏览"按钮，在弹出的对话框中选择本地站点文件夹。

➡ **实战 05+ 视频：创建本地静态站点**

创建站点是网页设计的重要一步，在了解了本地静态站点的含义后，下面学习如何在 Dreamweaver CS6 中建立静态站点。

🏠 源文件：无

🔊 操作视频：视频 \ 第 2 章 \2-1-1.swf

`01` ▶ 执行"站点>新建站点"命令，弹出"站点设置对象"对话框。在"站点名称"文本框中输入站点的名称。

`02` ▶ 单击"本地站点文件夹"文本框后面的"浏览"按钮，弹出"根文件夹"对话框，浏览到本地站点的位置。

`03` ▶ 单击"选择"按钮，确定本地站点根文件的位置，单击"保存"按钮，即可完成本地站点的创建。

`04` ▶ 执行"窗口>文件"命令，打开"文件"面板，在"文件"面板中显示出刚创建的本地站点。

很多情况下，都是首先在本地站点中编辑网页，然后通过 FTP 上传到远程服务器。不同的网站有不同的结构，功能也不一样，因此要按照一定的需求新建适合的站点结构。

提问：为什么要创建站点？

答：在创建站点之前，需要对站点的结构进行规划，特别是大型网站的站点，更需要对站点有好的规划，好的站点规划可以使网站的结构目录更加清晰。完成站点的创建后，可以在站点中进行新建文件夹、新建页面等基本操作，以及在站点中复制文件和调整文件的位置等。通过 Dreamweaver 中的站点功能可以更好地管理整个网站中的所有文件。

2.1.2 远程服务器选项

用户需要将站点中的 Dreamweaver 上传到远程服务器，首先要使用 Dreamweaver 连接远程服务器，可以在站点设置对象中对远程服务器进行设置，包括"基本"和"高级"两个选项卡。

在"服务器设置"窗口中分为"基本"和"高级"两个选项卡，在"基本"选项卡中可以对服务器的相关基本选项进行设置。

● **服务器名称**

在该文本框中可以指定服务器的名称，该名称可以是用户任意定义的名称。

● **连接方法**

在该下拉列表中可以选择连接到远程服务器的方法，在 Dreamweaver CS6 中提供了 7 种连接远程服务器的方式。

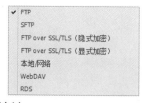

● **FTP 地址**

在该文本框中输入要将站点文件上传到其中的 FTP 服务器的地址。FTP 地址是计算机系统的完整 Internet 名称。注意，在这里需要输入完整的 FTP 地址，并且不要输入任何多余的文本，特别是不要在地址前面加上协议名称。

● **端口**

端口 21 是接收 FTP 连接的默认端口。可以通过编辑右侧的文本框更改默认的端口号。

● **用户名 / 密码**

分别在"用户名"和"密码"文本框中输入用于连接到 FTP 服务器的用户名和密码，选中"保存"复选框，可以保存所输入的 FTP 用户名和密码。

● **测试**

完成"FTP 地址"、"用户名"和"密码"选项的设置后，可以通过单击"测试"按钮，测试与 FTP 服务器的连接。

● **根目录**

在该选项的文本框中输入远程服务器上用于存储站点文件的目录。在有些服务器上，根目录就是首次使用 FTP 连接到的目录。用户也可以链接到远程服务器，如果在"文件"面板中的"远程文件"视图中出现像 public_html、www 或用户名这样名称的文件夹，它可能就是 FTP 的根目录。

● **Web URL**

在该文本框中可以输入 Web 站点的 URL 地址（例如 http://www.mysite.com）。

Dreamweaver CS6 使用 Web URL 创建站点根目录相对链接。

🔵 更多选项

单击"更多选项"选项前的三角形按钮，可以在 FTP 设置窗口中显示出更多的设置选项。

● 使用被动式FTP

如果代理配置要求使用被动式 FTP，可以选中该选项。

● 使用IPv6传输模式

如果使用的是启用 IPv6 的 FTP 服务器，可以选中该选项。IPv6 指的是第 6 版 Internet 协议。

● 使用以下位置中定义的代理

如果选中该复选框，则将指定一个代理主机或代理端口。单击该选项后的"首选参数"链接，可以弹出站点的"首选参数"对话框，在该对话框中可以对代理主机进行设置。

● 使用FTP性能优化

默认选中该选项，对连接到的 FTP 的性能进行优化操作。

● 使用其他的FTP移动方法

如果需要使用其他一些 FTP 中移动文件的方法，可以选中该选项。在其相关的设置对话框中都有一个"高级"选项卡，无论选择哪种连接方式，其"高级"选项卡中的选项都是相同的，单击"高级"选项卡，切换到"高级"选项卡中。

🔵 维护同步信息

如果希望自动同步本地站点和远程服务器上的文件，可以选中该复选框。

🔵 保存时自动将文件上传到服务器

如果希望在本地保存文件时，Dreamweaver CS6 自动将该文件上传到远程服务器站点中，可以选中该复选框。

🔵 启用文件取出功能

选中该复选框，可以启用"存回/取出"功能，则可以对"取出名称"和"电子邮件地址"选项进行设置。

🔵 服务器类型

如果使用的是测试服务器，则可以从"服务器模型"下拉列表中选择一种服务器模型，在该下拉列表中提供了 8 个选项可供选择。

➡ 实战 06+ 视频：创建站点并设置远程服务器

通常情况下，都是创建本地站点，完成网站的制作后，再设置远程服务器信息，将网站上传到远程服务器，但有些情况下，也可以在创建站点时，将该站点的远程服务器设置好，这样可以制作好一部分网站页面，就上传一部分页面，这样便于在网络中查看页面的效果。

🏠 源文件：无

📶 操作视频：视频 \ 第 2 章 \2-1-2. swf

01 ▶执行"站点 > 新建站点"命令，弹出"站点设置对象"对话框，输入站点名称，单击"本地站点文件夹"后的 🗀 按钮。

02 ▶浏览到站点根文件夹。单击"选择"按钮，选定站点根文件夹。

03 ▶单击"站点设置对象"对话框左侧的"服务器"选项，切换到"服务器"选项设置界面。

04 ▶单击"添加新服务器"按钮 ➕，弹出"添加新服务器"窗口，对远程服务器的相关信息进行设置。

05 ▶单击"测试"按钮，弹出"文件活动"对话框，显示出正在与设置的远程服务器连接。

06 ▶连接成功后，弹出提示对话框，提示 Dreamweaver 成功连接你的 Web 服务器。

在创建远程站点的过程中，对于"服务器模型"可以设置也可不用设置，但如果已经确定了网站的形式，可进行设置。例如，在此处，该企业网站确定使用 PHP MySQL 形式进行开发，则可以设置"服务器模型"为 PHP MySQL。

07 ▶ 单击"添加新服务器"窗口上的"高级"选项卡，切换到"高级"选项卡的设置中，在"服务器模型"下拉列表中选择 PHP MySQL 选项。

08 ▶ 单击"保存"按钮，完成"添加新服务器"窗口的设置。

09 ▶ 单击"保存"按钮，完成远程站点的创建，"文件"面板将自动切换为刚建立的站点。

10 ▶ 单击"文件"面板上的"连接到远程服务器"按钮，即可连接到该站点所设置的远程服务器上。

提问：如何对站点的设置进行编辑？

答：如果需要对站点的设置进行编辑，可以执行"站点 > 管理站点"命令，在弹出的"管理站点"对话框中选择需要编辑的站点，单击"编辑当前选点的站点"按钮，弹出"站点设置对象"对话框，即可对该站点的设置进行编辑修改。

2.1.3 版本控制

在"站点设置对象"对话框中单击"版本控制"选项，可以切换到"版本控制"选项卡，在"访问"下拉列表中选择 Subversion，Dreamweaver 可以连接到 Subversion(SVN) 的服务器。

Subversion 是一种版本控制系统，用户可以通过 Dreamweaver CS6 获取文件的最新版本，并更改和提交文件。

> Subversion 使用户能够协作编辑和管理 Web 服务器上的文件。Dreamweaver CS6 并不是一个完整的 Subversion 客户端，但用户可以通过 Dreamweaver CS6 获取文件的最新版本、更改和提交文件。

● 访问

在该下拉列表中包括两个选项，即"无"和 Subversion。默认情况下，选中的是"无"选项。Subversion 是一个自由、开源的版本控制系统。Subversion 将文件存放在中心版本库中，这个版本库很像一个普通的文件服务器，不同的是，它可以记录每一次文件和目录的修改情况。

● 协议

在该下拉列表中可以选择 Subversion 服务器的协议，包括 4 个选项。

● 服务器地址

在该选项文本框中可以输入 Subversion 服务器的地址，通常的形式为：服务器名称 . 域 .com。

● 存储库路径

在该选项文本框中可以输入 Subversion 服务器上存储库的路径。通常类似于：/svn/your_root_directory。

● 服务器端口

该选项用于设置服务器的端口，默认的服务器端口为 80 端口，如果希望使用的服务器端口不同于默认服务器的端口，可以在该选项文本框中输入端口号。

● 用户名和密码

在"用户名"和"密码"文本框中输入 Subversion 服务器的"用户名"和"密码"。

● "测试"按钮

完成以上相应选项的设置后，可以单击"测试"按钮，测试与 Subversion 服务器的连接。

2.1.4　本地信息

单击"站点设置对象"对话框左侧的"高级设置"选项中的"本地信息"选项，可以对站点的本地信息进行设置。

● 默认图像文件夹

该选项用于设置站点中默认的图像文件夹，但是对于比较复杂的网站，图像往往不只存放在一个文件夹中，所以实用价值不大。可以输入路径，也可以单击右侧的"浏览"按钮，在弹出的"选择站点的本地图像文件夹"对话框中，找到相应的文件夹后进行保存。

● 站点范围媒体查询文件

该选项用于设置站点的外部 CSS 样式表文件，同样对于比较复杂的网站，外部的 CSS 样式表文件可能不止一个，所以其用处并不大。可以在该选项的文本框中直接输入外部 CSS 样式表文件的位置，也可以单击右侧的"浏览"按钮，在弹出的"选择样式表文件"对话框中，选择站点所需要的样式表文件。

● **链接相对于**

设置站点中链接的方式，可以选择"文档"或"站点根目录"，默认情况下，Dreamweaver 创建文档的相对链接。

● **Web URL**

在该文本框中可输入 Web 站点的 URL 地址（例如 http//www.mysite.com）。

● **区分大小写的链接检查**

选中该复选框，在 Dreamweaver 中检查链接时，将检查链接的大小写与文件名的大小写是否相匹配。此选项用于文件名区分大小写的 UNIX 系统。

● **启用缓存**

该选项用于指定是否创建本地缓存，以提高链接和站点管理任务的速度。如果不选择此选项，Dreamweaver 在创建站点前将再次询问用户是否希望创建缓存。

2.1.5　遮盖

单击"站点设置对象"对话框左侧的"高级设置"选项中的"遮盖"选项，可以对站点的遮盖进行设置。使用文件遮盖以后，可以在进行站点操作的时候排除被遮盖的文件。

● **启用遮盖**

选中该复选框，将激活 Dreamweaver 中的文件遮盖功能，默认情况下，该选项为选中状态。

● **遮盖具有以下扩展名的文件**

选中该复选框后，可以指定要遮盖的特定文件类型，以便使 Dreamweaver 遮盖以指定文件扩展名的所有文件。例如，如果不希望上传 Flash 动画文件，可以将站点中的 Flash 动画文件，即扩展名为 swf 的文件设置成遮盖，这样 Flash 动画文件就不会被上传了。

2.1.6　设计备注

单击"站点设置对象"对话框左侧的"高级设置"选项中的"设计备注"选项，可以对站点的设计备注进行设置。无论是自己独自开发站点，还是团队成员共同开发站点，备注既可以防止自己忘记的信息丢失，也可以上传服务器，与他人分享。

● **维护设计备注**

选中该复选框，可以启用保存设计备注的功能，默认情况下，该选项为选中状态。

● **"清理设计备注"按钮**

单击"清理设计备注"按钮，可以删除过去保存的设计备注。单击该按钮只能删除设计备注（.mno 文件），不会删除 _notes 文件夹或 _notes 文件夹中的 dwsync.xml 文件。Dreamweaver 使用 dwsync.xml 文件保存相关站点的同步信息。

● **启用上传并共享设计备注**

选中该复选框后，可以在制作者上传文件或者取出时，将设计备注上传到所指定的远程服务器上。

2.1.7 文件视图列

在"站点设置对象"对话框中单击左侧"高级设置"选项下的"文件视图列"选项，该选项用来设置站点管理器中文件浏览窗口所显示的内容。

2.1.8 Contribute

在"站点设置对象"对话框中单击左侧"高级设置"选项中的"Contribute"选项，Contribute 选项卡中只有"启用 Contribute 兼容性"复选框，Contribute 使得用户易于向此网站发布内容，可以选择是否选中"启用 Contribute 兼容性"复选框，选中该复选框可使用户与 Contribute 用户之间的工作更有效率，一般情况下该选项默认为不勾选。

2.1.9 模板

单击"站点设置对象"对话框左侧"高级设置"选项中的"模板"选项，可以对站点中的"模板"选项进行设置。该选项是用来设置站点中的模板更新选项，其中只有一个选项"不改写文档相对路径"，选中该复选框，则在更新站点中的模板时，将不会改写文档的相对路径。

2.1.10 Spry

单击"站点设置对象"对话框左侧"高级设置"选项中的 Spry 选项，可以对站点的 Spry 选项进行设置。该选项用来设置 Spry 资源文件夹的位置，默认的站点 Spry 资源文件夹位于站点的根目录中，名称为SpryAssets，单击"资源文件夹"文本框后的"浏览"按钮 📁，可以更改 Spry 资源文件夹的位置。

2.1.11 Web 字体

单击"站点设置对象"对话框左侧"高级设置"选项中的"Web"字体选项，可以对站点中的 Web 字体选项进行设置，该选项为 Dreamweaver CS6 中新增的功能，用于设置 Web 字体在站点中的保存位置，默认的站点 Web 字体文件夹位于站点的根目录中，名称为webfonts，单击"Web 字体文件夹"文本框后的"浏览"按钮 📁，可以更改 Web 字体在站点中的位置。

2.2 Business Catalyst 站点

Business Catalyst 是 Dreamweaver CS6 中新增的一项功能，它可以提供一个专业的在线远程服务器站点，使设计者能获得一个专业的在线平台，以满足对于独立工作平台的需求。

2.2.1　什么是 Business Catalyst

Adobe 公司在 2009 年收购了澳大利亚的 Business Catalyst 公司。Business Catalyst 为网站设计人员提供了一个功能强大的电子商务内容管理系统。Business Catalyst 平台拥有一些非常实用的功能，例如网站分析、电子邮件营销等。Business Catalyst 可以让所设计的网站轻松获得一个在线平台，并且可以让你轻松掌握顾客的行踪，建立和管理任何规模的客户数据库，在线销售你的产品和服务。Business Catalyst 平台还集成了很多主流的网络支付系统，例如 PayPal、Google Checkout 以及预集成的网关。

2.2.2　Business Catalyst 面板

Dreamweaver CS6 新增了 Business Catalyst 面板，通过该面板可以对所创建的 Business Catalyst 站点页面进行设置和创建相应的内容。

打开"文件"面板，单击"连接到远程服务器"按钮 ，连接到远程的 Business Catalyst 服务器。打开"Business Catalyst"面板，可以看到该面板中的提示信息，需要打开一个 Business Catalyst 站点中的页面。

在"文件"面板中双击 Business Catalyst 站点中的某个页面，在 Dreamweaver 中打开该页面，可以看到"Business Catalyst"面板。

单击"登录"按钮，弹出"登录"对话框，输入 Adobe ID 和密码，登录服务器。

在"Business Catalyst"面板中提供了多种不同类型的页面元素，单击需要在页面中插入的页面元素，即可弹出相应的设置对话框，在页面中插入相应的页面元素。

实战 07+ 视频：创建 Business Catalyst 站点

在 Dreamweaver CS6 中可以更加方便地创建 Business Catalyst 站点，与创建本地静态站点一样，下面介绍如何创建 Business Catalyst 站点。

⌂ 源文件：无

操作视频：视频 \ 第 2 章 \2-2-2.swf

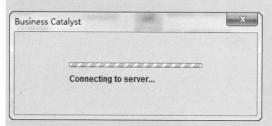

01 ▶ 执行"站点 > 新建 Business Catalyst 站点"命令，Dreamweaver CS6 会自动连接 Business Catalyst 平台服务器。

02 ▶ 弹出"登录"对话框，需要使用所注册的 Adobe ID 登录。

03 ▶ 输入 Adobe ID 和密码，单击"登录"按钮，登录到 Business Catalyst 服务器，显示创建 Business Catalyst 站点的相关选项。

04 ▶ 在 Site Name 文本框中输入 Business Catalyst 站点名称，在 URL 文本框中输入 Business Catalyst 站点的 URL 名称。

05 ▶ 单击 Create Free Temporary Site 按钮，即可创建一个免费的临时 Business Catalyst 站点，如果所设置的 URL 名称已经被占用，则会给出相应的提示，并自动分配一个没有被占用的 URL。

06 ▶ 单击 Create Free Temporary Site 按钮，弹出"选择站点的本地根文件夹"对话框，浏览到 Business Catalyst 站点的本地根文件夹。

07 ▶ 单击"选择"按钮，确定站点的本地根文件夹，弹出"输入站点的密码"对话框，可以为所创建的 Business Catalyst 站点设置密码。

08 ▶ 单击"确定"按钮，Dreamweaver CS6 会自动将 Business Catalyst 站点中的文件与本地根文件夹进行同步。

提示 在"输入站点的密码"对话框中输入所创建的 Business Catalyst 站点的密码后，如果选中"保存密码"复选框，则以后连接到该 Business Catalyst 站点时不需要再输入密码。如果没有选中该复选框，则每次连接到该 Business Catalyst 站点时都需要输入密码。

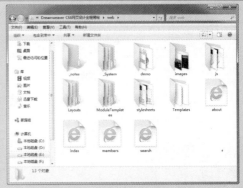

09 ▶ 完成 Business Catalyst 站点与本地根文件夹的同步操作，在"文件"面板中可以看到所创建的 Business Catalyst 站点。

10 ▶ 在本地根文件夹中可以看到从 Business Catalyst 站点中下载的相关文件。

11 ▶ 打开浏览器，在地址栏中输入所创建的 Business Catalyst 站点的 URL 地址，可以看到所创建的 Business Catalyst 站点的默认网站效果。

12 ▶ 单击 Business Catalyst 站点页面中的任意链接，即可打开相关内容子页面。

提问：Business Catalyst 站点的作用是什么？

答：Business Catalyst 可以提供一个专业的在线远程服务器站点，使设计者能够获得一个专业的在线平台。在 Dreamweaver CS6 中可以更加方便地创建 Business Catalyst 站点，就像是创建本地静态站点一样。

2.3　站点的操作与管理

Dreamweaver 中可以创建很多类型的站点，比如本地站点、远程站点和 Business Catalyst 站点等，完成站点的创建，如何在不同的站点之间进行切换，如何在站点中进行新建文件夹、页面和复制文件等一些基本的操作，这就要求我们熟悉对站点的操作与管理。

2.3.1　站点对话框

执行"站点 > 管理站点"命令，弹出"管理站点"对话框，在该对话框中可以对站点进行编辑、删除和复制等操作，使用"管理站点"对话框使得操作和管理变得更加简便和高效。

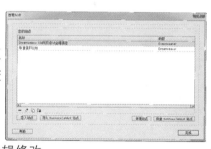

● **站点列表**
该列表显示当前所创建的所有站点，并且显示了每个站点的类型，可以在该列表中选中需要管理的站点。

● **"删除当前选定的站点"按钮**
单击该按钮，弹出提示对话框，单击"是"按钮，即可删除当前被选定的站点。

● **"编辑当前选定的站点"按钮**
单击该按钮，弹出"站点设置对象"对话框，在该对话框中可以对选定的站点

进行编辑修改。

● **"复制当前选定的站点"按钮**
单击该按钮，即可复制选中的站点并得到该站点的副本。

● **"导出当前选定的站点"按钮**
单击该按钮，弹出"导出站点"对话框在其中进行相应的设置，即可为选中的站点导出一个扩展名为 set 的 Dreamweaver 站点文件。

● "导入站点"按钮

　　单击该按钮，弹出"导入站点"对话框，在该对话框中选择需要导入的站点文件，单击"打开"按钮，即可将该站点文件导入到 Dreamweaver 中。

● "导入 Business Catalyst 站点"按钮

　　单击该按钮，弹出 Business Catalyst 对话框，显示当前用户所创建的 Business Catalyst 站点，选择需要导入的 Business Catalyst 站点，单击 Import Site 按钮，即可将选中的 Business Catalyst 站点导入到 Dreamweaver 中。

● "新建站点"按钮

　　单击该按钮，弹出"站点设置对象"对话框，可以创建新的站点，单击该按钮与执行"站点 > 新建 Business Catalyst 站点"命令的功能相同。

● "新建 Business Catalyst 站点"按钮

　　单击该按钮，弹出 Business Catalyst 对话框，可以创建新的 Business Catalyst 站点，单击该按钮与执行"站点 > 新建 Business Catalyst 站点"命令的功能相同。

实战 08+ 视频：站点的导入与导出

　　Dreamweaver CS6 全新规划了"管理站点"对话框，在"管理站点"对话框中可以方便地对站点进行管理和操作，下面介绍如何将 Dreamweaver 中创建好的站点导出为文件，并导入站点文件。

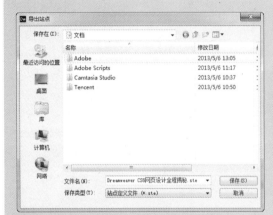

源文件：无

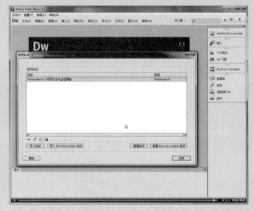

操作视频：视频 \ 第 2 章 \2-3-1. swf

01 ▶ 执行"站点 > 管理站点"命令，弹出"管理站点"对话框，在站点列表中选择需要导出的站点。

02 ▶ 单击"导出当前选定的站点"按钮，弹出"导出站点"对话框，选择导出站点的位置，在"文件名"文本框中设置站点文件的名称。

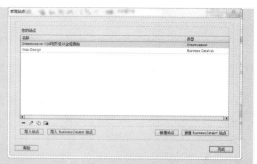

03 ▶ 单击"保存"按钮，即可将选中的站点导出为一个扩展名 set 的 Dreamweaver 站点文件。在"管理站点"对话框中单击"导入站点"按钮 导入站点 。

04 ▶ 弹出"导入站点"对话框，在该对话框中选择需要导入的站点文件。单击"打开"按钮，即可将该站点文件导入到 Dreamweaver 中。

提问：什么是站点？

　　答：Dreamweaver 站点是一种管理网站中所有相关联文档的工具，通过使用站点，可以实现将文件上传到网络服务器、自动跟踪和维护、管理文件以及共享文件等功能。同时站点还是一种文档的组织形式，由文档和文档所在的文件夹组成，不同的文件夹保存不同的网页内容，如 images 文件夹用于存放图片，这样可以方便以后的管理与更新。

2.3.2　站点的切换

　　使用 Dreamweaver CS6 编辑网页或进行网站管理时，每次只能操作一个站点。打开"文件"面板，在"文件"面板左上角的下拉列表中选择已经创建的站点，就可以快速切换到对这个站点进行操作的状态。此外，在"管理站点"对话框中选中需要切换的站点，单击"完成"按钮，同样可以切换到相应的站点。

➡ 实战 09+ 视频：在站点中创建文件夹和文件

　　对于刚创建的站点，用户可以根据所制作网站的需要在站点中创建文件夹，创建好文件夹后，还需要创建新的页面，这个过程其实也就是构思网站结构的过程，大多数情况下文件夹就代表网站的子目录，每个子目录下又有很多文件夹和页面。

源文件: 无

操作视频: 视频 \ 第 2 章 \2-3-2. swf

01 ▶ 打开"文件"面板,在该面板中的站点根目录上单击鼠标右键。

02 ▶ 在弹出的快捷菜单中选择"新建文件夹"命令。

 提示　创建文件夹,除了可以通过在"文件"面板中创建外,还可以直接浏览到本地站点所在的文件夹中,使用 Windows 中创建文件夹的方法新建一个文件夹,同样可以在站点中创建文件夹。

03 ▶ 此时即可在站点中新建一个文件夹,默认新建的文件夹名称为 untitled。

04 ▶ 直接为新建的文件夹重新命名为"第2章",完成新文件夹的创建。

提示　站点中文件夹名称尽可能要具有明确的意义,或者是采用通用的名称,例如,images 或 pic 文件夹用于存放网站中的图像,style 文件夹用于存放网站中的 CSS 样式表文件,js 文件夹用于存放网站中的 JavaScript 文件等。

05 ▶ 在"第2章"文件夹上单击鼠标右键，在弹出的快捷菜单中选择"新建文件"命令，即可在站点中新建一个网页文件。

06 ▶ 默认新建的文件名称为 untitled.html，直接为新建的文件重新命名即可。

　　除了上面介绍的创建文件的方法，还可以在刚打开的 Dreamweaver CS6 欢迎页面中的"新建"项下方单击不同类型的页面，即可创建相应的文件。

　　在"文件"面板中新建页面时，在某个文件夹上单击鼠标右键，在弹出的快捷菜单中选择"新建文件"命令，则新建的页面就位于该文件夹中。如果在站点的根目录上单击鼠标右键，则新建的页面就位于站点的根目录中。

　　提问：Dreamweaver 中的站点类型主要有哪几种？
　　答：Dreamweaver 中的站点包括 3 种类型，即本地站点、远程站点和测试站点。
　　① 本地站点用来存放整个网站框架的本地文件夹，是设计者的工作目录，一般情况下，在制作网页时，只需要建立本地站点即可。
　　② 远程站点用来存储 Internet 服务器上的站点和相关文档。通常情况下，为了不连接 Internet 而对所建的站点进行测试，可以在本地计算机上创建远程站点，来模拟真实的 Web 服务器进行测试。
　　③ 测试站点是 Dreamweaver 处理动态页面的文件夹，使用文件夹生成动态内容并在工作时连接到数据库，用于对动态页面进行测试。

2.3.3　使用"文件"面板对站点进行管理

　　在"文件"面板中显示当前站点中的文件夹和文件，如果对站点中的文件夹或文件进行移动或复制等操作，最好在 Dreamweaver 的"文件"面板中进行，因为 Dreamweaver 有动态更新链接的功能，可以确保站点内部不会出现链接错误。

➡ 实战 10+ 视频：站点中文件夹和文件的操作

　　在网站制作的过程中，常常需要对站点中的文件夹或文件进行操作，包括文件夹和文件的移动、复制和重命名删除等，下面就通过实战练习介绍如何对站点中的文件夹和文件进行操作。

源文件：无

操作视频：视频 \ 第 2 章 \2-3-3. swf

01 ▶ 选中需要移动或复制的文件夹（或文件），如果进行移动操作，可以单击鼠标右键，在弹出的快捷菜单中选择"编辑>剪切"命令。

02 ▶ 如果要进行复制操作，在弹出的菜单中选择"编辑>复制"命令；在需要粘贴的位置单击鼠标右键，并在弹出的快捷菜单中选择"编辑>粘贴"命令，即可完成相应的操作。

03 ▶ 移动文件或文件夹还可以使用鼠标拖动的方法，在"文件"面板中选中需要进行移动的文件夹或文件，按住鼠标左键不放，拖动到目标文件夹中，然后释放鼠标。

04 ▶ 给文件夹或文件重新命名的操作十分简单，使用鼠标选中需要重命名的文件或文件夹，然后按 F2 键，文件名即变为可编辑状态，在其中输入新的文件名，按 Enter 键确认即可。

05 ▶ 要从站点文件列表中删除文件或文件夹，可先选中要删除的文件或文件夹，然后在鼠标右键菜单中选择"编辑>删除"命令或按 Delete 键。

06 ▶ 在弹出的提示对话框中单击"是"按钮，可将文件或文件夹从本地站点中删除。

> **提问**：站点中文件和文件夹为什么不能使用中文名称？
>
> 答：尽管对于中国人来说中文文件名更清晰易懂，但是应该尽量避免使用中文文件名，因为很多 Internet 服务器使用的是英文操作系统，不能对中文文件名提供很好的支持，而且浏览网站的用户也有可能会使用到英文操作系统，中文文件名同样可能导致浏览错误或访问失败。如果实在对英文不熟悉，可以用汉语拼音拼写文件名。
>
> 很多 Internet 服务器采用 UNIX 操作系统，它对文件名是区分大小写的。例如，Index.html 和 index.html 是完全不同的两个文件，而且可以同时出现在一个文件夹中。因此，建议在构建的站点中，文件名称全部采用小写。

2.4　本章小结

　　本章主要讲解了 Dreamweaver 中站点的创建和管理，站点对于网站来说就好像盖房子需要打好地基一样，创建站点是网站设计的第一步，也是很重要的一步，这将有利于为网站的建设提供良好的结构和布局，并养成一个好的工作习惯。

本章知识点

- ☑ 了解 HTML 语言相关知识

- ☑ 在 Dreamweaver 中编辑源代码

- ☑ 了解 HTML5

- ☑ 掌握网页头信息设置

- ☑ 掌握网页整体属性设置

第3章 Dreamweaver CS6 中的源代码与网页基础设置

每一种可视化的网页制作软件都会提供源代码的编辑和控制功能，Dreamweaver CS6 提供的源代码控制功能更为强大、灵活。

在制作一个网页之前，设计者首先需要对网页的整体属性进行设置，包括对页面头信息的设置，以及对页面的整体属性设置。提前设置网页整体属性有利于用户快速展开网页制作的工作。

3.1 HTML 语言

HTML 是最基本的网页制作语言，Dreamweaver 等专业网页制作软件都是以 HTML 语言为基础的。HTML 通过应用标签可以使页面文本显示出预期的效果，也就是在文本文件的基础上，加上一系列的标记语言，形成后缀名为 .htm 或 .html 的文件。

3.1.1 HTML 概述

在使用排版语言制作文本时，需要加一些控制标签来控制输出的字形和字号等，以获得所需的输出效果。与此类似，编制 HTML 文本时也需要加一些标签，说明段落、标题、图像和字体等。

当读者通过浏览器浏览 HTML 文件时，浏览器负责解释插入到 HTML 文本中的各种标签，并以此为依据显示文本的内容，采用 HTML 语言编写的文件称为 HTML 文本，HTML 语言即网页页面的描述语言。

3.1.2 HTML 的基本结构

编写 HTML 文件的时候，必须遵循 HTML 的语法规则。一个完整的 HTML 文件应由标题、段落、列表、表格、单词和嵌入的各种对象所组成。这些逻辑上统一的对象统称为元素，HTML 使用标签来分割并描述这些元素。实际上整个 HTML 文件就是由元素与标签组成的。

```
<html>              <!--HTML 文件开始 -->
<head>              <!--HTML 文件的头部开始 -->
</head>             <!--HTML 文件的头部结束 -->
<body>              <!--HTML 文件的主体开始 -->
```

```
</body>              <!--HTML 文件的主体结束 -->
</html>              <!--HTML 文件结束 -->
```

可以看到，代码分为如下 3 部分。

<html>……</html>：告诉浏览器 HTML 文件开始和结束，其中包含 <head> 和 <body> 标签。HTML 文档中所有的内容都应该在两个标签之间，一个 HTML 文档总是以 <html> 开始，以 </html> 结束的。

<head>……</head>：HTML 文件的头部标签。

<body>……</body>：HTML 文件的主体标签，绝大多数内容都放置在这个区域中。通常它在 </head> 标签之后，和 </html> 标签之前。

➡ 实战 11+ 视频：编写第一个 HTML 页面

在 Dreamweaver CS6 的编辑环境中，主要有 3 种编辑视图方式，分别为代码视图、设计视图和拆分视图。代码视图主要用于编辑页面的 HTML 代码，设计视图用于在 Dreamweaver 中进行可视化的页面编辑制作，拆分视图则可以一边对页面进行可视化编辑制作，一边查看相应的 HTML 代码。

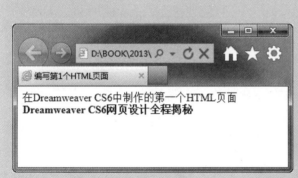

🏠 源文件：源文件 \ 第 3 章 \3-1-2. html

📡 操作视频：视频 \ 第 3 章 \3-1-2. swf

`01 ▶` 打开 Dreamweaver CS6 软件，执行"文件 > 新建"命令，弹出"新建文档"对话框。

`02 ▶` 单击"创建"按钮，创建一个 html 页面。

目前，在 Dreamweaver 中新建的 HTML 页面，默认为遵循 XHTML 1.0 Transitional 规范，如果需要新建其他规范的 HTML 页面，例如 HTML 5 的页面，需要在"新建文档"对话框中的"文档类型"下拉列表中进行选择。

03 ▶ 单击"文档"工具栏上的"代码"按钮 代码 ，切换到代码视图，可以看到页面的代码。

04 ▶ 在页面 HTML 代码中的 <title> 与 </title> 标签之间输入页面标题。

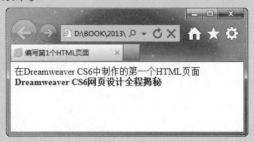

05 ▶ 在 <body> 与 </body> 标签之间输入页面的主体内容。

06 ▶ 单击"文档"工具栏上的"设计"按钮 设计 ，返回到设计视图，可以看到页面效果。

07 ▶ 执行"文件 > 保存"命令，弹出"另存为"对话框，将其保存为"源文件 \ 第 3 章 \3-1-2.html"。

08 ▶ 完成第一个 HTML 页面的制作，在浏览器中预览该页面。

提问： Dreamweaver CS6 中代码视图与设计视图有什么区别？

答： 在 Dreamweaver CS6 中提供了多种工作模式，最常用的就是设计视图与代码视图，在代码视图中可以直接编辑页面的代码。设计视图是一个所见即所得的用户界面，通过使用 Dreamweaver 中所提供的各种工具和命令，可以直接在设计视图中制作网页，使用 Dreamweaver 的设计视图制作页面更加直观，但页面的本质还是一个由 HTML 代码组成的文本。

3.1.3　HTML 中的普通标签与空标签

普通标签

普通标签是由一个起始标签和一个结束标签所组成的，其语法为：

<x> 控制文字 </x>

其中，x 代表标签名称。<x> 和 </x> 就如同一组开关：起始标签 <x> 为开启某种功能，而结束标签 </x>（通常为起始标签加上一个斜线 /）为关闭功能，受控制的文字信息便放在两个标签之间，例如：

<i> 斜体字 </i>

标签之中还可以附加一些属性，用来实现或完成某些特殊效果或功能，例如：

<x a1="v1"，a2="v2"，……an="vn"> 控制文字 </x>

其中，a_1，a_2……，a_n 为属性名称，而 v_1，v_2……，v_n 则是其所对应的属性值。属性值加不加引号，目前所使用的浏览器都可以接受，但根据 W3C 的新标准，属性值是要加引号的，所以最好养成加引号的习惯。

● **空标签**

虽然大部分的标签是成对出现的，但也有一些是单独存在的，这些单独存在的标签称为空标签，其语法为：

<x>

同样，空标签也可以附加一些属性，用来完成某些特殊效果或功能，例如：

<x a1="v1"，a2="v2"，……an="vn">

W3C 定义的新标准建议：空标签应以 / 结尾，即 <x />。

如果附加属性为：

<x a1="v1"，a2="v2"，……an="vn"/>

例如：

<hr color="#0000FF"/>

目前所使用的浏览器对于空标签后面是否要加 / 并没有严格要求，即在空标签最后加 / 和没有 / 不影响其功能，但是如果希望文件能够满足最新标准，最好还是加上 /。

提示　其实 HTML 还有其他更为复杂的语法，使用技巧也非常多，作为一种语言，它有很多的编写原则并且以很快的速度发展着，现在已有很多专门的书籍来介绍它，如果读者希望深入地掌握 HTML 语言，可以参考专门介绍 HTML 语言的相关书籍。

3.2　使用 Dreamweaver CS6 编辑源代码

Dreamweaver CS6 制作网页是通过可视化的设计工具和编写 HTML 代码共同实现的。用户在制作网页的时候可以通过代码视图和快速标签编辑器编辑代码，在"代码片断"面板中收集代码可以实现网页代码的优化处理。

3.2.1　Dreamweaver CS6 代码视图

Dreamweaver CS6 代码视图可用于查看、编写和修改网页的代码。虽然 Dreamweaver CS6 的可视化设计视图非常强大，但是网页设计制作人员还是必须能够对网页代码进行一些简单的编辑，Dreamweaver CS6 的代码视图非常适合编辑网页代码，而且执行速度非常快。

在 Dreamweaver CS6 的代码视图中会以不同的颜色显示 HTML 代码，帮助用户区分各种标签，同时用户也可以自己指定标签或代码的显示颜色。整体来说，代码视图就好比一个常规的文本编辑器，只需单击代码的任意位置，就可以添加或修改代码了。

Dreamweaver CS6 的代码工具栏位于 Dreamweaver CS6 代码视图的左侧，其包含了常用的编辑操作工具。

● "打开文档"按钮

单击该按钮，在弹出的菜单中列出了当前在 Dreamweaver 中打开的文档，选中其中一个文档，即可在当前的文档窗口中显示所选择的文档代码。

● "显示代码浏览器"按钮

单击该按钮，即可显示光标所在位置的代码浏览器，在代码浏览器中显示光标所在标签中所应用的 CSS 样式设置。

● "折叠整个标签"按钮

折叠一组开始和结束标签之间的内容。不过只能折叠规则的标签，如果标签不够规则，则不能实现折叠效果。将光标定位在需要折叠的标签中即可，例如将光标置于 <body> 标签内，然后单击该按钮，软件会自动将标签区域的内容折叠。

```
<body>
Dreamweaver CS6学习<br />
这是我们制作的第一个HTML页面
</body>
```

如果在按住 Alt 键的同时，单击"折叠整个标签"按钮，则软件将会自动折叠外部的标签，例如，将光标置于 <body> 标签内，按住 Alt 键单击"折叠整个标签"按钮。

● "折叠所选"按钮

将所选中的代码折叠。可以直接选择多行代码，单击该按钮，代码折叠后，将鼠标光标移动到标签上的时候，可以看到标签内被折叠的相关代码。

● "扩展全部"按钮

单击该按钮，可以还原页面中所有折叠的代码。如果只希望展开某一部分的折叠代码，只要单击该部分折叠代码左侧的展开按钮即可。

● "选择父标签"按钮

选择插入点那一行的内容及其两侧的开始和结束标签。如果反复单击此按钮且标签是对称的，则软件最终将选择最外面的 <html> 和 </html> 标签。例如，将光标置于 <title> 标签内，单击"选择父标签"按钮 ，将会选择 <title> 标签的父标签 <head> 标签。

```
<!DOCTYPE html PUBLIC "-//W3C//DTD XHTML 1.0 Transitional//EN"
"http://www.w3.org/TR/xhtml1/DTD/xhtml1-transitional.dtd">
<html xmlns="http://www.w3.org/1999/xhtml">
<head>
<meta http-equiv="Content-Type" content="text/html; charset=utf-8" />
<title>Dreamweaver CS6完全自学手册</title>
</head>
<body>
Dreamweaver CS6学习<br />
这是我们制作的第一个HTML页面
</body>
</html>
```

```
<!DOCTYPE html PUBLIC "-//W3C//DTD XHTML 1.0 Transitional//EN"
"http://www.w3.org/TR/xhtml1/DTD/xhtml1-transitional.dtd">
<html xmlns="http://www.w3.org/1999/xhtml">
<head>
<meta http-equiv="Content-Type" content="text/html; charset=utf-8" />
<title>Dreamweaver CS6完全自学手册</title>
</head>
<body>
Dreamweaver CS6学习<br />
这是我们制作的第一个HTML页面
</body>
</html>
```

● **"选取当前代码段"按钮**

选择插入点的那一行的内容及其两侧的圆括号、大括号或方括号。如果反复单击此按钮且两侧的符号是对称的，则软件最终将选择该文档最外面的大括号、圆括号或方括号。例如，将光标放置在 CSS 样式代码中，单击该按钮，则会选中当前 CSS 样式大括号中的所有属性设置代码。

● **"行号"按钮**

单击该按钮，可以在代码视图左侧显示 HTML 代码的行号，默认情况下，该按钮为按下状态，即默认显示代码行号。

● **"高亮显示无效代码"按钮**

单击该按钮，可以使用黄色高亮显示 HTML 代码中无效的代码。

● **"自动换行"按钮**

单击该按钮，当代码超过窗口宽度时，自动换行，默认情况下，该按钮为按下状态。

● **"信息栏中的语法错误警告"按钮**

启用或禁用页面顶部提示出现语法错误的信息栏。当软件检测到语法错误时，语法错误信息栏会指定代码中发生错误的那一行。此外，软件会在代码视图中文档的左侧突出显示出现错误的行号。默认情况下，信息栏处于启用状态，但仅当软件检测到页面中的语法错误时才显示。

● **"应用注释"按钮**

单击该按钮，在弹出的菜单中选择相应的选项，使用户可以在所选代码两侧添加注释标签或打开新的注释标签。

以前为调试某些程序而需要注释掉部分代码，而这些代码又有为数不少的行数，所以只能一行一行地添加注释，而现在只选择需要注释的代码行，然后单击该按钮，在弹出的菜单中选择相应的注释方法即可。

● **"删除注释"按钮**

单击该按钮，可以删除所选代码的注释标签。如果所选内容包含嵌套注释，则只会删除外部注释标签。

● **"环绕标签"按钮**

环绕标签主要是防止写标签时忽略关闭标签。其操作方法是，选择一段代码，单击"环绕

标签"按钮 ，然后输入相应的标签代码，即可在该选择区域外围添加完整的新标签代码，这样既快速又避免了前后标签遗漏不能关闭的情况，例如，在 HTML 代码中选中"Dreamweaver CS6"文字，单击"环绕标签"按钮 ，在这里输入 <a> 标签后，只需要按 Enter 键，选择的文字首尾就会出现 <a> 与 </a> 标签。

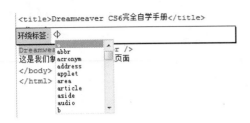

```
<body>
<a>Dreamweaver CS6</a>学习<br />
这是我们制作的第一个HTML页面
</body>
</html>
```

● **"最近的代码片断"按钮**

单击该按钮，可以在弹出的菜单中选择最近所使用过的代码片断，将该代码片断插入到光标所在的位置。

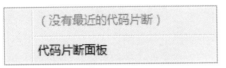

● **"移动或转换 CSS"按钮**

单击该按钮，在弹出的菜单中包括"将内联 CSS 转换为规则"和"移动 CSS 规则"两个选项，可以将 CSS 移动到另一位置，或将内联 CSS 转换为 CSS 规则。

将内联 CSS 转换为规则(V)...
移动 CSS 规则(M)...

● **"缩进代码"按钮**

选中相应的代码，单击该按钮，可以将选定内容向右移动。

● **"凸出代码"按钮**

选中相应的代码，单击该按钮，可以将选定内容向左移动。

● **"格式化源代码"按钮**

单击该按钮，可以在弹出的菜单中选择相应的选项，将先前指定的代码格式应用于所选代码，如果未选择代码，则应用于整个页面。也可以通过从"格式源代码"按钮菜单中选择"代码格式设置"来快速设置代码格式首选参数，或通过选择"编辑标签库"来编辑标签库。

应用源格式(A)
将源格式应用于选定内容(P)
代码格式设置...
编辑标签库...

3.2.2 快速编写标签

Dreamweaver CS6 是一款专业的网页编辑与制作软件，它在代码编辑方面也具有很强大的优势，通过许多便捷的操作可以提高代码编辑的效率。

● **使用快速标签编辑器**

快速标签编辑器的作用是让用户在文档窗口中直接对 HTML 标签进行编写。它无须使用代码视图，就可以编辑单独的 HTML 标签，使网页制作人员从可视化的工作环境进一步向 HTML 代码靠近。

打开快速标签编辑器的方法非常简单，只需要将光标定位在设计视图中，然后按快捷键 Ctrl+T 即可，或者直接单击"属性"面板上的"快速标签编辑器"按钮。

实际上，快速标签编辑器有插入 HTML、编辑标签和环绕标签 3 种状态，打开编辑器后可以继续按快捷键 Ctrl+T 进行状态切换。设计视图在不同的选择状态下，会打开另外两

种不同状态的快速标签编辑器。

> **提示**　无论是哪种状态下的快速标签编辑器，用户都可以拖动编辑器左侧的灰色部分，来改变标签编辑器在文档中的位置。

● **使用"代码片断"面板**

执行"窗口 > 代码片断"命令，打开"代码片断"面板，在该面板中存储了 HTML、JavaScript、CFML、ASP 和 JSP 的代码片断，当需要重复制作这些代码时，就可以很方便地调用，或者创建并存储新的代码片断。

在"代码片断"面板中选择希望插入的代码片断，单击面板下方的"插入"按钮，即可将代码片断插入到页面中。在网页制作过程中，有时会多次用到相同的一段代码，为了节省时间，通过"代码片断"面板将所用到的代码存储，当再次需要的时候直接调用即可。

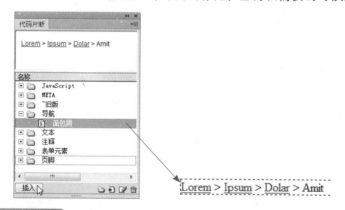

3.2.3　代码优化

由于经常需要从 Word 或其他文本编辑器中复制文本或一些其他格式的文件，这些文件中通常会携带很多垃圾代码和一些 Dreamweaver CS6 不能识别的错误代码，这样就会增加文档的大小，延长了网页的下载时间，使浏览器速度变得很慢，甚至还有可能会发生错误。优化 HTML 代码，不仅可以从文件中删除这些垃圾代码，还可以修复错误代码。使用 Dreamweaver CS6 可以最大限度地对这些代码进行优化，提高代码质量。

● **清理 HTML 代码**

在 Dreamweaver CS6 中打开需要进行代码优化的 HTML 页面，执行"命令 > 清理 XHTML"命令，弹出"清理 HTML/XHTML"对话框，在其中可以选择优化方式。

● **空标签区块**

选中该选项，则可以清除 HTML 代码中的空标签区块，例如 <fontcolor="#00FF00"></font> 就是一个空标签。

● **多余的嵌套标签**

选中该选项，则可以清除 HTML 代码中多余的嵌套标签，例如 "<i>HTML 语言在 <i> 短短的几年 </i> 时间里，已经有了长足的发展。</i>" 中就有多余的嵌套，选中该选项后，这段代码中内层的 <i> 与 </i> 标签将被删除。

● **不属于 Dreamweaver 的 HTML 注解**

选中该选项后，例如 <!——begin body text——> 这类的注释将被删除，而像 <!——#BeginEditable "main"——> 这种注释则不会，因为它是由 Dreamweaver 生成的。

● **Dreamweaver 特殊标签**

与上面一项正好相反，选中该选项后，将只清理 Dreamweaver 生成的注释。如果当前页面是一个模板或者库页面，选中该

选项，清除 Dreamweaver 特殊标签后，模板与库页面都将变为普通页面。

● **指定的标签**

选中该复选框后，并在该复选框后面的文本框中输入需要删除的标签即可。

● **尽可能合并嵌套的 <font> 标签**

选中该复选框后，Dreamweaver 将能够合并的 <font> 标签进行合并，一般可以合并的 <font> 标签都是控制一段相同文本的，例如 "<font size="6"><font color="#00FF00">HTML 语言 </font></font>"，代码中的 <font> 标签就可以合并。

● **完成后显示动作记录**

当单击"确定"按钮后，Dreamweaver 会花一段时间进行处理，如果选中了"完成后显示动作记录"复选框，则处理结束时会弹出一个提示对话框，其中详细列出了修改的内容。

● **清理 Word 生成的 HTML 代码**

Word 是最常用的文本编辑软件，用户经常将一些 Word 文档中的文字复制到 Dreamweaver 中，运用到网页中，因此不可避免地会生成一些错误代码、无用的样式代码和其他垃圾代码。

执行"命令 > 清理 Word 生成的 HTML"命令，弹出"清理 Word 生成的 HTML"对话框，在该对话框中有两个选项卡，分别是"基本"和"详细"，其中"基本"选项卡用来进行基本设置，"详细"选项卡用来对清理 Word 特定标签和 CSS 进行具体的设置。

● **清理的 HTML 来自**

如果这个 Word HTML 文件是用 Microsoft Word 97 或 Microsoft Word 98 生成的，则在下拉列表中选择 Word 97/98 选项；如果这个 Word HTML 文件是用 Microsoft Word 2000 或更高版本生成的，则在下拉列表中选择"Word

2000 及更高版本"选项。

● **删除所有 Word 特定的标签**

选中该复选框，将清除 Word 生成的所有特定标签。如果需要有保留地清除，可以在"详细"选项卡中进行设置。

● 清理 CSS

选中该复选框，将清除 Word HTML 文件中的 <font> 语句。

● 修正无效的嵌套标签

选中该复选框后，修正 Word 生成的一些无效 HTML 嵌套标签。

● 应用源格式

选中该复选框后，将按照 Dreamweaver 默认的格式整理这个 Word HTML 文件的源代码，使文件的源代码结构更清晰，可读性更高。

● 完成时显示动作记录

选中该复选框后，将在清理代码结束后显示完成了哪些清理动作。

● 移除 Word 特定的标签

该选项组中包含 5 个选项，用于对清理 Word 特定标签进行具体的设置。这 5 个选项分别为 <html> 标签中的 XML、<head> 中的 Word meta 和 link 标签、Word XML 标签、<![if…]><![end]> 条件式标签及其内容和移除样式中空的段落和边界。

● 清理 CSS

该选项组中包含 4 个选项，用来对清理 CSS 进行具体的设置。这 4 个选项分别为尽可能地移除行内 CSS 样式、删除任何以 mso 开头的样式属性、移除所有非 CSS 的样式宣告、移除表格行和单元格中所有的 CSS 样式。

3.2.4　在源代码中添加注释

在页面中可以加入相关的说明注释语句，便于源代码编写者对代码的检查与维护。在源代码适当的位置添加注释是很好的习惯，因为一旦代码过长，很可能连编写者最后都会产生混淆，适当的注释有助于对源代码的理解。注释是另外一种文本，它出现在 HTML 源文档中，但浏览器并不显示它们。

在 Dreamweaver CS6 中，可以在 HTML 源代码中添加以下 5 种形式的注释。

● 应用 HTML 注释

将在所选代码两侧添加 <!——和——>，如果未选择代码，则打开一个新标签。

● 应用 /* */ 注释

在 CSS 或 JavaScript 代码的两侧添加 /* 和 */。

● 应用 // 注释

将在所选 CSS 或 JavaScript 代码每一行的行首插入 //，如果未选择代码，则单独插入一个 // 标签。

● 应用 ' 注释

适用于 Visual Basic 代码。它将在每一行 Visual Basic 脚本的行首插入一个单引号，如果未选择代码，则在插入点插入一个单引号。

● 应用服务器注释

如果在处理 ASP、ASP.NET、JSP、PHP 或 ColdFusion 文件时选择了该选项，则 Dreamweaver 会自动检测正确的注释标签并将其应用到所选内容。

3.3　了解 HTML 5

W3C 在 2010 年 1 月 22 日发布了最新的 HTML 5 工作草案。HTML 5 工作组包括 AOL、Apple、Google、IBM、Microsoft、Mozilla、Nokia 和 Opera 以及数百个其他的开发商。HTML 5 中的一些新特性: 嵌入音频、视频、图片的函数和客户端数据存储，以及交互式文档。其他特性包括新的页面元素，比如 <header>、 <section>、 <footer> 以及 <figure>。

3.3.1　HTML 5 的优势

HTML 5 是近十年来 Web 标准的最新革命性成果。与以前的版本不同，HTML 5 不只是用来表示 Web 内容，它将 Web 带入了一个成熟的应用平台，在这个平台上，视频、音频、图像和动画，以及同计算机的交互都被标准化。尽管 HTML 5 的实现还有较长的路要走，但是 HTML 5 正在改变 Web。到目前为止，HTML 5 还没有被广泛采用，但众多的浏览器已经开始全面地提供支持，相信 HTML 5 大行其道的日子将不远了。

➡️ 实战 12+ 视频：使用 HTML 5 实现在网页中绘图

    <canvas> 是 HTML 5 中新增的图形定义标签，通过该标签可以实现在网页中自动绘制出一些常见的图形，例如矩形或椭圆形等，并且能够添加一些图像。<canvas> 标签的基本应用格式如下：

```
<canvas id="myCanvas"width="400" height="150"></canvas>
```

    HTML 5 中的 <canvas> 标签本身并不能绘制图形，必须与 JavaScript 脚本相结合使用，才能够在网页中绘制图形。

源文件：源文件 \ 第 3 章 \3-3-1.html

操作视频：视频 \ 第 3 章 \3-3-1.swf

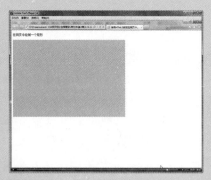

```
1   <!doctype html>
2   <html>
3   <head>
4   <meta charset="utf-8">
5   <title>无标题文档</title>
6   </head>
7
8   <body>
9   </body>
10  </html>
11
```

`01 ▶` 执行"文件 > 新建"命令，弹出"新建文档"对话框。

`02 ▶` 单击"创建"按钮，创建一个 HTML 5 页面，切换到代码视图中，可以看到 HTML 5 页面的代码。

`03 ▶` 将该页面保存为"源文件 \ 第 3 章 \3-3-1.html"。在 <body> 标签中输入相应的文字，加入 <canvas> 标签，并为其设置相应的属性。

```
7   <body>
8   <p>在网页中绘制一个矩形</p>
9   <canvas id="mycanvas" width="600" height="400"></canvas>
10  <script language="javascript">
11    var canvas = document.getElementById('mycanvas');
12    var ctx = canvas.getContext('2d');
13    ctx.fillStyle = '#00FF00';
14    ctx.fillRect(0,0,600,400);
15  </script>
16  </body>
17  </html>
```

`04 ▶` 在代码视图中添加相应的 JavaScript 脚本代码。

在 JavaScript 脚本中，getContext 是内建的 HTML 5 对象，拥有多种绘制路径、矩形、圆形、字符以及添加图像的方法。fillStyle 方法将所绘制的图形设置为一种黄绿色，fillRect 方法规定了形状、位置和大小。

05 ▶ 返回页面设计视图中，可以看到通过 <canvas> 标签所绘制的矩形在设计视图中显示为灰色的矩形区域。

06 ▶ 执行"文件 > 保存"命令，保存页面，在浏览器中预览页面，即可以看到网页中使用 HTML5 中的 <canvas> 标签所绘制的矩形效果。

提问：HTML 5 指的是什么？

答：HTML 5 实际上指的是包括 HTML、CSS 样式和 JavaScript 脚本在内的一整套技术的组合，希望通过 HTML 5 能够轻松地实现许多丰富的网络应用需求，而减少浏览器对插件的依赖，并且提供更多能有效增强网络应用的标准集。

3.3.2　HTML 5 标签

相比于以前的 HTML 标签，在 HTML 5 中提高了交互的操作性，并减少了开发成本，在网络快速发展的潮流中提供了较为规范和内容全面的网页语言，HTML 5 标签与 HTML 4 标签对比如下表所示。

标　签	描　述	HTML 4	HTML 5
<!--……-->	定义注释	√	√
<!DOCTYPE>	定义文档类型	√	√
<a>	定义超链接	√	√
<abbr>	定义缩写	√	√
<acronvm>	HTML 5 中已不支持，定义首字母缩写	√	×
<address>	定义地址元素	√	√
<applet>	HTML 5 中已不支持，定义 applet	√	×
<area>	定义图像映射中的区域	√	√
<article>	HTML 5 新增，定义 article	×	√
<aside>	HTML 5 新增，定义页面内容之外的内容	×	√
<audio>	HTML 5 新增，定义声音内容	×	√
<b>	定义粗体文本	√	√
<base>	定义页面中所有链接的基准 URL	√	√

（续表）

标 签	描 述	HTML 4	HTML 5
<basefont>	HTML 5 中已不支持，请使用 CSS 代替	√	×
<bdo>	定义文本显示的方向	√	√
<big>	HTML 5 中已不支持，定义大号文本	√	×
<blockquote>	定义长的引用	√	√
<body>	定义 body 元素	√	√
 	插入换行符	√	√
<button>	定义按钮	√	√
<canvas>	HTML 5 新增，定义图形	×	√
<caption>	定义表格标题	√	√
<center>	HTML 5 中已不支持，定义居中的文本	√	×
<cite>	定义引用	√	√
<code>	定义计算机代码文本	√	√
<col>	定义表格列的属性	√	√
<colgroup>	定义表格式的分组	√	√
<command>	HTML 5 新增，定义命令按钮	×	√
<datagrid>	HTML 5 新增，定义树列表中的数据	×	√
<datalist>	HTML 5 新增，定义下拉列表	×	√
<dataemplate>	HTML 5 新增，定义数据模板	×	√
<dd>	定义自定义的描述	√	√
<del>	定义删除文本	√	√
<details>	HTML 5 新增，定义元素的细节	×	√
<dialog>	HTML 5 新增，定义对话	×	√
<dir>	HTML 5 中已不支持，定义目录列表	√	×
<div>	定义文档中的一个部分	√	√
<dfn>	定义自定义项目	√	√
<dl>	定义自定义列表	√	√
<dt>	定义自定义的项目	√	√
<em>	定义强调文本	√	√
<embed>	HTML 5 新增，定义外部交互内容或插件	×	√
<event-source>	HTML 5 新增，为服务器发送的事件定义目标	×	√
<fieldset>	定义 fieldset	√	√
<figure>	HTML 5 新增，定义媒介内容的分组，以及它们的标题	×	√
<font>	不赞成，定义文本的字体、尺寸和颜色	√	×
<footer>	HTML 5 新增，定义 section 或 page 的页脚	×	√
<form>	定义表单	√	√
<frame>	HTML 5 中已不支持，字义子窗口（框架）	√	×
<frameset>	HTML 5 中已不支持，定义框架的集	√	×
<h1> to <h6>	定义标题 1 到标题 6	√	√
<head>	定义关于文档的信息	√	√

（续表）

标　签	描　述	HTML 4	HTML 5
<header>	HTML 5 新增，定义 section 或 page 的页眉	×	√
<hr>	定义水平线	√	√
<html>	定义 html 文档	√	√
<i>	定义斜体文本	√	√
<iframe>	定义行内的子窗口（框架）	√	√
<img>	定义图像	√	√
<input>	定义输入域	√	√
<ins>	定义插入文本	√	√
<isindex>	HTML 5 中已不支持，定义单行的输入域	√	×
<kbd>	定义键盘文本	√	√
<label>	定义表单控件的标注	√	√
<legend>	定义 fieldset 中的标题	√	√
<li>	定义列表的项目	√	√
<link>	定义资源引用	√	√
<m>	HTML 5 新增，定义有记号的文本	×	√
<map>	定义图像映射	√	√
<menu>	定义菜单列表	√	√
<meta>	定义元信息	√	√
<meter>	HTML 5 新增，定义预定义范围内的度量	×	√
<nav>	HTML 5 新增，定义导航链接	×	√
<nest>	HTML 5 新增，定义数据模板中的嵌套点	×	√
<noframes>	HTML 5 中已不支持，定义 noframe 部分	√	×
<noscript>	HTML 5 中已不支持，定义 noscript 部分	√	×
<object>	定义嵌入对象	√	√
<ol>	定义有序列表	√	√
<optgroup>	定义选项组	√	√
<option>	定义下拉列表中的选项	√	√
<output>	HTML 5 新增，定义输出的一些类型	×	√
<p>	定义段落	√	√
<param>	为对象定义参数	√	√
<pre>	定义预格式化文本	√	√
<progress>	HTML 5 新增，定义任何类型任务的进度	×	√
<q>	定义短的引用	√	√
<rule>	HTML 5 新增，为升级模板定义规则	×	√
<s>	HTML 5 中已不支持，定义加删除线的文本	√	×
<samp>	定义样本计算机代码	√	√
<script>	定义脚本	√	√
<section>	HTML 5 新增，定义 section	×	√
<select>	定义可选列表	√	√

（续表）

标　签	描　述	HTML 4	HTML 5
\<small\>	HTML 5 中已不支持，定义小号文本	√	×
\<source\>	HTML 5 新增，定义媒介源	×	√
\<span\>	定义文档中的 section	√	√
\<strike\>	HTML 5 中已不支持，定义加删除线的文本	√	×
\<strong\>	定义强调文本	√	√
\<style\>	定义样式文本	√	√
\<sub\>	定义上标文本	√	√
\<sup\>	定义下标文本	√	√
\<table\>	定义表格	√	√
\<tbody\>	定义表格的主体	√	√
\<td\>	定义表格单元	√	√
\<textarea\>	定义文本区域	√	√
\<tfoot\>	定义表格的脚注	√	√
\<th\>	定义表格内的表头单元格	√	√
\<thead\>	定义表格的表头	√	√
\<time\>	HTML 5 新增，定义日期 / 时间	×	√
\<title\>	定义文档的标题	√	√
\<tr\>	定义表格行	√	√
\<tt\>	HTML 5 中已不支持，定义打字机文本	√	×
\<u\>	HTML 5 中已不支持，定义下划线文本	√	×
\<ul\>	定义无序列表	√	√
\<var\>	定义变量	√	√
\<video\>	HTML 5 新增，定义视频	×	√
\<xmp\>	HTML 5 中已不支持，定义预格式文本	√	×

➡ 实战 13+ 视频：HTML 5 为网页添加背景音乐

　　网络上有许多不同格式的音频文件，但 HTML 标签所支持的音乐格式并不是很多，并且不同的浏览器支持的格式也不相同。这种情况下，HTML 5 新增了 \<audio\> 标签来统一网页的音频格式，可以直接使用该标签在网页中添加相应格式的音乐。

　　\<audio\> 标签的基本应用格式如下：

\<audio src="song.wav" controls="controls"\>\</audio\>

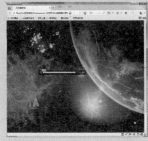 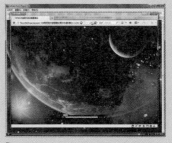

🏠 源文件：源文件 \ 第 3 章 \3-3-2. html　　　📶 操作视频：视频 \ 第 3 章 \3-3-2. swf

```
<html>
<head>
<meta charset="utf-8">
<title>HTML5为网页添加背景音乐</title>
<link href="style/3-3-2.css" rel="stylesheet" type="text/css">
</head>
<body>
<div id="music">此处显示  id "music" 的内容</div>
</body>
</html>
```

01 ▶ 执行"文件 > 打开"命令，可以打开 HTML 5 页面"源文件 \ 第 3 章 \3-3-2.html"。

02 ▶ 切换到代码视图中，可以看到该页面的代码。

```
<!doctype html>
<html>
<head>
<meta charset="utf-8">
<title>HTML5为网页添加背景音乐</title>
<link href="style/3-3-2.css" rel="stylesheet" type="text/css">
</head>
<body>
<div id="music">
  <audio src="images/302.wav" controls>您当前使用的浏览器不支持audio标签</audio>
</div>
</body>
</html>
```

03 ▶ 将光标移到名为 music 的 Div 中，将多余文字删除，添加 <audio> 标签，并为其设置相应的属性。

04 ▶ 执行"文件 > 保存"命令，保存页面，在 Firefox 浏览器中预览该页面的效果，可以看到播放器控件并播放音乐。

提示　目前，<audio> 标签支持 3 种音频格式文件，分别是 .ogg、.mp3 和 .wav 格式，有的浏览器已经能够支持 <audio> 标签，例如 Firefox 浏览器（但该浏览器目前还不支持 .mp3 格式的音频）。

提问　提问：<audio> 标签中各属性的作用是什么？
答：设置 autoplay 属性，可以在打开网页的同时自动播放音乐；设置 controls 属性，可以在网页中显示音频播放控件；设置 loop 属性，可以设置音频重复播放；设置 preload 属性，则音频在加载页面时进行加载，并预备播放。如果设置 autoplay 属性，则忽略该属性；src 属性用于设置音频文件的地址。

3.3.3　HTML 5 与 HTML 4 的不同

　　W3C 在 2010 年 1 月 22 日发布了最新的 HTML 5 工作草案。HTML 5 的工作组包括 AOL、Apple、Google、IBM、Microsoft、Mozilla、Nokia 和 Opera 以及数百个其他的开发商。制定 HTML 5 的目的是取代 1999 年 W3C 所制定的 HTML 4.01 和 XHTML 1.0 标准，希望能够在网络应用迅速发展的同时，网页语言能够符合网络发展的需求。

　　在 HTML 5 中添加了许多新的应用标签，其中包括 <video>、<audio> 和 <canvas> 等标签，添加这些标签是为了使设计者能够更轻松地在网页中添加或处理图像和多媒体内容。其他新的标签还有 <section>、<article>、<header> 和 <nav>，这些新添加的标签是为了能够更加丰富网页中的数据内容。除添加了许多功能强大的新标签和属性，同样也还有一些标签进行了修改，以方便适应快速发展的网络应用。另外有一些标签和属性在 HTML 5 标准中已经被去除。

➡ 实战 14+ 视频：HTML 5 在网页中播放视频

视频标签的出现是 HTML 5 的一大亮点，但是低版本的浏览器不支持 `<video>` 标签，而且涉及视频文件的格式问题，Firefox、Safari 和 Chrome 的支持方式也不相同。在现阶段要想使用 HTML 5 的视频功能，浏览器兼容性是一个必须考虑的问题。

`<video>` 标签的基本应用格式如下：

`<video src="movie.mp4" controls="controls"></audio>`

🏠 源文件：源文件 \ 第 3 章 \3-3-3. html

📡 操作视频：视频 \ 第 3 章 \3-3-3. swf

```
<!doctype html>
<html>
<head>
<meta charset="utf-8">
<title>HTML5在网页中播放视频</title>
<link href="style/3-3-3.css" rel="stylesheet" type="text/css">
</head>

<body>
<div id="box">
  <div id="video">此处显示  id "video" 的内容</video>
</div>
</div>
</body>
</html>
```

01 ▶ 执行"文件 > 打开"命令，可以打开 HTML 5 页面"源文件 \ 第 3 章 \3-3-3. html"。

02 ▶ 切换到代码视图中，可以看到该页面的代码。

```
<body>
<div id="box">
  <div id="video">
    <video controls width="400" height="300">

    </video>
  </div>
</div>
</body>
```

03 ▶ 将光标移到名为 video 的 Div 中，将多余的文字内容删除，添加 `<video>` 标签，并设置相关属性。

```
<body>
<div id="box">
  <div id="video">
    <video controls width="400" height="300">
      <source type="video/mp4" src="images/movie.mp4">
    </video>
  </div>
</div>
</body>
```

04 ▶ 在 `<video>` 标签之间加入 `<source>` 标签，并设置相关属性。

 提示　在 `<video>` 标签中的 `controls` 属性是一个布尔值，显示 play/stop 按钮；`width` 属性用于设置视频所需要的宽度，默认情况下，浏览器会自动检测所提供的视频尺寸；`height` 属性用于设置视频所需要的高度。

```
<body>
<div id="box">
  <div id="video">
  <video controls width="400" height="300" autoplay="true">
    <source type="video/mp4" src="images/movie.mp4">
  </video>
</div>
</div>
</body>
```

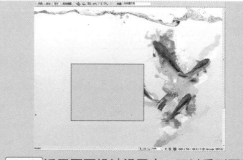

`05 ▶` 为了使网页打开的时候能够自动播放视频，还可以在 <video> 标签中加入 autoplay 属性，该属性的取值为布尔值。

`06 ▶` 返回页面设计视图中，可以看到页面的效果。

`07 ▶` 执行"文件 > 保存"命令，保存文件，在 Chrome 浏览器中预览页面，可以看到使用 HTML 5 所实现的视频播放效果。

 提示

因为 HTML 5 的 <video> 标签，每个浏览器的支持情况不同，Firefox 浏览器只支持 .ogg 格式的视频文件，Safari 和 Chrome 浏览器只支持 .mp4 格式的视频文件，而 IE8 及以下版本目前还并不支持 <video> 标签，所以在使用该标签时一定需要注意。

 提问

提问：<video> 标签中各属性的作用是什么？

答：设置 autoplay 属性，可以在打开网页的同时自动播放视频；设置 controls 属性，可以在网页中显示视频播放控件；通过 width 属性设置视频的宽度，默认的单位为像素；通过 height 属性设置视频的高度，默认的单位为像素；设置 loop 属性，可以设置视频重复播放；设置 preload 属性，则视频在加载页面时进行加载，并预备播放，如果设置 autoplay 属性，则忽略该属性；src 属性用于设置视频文件的地址。

3.4　网页头信息设置

一个 HTML 页面，通常是由包含在 <head> 与 </head> 标签之间的头部信息和包含在 <body> 与 </body> 标签之间的主体两个部分组成的。文档的标题信息就存储在 HTML 的头部位置，在浏览网页时，它会显示在浏览器的标题栏上，当将网页加入到浏览器的收藏夹时，文档的标题又会作为收藏夹中的项目名称。除了标题之外，头部还能够包含很多非常重要的信息，例如针对搜索引擎的关键字、内容指示符以及作者信息等。

3.4.1 设置 META 信息

单击"插入"面板中的"文件头"按钮，在下拉列表中选择 META 选项，弹出 META 对话框，在该对话框中输入相应的信息，单击"确定"按钮，即可在文件的头部添加相应的数据。

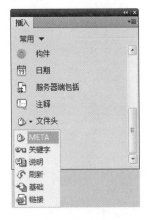

● **属性**

在"属性"下拉列表中有 HTTP-equivalent 和"名称"两大选项，分别对应 HTTP-EQUIV 变量和 NAME 变量。

● **值**

在"值"文本框中可以输入 HTTP-EQUIV 变量和 NAME 变量的值。

● **内容**

在"内容"文本框中输入 HTTP-EQUIV 变量或 NAME 变量的内容。

▶ 实战 15+ 视频：设置网页作者信息

通过设置 META 信息可以设置许多网页相关信息，所设置的相关信息会自动生成 HTML 代码写入到页面头部的 <head> 与 </head> 标签之间。下面通过实例介绍如何通过 META 设置网页作者信息。

🏠 源文件：源文件 \ 第 3 章 \3-4-1.html   📶 操作视频：视频 \ 第 3 章 \3-4-1.swf

01 ▶ 执行"文件＞打开"命令，可以打开 HTML 页 面" 源 文 件 \ 第 3 章 \3-4-1.html"。

02 ▶ 单击"插入"面板上的 META 按钮，弹出"META"对话框。

03 ▶ 在该对话框中输入相应的信息，单击"确定"按钮，完成 META 对话框的设置。

04 ▶ 切换到代码视图，可以看到在页面头部自动生成的作者信息的声明代码。

提问：为网页设置 META 信息的作用是什么？

答：META 标签是用来记录当前网页的相关信息，如编码、作者和版权等，也可以用来为服务器提供信息，比如网页终止时间和刷新的间隔等。

3.4.2　添加网页关键字

关键字是为搜索引擎提供的，比如一个企业网站，为了提高在互联网中被搜索引擎搜索到的几率，可以设定多个与该企业主题相关的关键字。

➡ 实战 16＋ 视频：为网页设置关键字

关键字可以协助互联网上的搜索引擎寻找网页，因为网站的来访者大多都是由搜索引擎引导来的，因此关键字对网站的推广极为重要。

🏠 源文件：源文件 \ 第 3 章 \3-4-2. html　　🔊 操作视频：视频 \ 第 3 章 \3-4-2. swf

01 ▶ 执行"文件 > 打开"命令,可以打开 HTML 页面"源文件 \ 第 3 章 \3-4-2.html"。

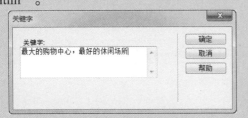

03 ▶ 在该对话框中输入网页的关键字,多个关键字之间可以使用逗号分隔。

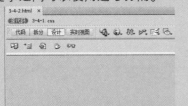

05 ▶ 执行"查看 > 文件头内容"命令,打开"文件头内容"窗口。

02 ▶ 单击"插入"面板上的"关键字"按钮 🔲,弹出"关键字"对话框。

04 ▶ 单击"确定"按钮,完成"关键字"对话框的设置,切换到代码视图。

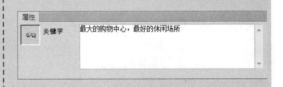

06 ▶ 单击"关键字"按钮 🔲,在"属性"面板中可以对关键字重新进行编辑。

提问:网页关键字有什么要求?

答:设置的关键字一定要是与该网站内容相贴切的内容,并且有些搜索引擎限制索引的关键字或字符的数目,当超过了限制的数目时,它将忽略所有的关键字,所以最好只使用几个精选的关键字。

3.4.3 添加网页说明

许多搜索引擎能够读取描述 META 标签的内容,有些会将该信息编入它们的数据库索引中,而有些则会在搜索页面中显示该信息。

实战 17+ 视频:为网页设置说明

设置说明的作用主要是说明网页的主要内容,为网页添加说明的方法与为网页添加关键字的方法基本相同。

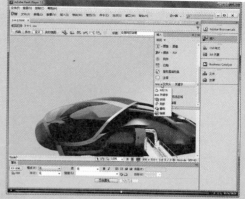

源文件：源文件 \ 第 3 章 \3-4-3. html

操作视频：视频 \ 第 3 章 \3-4-3. swf

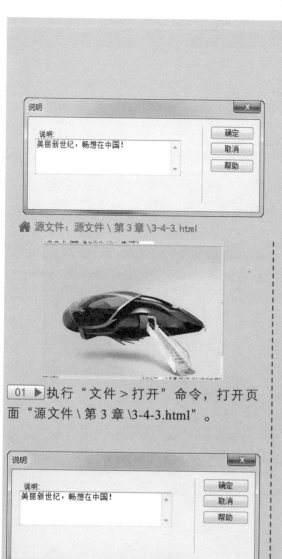

01 ▶ 执行"文件＞打开"命令，打开页面"源文件 \ 第 3 章 \3-4-3.html"。

02 ▶ 单击"插入"面板上的"说明"按钮，弹出"说明"对话框。

03 ▶ 在该对话框中输入网页的说明信息。

04 ▶ 单击"确定"按钮，完成"说明"对话框的设置，切换到代码视图。

提问：如何对网页的说明内容进行修改？

答：如果需要编辑页面说明信息，执行"查看＞文件头内容"命令，打开"文件头内容"窗口，可以在"文件头内容"窗口中单击"说明"按钮，然后在"属性"面板上对说明进行修改。

3.4.4　添加网页刷新

刷新主要使用于两种情况：一是网页的地址发生变化，可以在源地址的网页上使用刷新功能，规定在若干秒之后让浏览器自动跳转到新的网页；另一种情况是网页经常更新，规定让浏览器在若干秒之后自动刷新网页。

实战 18+ 视频：实现网页的自动刷新

在对网页设置自动刷新后，浏览器就能定时自动更新网页，保证浏览者能够顺畅地浏览网页。

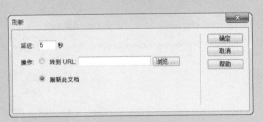

源文件：源文件 \ 第 3 章 \3-4-4.html

操作视频：视频 \ 第 3 章 \3-4-4.swf

01 ▶ 执行"文件 > 打开"命令，打开页面"源文件 \ 第 3 章 \3-4-4.html"。

02 ▶ 单击"插入"面板上的"刷新"按钮，弹出"刷新"对话框。

```
<!DOCTYPE html PUBLIC "-//W3C//DTD XHTML 1.0
Transitional//EN"
"http://www.w3.org/TR/xhtml1/DTD/xhtml1-transitional.dtd">
<html xmlns="http://www.w3.org/1999/xhtml">
<head>
<meta http-equiv="Content-Type" content="text/html;
charset=utf-8" />
<title>设置网页自动刷新</title>
<link href="style/3-4-1.css" rel="stylesheet" type=
"text/css" />
<meta name="Author" content="飞飞工作室 " />
<meta name="keywords" content="最大的购物中心，最好的休闲场所" />
<meta name="description" content="美丽新世纪，畅想在中国！" />
<meta http-equiv="refresh" content="5" />
</head>

<body>
<div id="box"></div>
</body>
</html>
```

03 ▶ 设置"延迟"为 5 秒，"操作"为"刷新此文档"。

04 ▶ 单击"确定"按钮，完成"刷新"对话框的设置，切换到代码视图。

提问： "刷新"对话框中各选项的作用是什么？

答： 在"延迟"文本框中输入一个数值，用于设置页面延时的秒数，经过这个时间页面即可刷新或转到另一个页面。如果选择"转到 URL"单选按钮，则当前网页经过一段时间后会跳转到另外一个网页页面。在其后的文本框里输入要转到的页面地址，或单击"浏览"按钮，在弹出的"选择文件"对话框中直接选择；如果选择"刷新此文档"单选按钮，则网页经过一段时间后会自动刷新。

3.5 网页整体属性设置

在许多网站的页面上会有统一的背景颜色或者图像背景，这些特征可以通过"页面属性"对话框来控制，在开始设计网站页面时，即可设置好页面的各种属性。网页属性可以控制网页的背景颜色和文本颜色等，实现对网页外观的整体控制。

3.5.1 "外观（CSS）"与"外观（HTML）"选项

执行"修改>页面属性"命令，或单击"属性"面板上的"页面属性"按钮，弹出"页面属性"对话框，Dreamweaver CS6 将页面属性分为许多类别，其中"外观（CSS）"是设置页面的一些基本属性，并且将设置的页面相关属性自动生成为CSS样式表写在页面头部。

● 页面字体

在该下拉列表中选择一种字体设置为页面字体，也可以直接在该下拉列表框中输入字体名称，还可以单击"页面字体"下拉列表后的"加粗"按钮 **B** 或"斜体"按钮 *I*，使页面中的字体加粗或是斜体显示。

● 大小

在该下拉列表中可以选择页面中的默认文本字号，还可以设置页面字体大小的单位，默认为"px（像素）"。

● 文本颜色

在该文本框中可以设置网页中默认的文本的颜色。如果未对该选项进行设置，则网页中默认的文本颜色为黑色。

● 背景颜色

在该文本框中可以设置网页的背景颜色。一般情况下，背景颜色都设置为白色，即在文本框中输入 #FFFFFF。如果在这里不设置颜色，常用的浏览器也会默认网页的背景色为白色，但低版本的浏览器会显示网页背景色为灰色。为了增强网页的通用性，这里最好还是对背景色进行设置。

● 背景图像

在该文本框中可以输入网页背景图像的路径，为网页添加背景图像。也可以单击文本框后的"浏览"按钮，弹出"选择图像源文件"对话框，选择需要设置为背景图像的文件。

● 重复

在使用图像作为背景时，可以在"重复"下拉列表中选择背景图像的重复方式，其选项包括 no-repeat、repeat、repeat-x 和 repeat-y 4 个选项。

no-repeat：选择该选项，则所设置的背景图像只显示一次，不会进行重复平铺。

repeat：选择该选项，则所设置的背景图像在横向和纵向均会进行重复平铺操作。

repeat-x：选择该选项，则所设置的背景图像仅在横向会进行重复平铺操作，而不会在纵向进行平铺操作。

repeat-y：选择该选项，则所设置的背景图像仅在纵向会进行重复平铺操作，而不会在横向进行平铺操作。

● 左边距／右边距／上边距／下边距

在"左边距"、"右边距"、"上边距"和"下边距"文本框中可以分别设置网页四边与浏览器四边边框的距离。

实战 19+ 视频：制作网站欢迎页面

有时候在进入某个网站时，网页上会出现精美的文字或动画等欢迎信息，通过在"属性"面板中对"页面属性"进行设置，就可以达到相应的目的。

源文件：源文件 \ 第3章 \3-5-1.html

操作视频：视频 \ 第3章 \3-5-1.swf

01 ▶ 执行"文件>打开"命令，打开页面"源文件 \ 第3章 \3-5-1.html"。

02 ▶ 在浏览器中预览该页面，可以看到页面的效果。

03 ▶ 单击"属性"面板上的"页面属性"按钮 [页面属性...]，弹出"页面属性"对话框，对"外观（CSS）"相关选项进行设置。

04 ▶ 单击"确定"按钮，在 Dreamweaver 的设计视图中可以看到页面的效果。

```
<head>
<meta http-equiv="Content-Type" content="text/html; charset=utf-8" />
<title>制作网站欢迎页面</title>
<link href="style/3-5-1.css" rel="stylesheet" type="text/css" />
<style type="text/css">
body,td,th {
    font-family: "微软雅黑";
    font-size: 12px;
    color: #F60;
    font-weight: bold;
}
body {
    background-color: #DDCD92;
    margin-left: 0px;
    margin-top: 0px;
    margin-right: 0px;
    margin-bottom: 0px;
}
</style>
</head>
```

05 ▶ 切换到代码视图中，在页面头部的 <head> 与 </head> 标签之间生成相应的 CSS 样式代码。

06 ▶ 保存页面，在浏览器中预览页面，可以看到完成"外观（CSS）"选项设置后的页面效果。

提问： "页面属性"对话框中的"外观（HTML）"选项的作用是什么？

答：该选项的设置与"外观（CSS）"的设置基本相同，唯一的区别是在"外观（HTML）"选项中设置的页面属性，将会自动在页面主体标签 <body> 中添加相应的属性设置代码，而不会自动生成 CSS 样式，并且多了 3 个关于文本超链接的相关设置。

3.5.2 "链接（CSS）"选项

在"页面属性"对话框左侧的"分类"列表框中选择"链接（CSS）"选项，可以切换到"链接（CSS）"选项设置界面，在该部分可以设置页面中的链接文本的效果。

链接字体

从该下拉列表中选择一种字体设置为页面中链接的字体，还可以单击"链接字体"下拉列表后的"加粗"按钮 **B** 或"斜体"按钮 *I*，使页面中的链接字体加粗或是斜体显示。

大小

从该下拉列表中可以选择页面中的链接文本字号，还可以设置链接字体大小的单位，默认为"px（像素）"。

链接颜色

在该文本框中可以设置网页中文本超链接的默认状态颜色。

变换图像链接

在该文本框中可以设置网页中当鼠标移动到超链接文字上方时超链接文本的颜色。

已访问链接

在该文本框中可以设置网页中访问过的超链接文本的颜色。

活动链接

在该文本框中可以设置网页中激活的超链接文本的颜色。

下划线样式

从该下拉列表中可以选择网页中当鼠标移动到超链接文字上方时采用何种下划线，在该下拉列表中包括 4 个选项。

> 始终有下划线　　　　　　　▼
> 始终有下划线
> 始终无下划线
> 仅在变换图像时显示下划线
> 变换图像时隐藏下划线

始终有下划线：该选项为超链接文本的默认选项，选择该选项，则链接文本在任何状态下都会具有下划线。

始终无下划线：选择该选项，则链接文本在任何状态下都没有下划线。

仅在变换图像时显示下划线：选择该选项，则当超链接文本处于"变换图像链接"状态时，显示下划线，其他的状态下不显示下划线。

变换图像时隐藏下划线：默认的超链接文本是具有下划线的，选择该选项，则当超链接文本处于"变换图像链接"状态时，不显示下划线，其他状态下都显示下划线。

➡ 实战 20+ 视频：美化网页中的超链接

通过在"页面属性"对话框中对"链接（CSS）"选项进行设置，可以改变链接文字在浏览器中的预览效果。

🏠 源文件：源文件 \ 第 3 章 \3-5-2. html

📹 操作视频：视频 \ 第 3 章 \3-5-2. swf

01 ▶ 执行 "文件 > 打开" 命令，打开页面 "源文件 \ 第 3 章 \3-5-2.html"。

02 ▶ 单击 "属性" 面板上的 "页面属性" 按钮，弹出 "页面属性" 对话框，选择 "链接（CSS）" 选项，切换到 "链接（CSS）" 选项设置界面。

```
<style type="text/css">
a:link {
    color: #FFF;
    text-decoration: none;
}
a:visited {
    text-decoration: none;
    color: #FF0000;
}
a:hover {
    text-decoration: underline;
    color: #003366;
}
a:active {
    text-decoration: none;
    color: #FF6600;
}
</style>
```

03 ▶ 单击 "确定" 按钮，完成 "页面属性" 对话框的设置，切换到代码视图中，在页面头部的 <head> 与 </head> 标签之间可以看到所生成的相应 CSS 样式代码。

04 ▶ 保存页面，在浏览器中预览页面，可以看到页面中超链接文字的效果。

提问：如何使网页中不同的文字链接实现不同的效果？

答：通过 "页面属性" 对话框中的 "链接（CSS）" 选项进行设置，可以对网页中的所有超链接设置 4 种超链接状态下的样式，但如果需要使网页中不同的文字链接实现不同的效果，那就必须使用 CSS 样式来实现了。

3.5.3 "标题（CSS）"选项

在"页面属性"对话框左侧的"分类"列表框中选择"标题（CSS）"选项，可以切换到"标题（CSS）"选项设置界面，在"标题（CSS）"选项中可以设置标题文字的相关属性。

● 标题字体

在该下拉列表中可以选择一种字体，将其设置为标题的文字，还可以单击"标题字体"下拉列表后的"加粗"按钮 **B** 或"斜体"按钮 *I*，使页面中的标题文字加粗或是斜体显示。

● 标题 1 至标题 6

在 HTML 页面中可以通过 <h1> 至 <h6> 标签，定义页面中的文字为标题文字，分别对应"标题 1"至"标题 6"，在该部分选项区中可以分别设置不同标题文字的大小以及文本颜色。

➡ **实战 21+ 视频：设置网页中的标题文字**

通过"页面属性"对话框中的"标题（CSS）"选项进行设置，可以对网页中默认的标题属性进行设置。

🏠 源文件：源文件 \ 第 3 章 \3-5-3.html

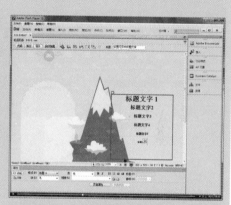

📶 操作视频：视频 \ 第 3 章 \3-5-3.swf

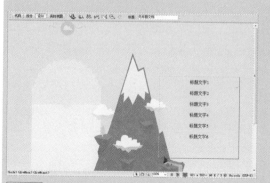

01 ▶ 执行"文件 > 打开"命令，打开页面"源文件 \ 第 3 章 \3-5-3.html"。

02 ▶ 选中"标题文字 1"文字，在"属性"面板的"格式"下拉列表中选择"标题 1"应用。

03 ▶ 使用相同的方法，分别为相应的文字应用"标题2"至"标题6"。

04 ▶ 切换到代码视图中，可以看到该部分的代码效果。

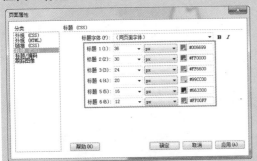

05 ▶ 单击"属性"面板上的"页面属性"按钮，弹出"页面属性"对话框，选择"标题（CSS）"选项，切换到"标题（CSS）"选项设置界面。

06 ▶ 单击"确定"按钮，完成"页面属性"对话框的设置，可以看到页面中标题文字的效果。

07 ▶ 切换到代码视图中，在页面头部的 <head> 与 </head> 标签之间可以看到所生成的相应的 CSS 样式代码。

08 ▶ 保存页面，在浏览器中预览页面，可以看到页面中标题文字的效果。

提问：为什么在网页中为文字应用"标题1"至"标题6"后都会改变文字原先的效果？

答："标题1"至"标题6"对应的 HTML 标签分别是 <h1>、<h2>、<h3>、<h4>、<h5> 和 <h6>，在 HTML 中，默认对 <h1> 至 <h6> 标签都有相应的样式效果设置，所以会显示出不同的效果。

3.5.4　"标题 / 编码"选项

在"页面属性"对话框左侧的"分类"列表框中选择"标题 / 编码"选项，可以切换到"标题 / 编码"选项设置界面，在"标题 / 编码"选项中可以设置网页的标题和文字编码。

● 标题

在该文本框中可以输入页面的标题，和上一章中所介绍的通过头信息设置页面标题的效果相同。

● 文档类型

可以从该下拉列表中选择文档的类型，在 Dreamweaver CS6 中默认新建的文档类型是 XHTML 1.0 Transitional。

● 编码

从该下拉列表中可以选择网页的文字编码，在 Dreamweaver CS6 中默认新建的文档编码是 Unicode（UTF-8），也可以选择"简体中文（gb2312）"。

● "重新载入"按钮

如果在"编码"下拉列表中更改了页面的编码，可以单击该按钮，转换现有文档或者使用新编码重新打开该页面。

● Unicode 标准化表单

只有用户选择 Unicode（UTF-8）作为页面编码时，该选项才可用。在该下拉列表中提供了 4 种 Unicode 标准化表单，最重要的是 C 范式，因为它是用于万维网的字符模型的最常用范式。

● 包括 Unicode 签名（BOM）

选中该复选框，则在文档中包括一个字节顺序标签（BOM）。BOM 是位于文本文件开头的 2 至 4 个字节，可以将文件标示为 Unicode，如果是这样，还标示后面字节的字节顺序。由于 UTF-8 没有字节顺序，所以该选项可以不选，而对于 UTF-16 和 UTF-32，则必须添加 BOM。

➡ **实战 22+ 视频：设置网页标题**

在浏览网站的时候都会在浏览器上方看到网页的标题，通过在"页面属性"对话框中的"标题 / 编码"选项可以设置网页的标题等。

🏠 源文件：源文件 \ 第 3 章 \3-5-4.html　　　　🔊 操作视频：视频 \ 第 3 章 \3-5-4.swf

01 ▶ 执行"文件 > 打开"命令，打开页面"源文件 \ 第 3 章\3-5-4.html"。

02 ▶ 单击"属性"面板上的"页面属性"按钮，弹出"页面属性"对话框，选择"标题 / 编码"选项。

03 ▶ 单击"确定"按钮，完成"页面属性"对话框的设置，在文档工具栏上的"标题"文本框中可以看到刚设置的页面标题。

04 ▶ 执行"文件 > 保存"命令，保存页面，在浏览器中预览页面，可以看到页面中标题文字的效果。

提问：为网页设置标题的作用是什么？

答：标题经常被网页初学者忽略，因为它对网页的内容不产生任何的影响。在浏览网页时，会在浏览器的标题栏中看到网页的标题，在进行多个窗口切换时，它可以很明白地提示当前网页信息。而且当收藏一个网页时，也会把网页的标题列在收藏夹内。

3.5.5　"跟踪图像"选项

在正式制作网页之前，会用绘图工具绘制一幅设计草图，相当于设计网页打草稿。Dreamweaver CS6 可以将这种设计草图设置成跟踪图像，铺在编辑的网页下面作为背景，用于引导网页的设计。

在"页面属性"对话框左侧的"分类"列表框中选择"跟踪图像"选项，可以切换到"跟踪图像"选项设置界面，在"跟踪图像"选项中可以设置跟踪图像的属性。

● 跟踪图像

在该选项中可以为当前制作的网页添加跟踪图像。单击文本框后的"浏览"按钮，将弹出"选择图像源文件"对话框，在其中选择需要设置为跟踪图像的图像。

● 透明度

拖动"透明度"滑块可以调整跟踪图像在网页编辑状态下的透明度。透明度越高，跟踪图像显示得越明显；透明度越低，跟踪图像显示得越不明显。

➡ **实战 23+ 视频：设置网页辅助图像**

网页辅助图像就是利用"页面属性"对话框中的"图像跟踪"选项设置便于网页制作的背景图像，可以在制作过程中起到参照作用。

🏠 源文件：源文件 \ 第 3 章 \3-5-5.ntml

📶 操作视频：视频 \ 第 3 章 \3-5-5.swf

01 ▶ 执行"文件 > 新建"命令，弹出"新建文档"对话框，新建一个空白的 HTML 页面。

02 ▶ 单击"确定"按钮，新建一个空白页面，并将该页面保存为"源文件 \ 第 3 章 \3-5-5.html"。

03 ▶ 单击"属性"面板上的"页面属性"按钮，弹出"页面属性"对话框。

04 ▶ 在"分类"列表框中选择"跟踪图像"选项，对相关选项进行设置。

05 ▶ 单击"确定"按钮，完成"页面属性"对话框的设置，在 Dreamweaver 的设计视图中可以看到设置跟踪图像的效果。

06 ▶ 还可更改跟踪图像的位置，执行"查看 > 跟踪图像 > 调整位置"命令，在弹出的"调整跟踪图像位置"对话框中的"X"和"Y"文本框中输入坐标值，单击"确定"按钮即可调整图像的位置。

 跟踪图像的文件格式必须为 JPEG、GIF 或 PNG。在 Dreamweaver CS6 中跟踪图像是可见的，当在浏览器中浏览页面时，跟踪图像不被显示。当跟踪图像可见时，页面的实际背景图像和颜色在 Dreamweaver CS6 的编辑窗口中不可见，但是在浏览器中查看页面时，背景图像和颜色是可见的。

 如果要显示或隐藏跟踪图像，可以执行"查看 > 跟踪图像 > 显示"命令。在网页中选定一个页面元素，然后执行"查看 > 跟踪图像 > 对齐所选范围"命令，可以使跟踪图像的左上角与所选页面元素的左上角对齐。

提问：调整了跟踪图像的位置后，如何将其返回到默认的位置？
答：如果需要重新设置跟踪图像的位置，可以执行"查看 > 跟踪图像 > 重设位置"命令，这样跟踪图像就会自动返回到 Dreamweaver 文档窗口的左上角。

3.6　本章小结

每一个网页制作人员都必须或多或少懂一些 HTML 的相关知识，因为这是网页制作的基础，任何可视化软件或者环境在操作时都是修改 HTML 代码。在可视化环境中遇到无法修改的内容时，必须转移到代码中进行修改。

本章重点介绍了 Dreamweaver CS6 中有关 HTML 源代码控制的功能，并且介绍了网页头部内容的添加方法和页面整体属性的设置，这些内容是常常被忽略的，但在实际的应用中，头部元素经常起到关键的作用，因此读者需要掌握这些内容的添加方法。

第4章 制作图文基础网页

网页的基础页面无非是文字、图片和其他一些基本元素，通过 Dreamweaver 可以很方便地添加这些网页元素，Dreamweaver 作为一款专业的网页编辑软件，可以对这些基本元素进行编辑修改，使其达到赏心悦目的效果，可不要小看了这些基础元素，正是有了它们，才构成了网页世界里形形色色的页面。

4.1 在网页中输入文本

网页中需要输入大量的文本内容时，可以通过以下两种方式来输入文本内容。

第一种是在网页编辑窗口中直接用键盘输入文本，这可以算是最基本的输入方式了，和一些文本编辑软件的使用方法相同，如 Microsoft Word。

第二种是使用复制的方式。有些读者可能不喜欢在 Dreamweaver 中直接输入文字，而更习惯在专业的文本编辑软件中快速打字，如 Microsoft Word 和 Windows 中的记事本等，或者是文本的电子版本，那么就可以直接使用 Dreamweaver 的文本复制功能，将大段的文本内容复制到网页的编辑窗口来进行排版的工作。

4.1.1 输入文本

网页中的文本内容是给浏览者最直接的信息传递元素，文本内容可以说是最重要也是最基本的组成部分，在 Dreamweaver 中可以对文本内容进行格式化处理，和大多数文字处理程序一样，处理过后的文本会更加适合网页的需求。

➡ 实战 24+ 视频：制作文本页面

在输入文本的时候遇到内容量大的文本内容时，可以使用 Dreamweaver 的文本复制功能，将大段的文本内容复制到页面的编辑窗口来进行排版的工作。

本章知识点

- ☑ 在网页中输入并设置文本
- ☑ 在网页中插入特殊的文本元素
- ☑ 实现滚动文本效果
- ☑ 在网页中插入及设置图像
- ☑ 在网页中插入特殊图像元素

源文件：源文件 \ 第 4 章 \4-1-1.html

操作视频：视频 \ 第 4 章 \4-1-1.swf

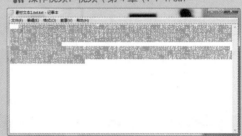

01 ▶ 执行"文件 > 打开"命令，打开页面"源文件 \ 第 4 章 \4-1-1.html"。

02 ▶ 打开"源文件 \ 第 4 章 \images\ 素材文本 1.txt"，选中全部的文本，执行"编辑 > 复制"命令或按快捷键 Ctrl+C，复制全部文本。

03 ▶ 切换到 Dreamweaver 中，将光标移至页面中需要输入文本内容的位置，执行"编辑 > 粘贴"命令或直接按快捷键 Ctrl+V，即可将文本内容复制到页面中。

04 ▶ 执行"文件 > 保存"命令，保存页面，在浏览器中预览页面。

> **提问**：在网页中输入文本时为什么不能输入多个空格？
>
> 答：在网页中是不允许输入多个空字符的，最多只能输入一个半角的空字符，如果需要输入多个空字符，则可以将输入法切换到全角输入法，这样就可以输入多个空字符。

4.1.2 设置文本属性

在 Dreamweaver CS6 中可以设置文本颜色、大小和对齐方式等属性，合理地设置文本的属性，可以使浏览者阅读起来更加方便，将光标移至文本中时，在"属性"面板中便会出现相应的文本属性选项。

🔵 **设置 HTML 选项面板**

执行"文件 > 打开"命令，打开页面"源文件 \ 第 4 章 \4-1-1.html"，拖动光标选中需要设置属性的文字，在"属性"面板上单击 HTML 按钮，可以切换到文字 HTML 属性设置面板中。

● **格式**

"格式"下拉列表中的"标题 1"~"标题 6"分别表示各级标题，应用于网页的标题部分。对应字体由大到小，同时文字全部加粗。在代码视图中，当使用"标题 1"时，文字两端应用 <h1></h1> 标签；当使用"标题 6"时，文字两端应用 <h6></h6> 标签。以此类推，手动删除这些标签代码，文字效果便会消失。

● **ID**

在该下拉列表中可以为选中的文字设置 ID 值。

● **类**

在该下拉列表中可以选择已经定义的 CSS 样式为选中的文字应用。

● **"粗体"按钮 B**

选中需要加粗显示的文本，单击该按钮，可以为文字添加加粗效果。

● **"斜体"按钮 I**

选中需要斜体显示的文本，单击该按钮，可以为文字添加斜体效果。

● **"项目列表"按钮 ≔**

选中文本段落，单击"属性"面板上的"项目列表"按钮，可以将文本段落转换为项目列表。

● **"编号列表"按钮 ≔**

单击"编号列表"按钮，可以将文本段落转换为编号列表。

● **"文本凸出"按钮 ≜**

选中文本段落，单击"属性"面板上的"文本凸出"按钮，即可使该文本段落向左侧凸出一级。

● **"文本缩进"按钮 ≜**

选中文本段落，单击"属性"面板上的"文本缩进"按钮，即可使该段落向右侧缩进一级。

🔵 **设置 CSS 选项面板**

在"属性"面板上单击 CSS 按钮，可以切换到文字 CSS 属性设置面板中。

● 目标规则

在该下拉列表中可以选择已经定义的 CSS 样式为选中的文字应用。

● "编辑规则"按钮

单击该按钮，即可对所选择的 CSS 样式进行编辑设置，如果在"目标规则"下拉列表中选择的是"< 新 CSS 规则 >"选项，单击"编辑规则"按钮，则弹出"新建 CSS 规则"对话框，可以创建新的 CSS 规则。

● "CSS面板"按钮

单击该按钮，可以在 Dreamweaver 工作界面中显示出"CSS 样式"面板。

● 字体

在该下拉列表中可以给文本设置字体组合。Dreamweaver CS6 默认的字体设置是"默认字体"，如果选择"默认字体"，则在浏览网页时，文字字体显示为浏览器默认的字体，Dreamweaver CS6 预设的可供选择的字体组合有 13 种。如果需要使用这 13 种字体组合外的字体，必须编辑新的字体组合。只需要在"字体"下拉列表中选择"编辑字体列表"选项，弹出"编辑字体列表"对话框，进行编辑即可。

● 字体大小

在 Dreamweaver CS6 中设置字体大小的方法也非常简单，只需要在"属性"面板的"大小"下拉列表中设置字体的大小值即可。在左侧的下拉列表中可以选择常用的字体大小，如果没有合适选项，还可以在文本框中输入自己想要的字号，之后右侧的下拉列表变为可编辑状态，可以从中选择字号的单位，其中较为常用的是"像素（px）"和"点数（pt）"。

● 字体颜色

文本颜色被用来美化版面与强调文章的重点，当在网页中输入文本时，它将显示默认的颜色，要改变文本的默认颜色，可以拖动光标选中需要修改颜色的文本内容，在"属性"面板上的"文本颜色"选项中直接设置即可。

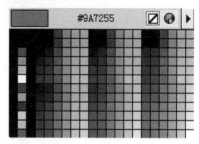

● 对齐方式

在"属性"面板上的 CSS 选项中可以设置 4 种文本段落的对齐方式，从左至右分别为"左对齐"、"居中对齐"、"右对齐"和"两端对齐"，在 Dreamweaver CS6 中默认的文本对齐方式为"左对齐"。

提示　　在简体中文的页面中，通常都是使用"宋体"作为默认字体，所以用户可以在"编辑字体列表"对话框中添加"宋体"。注意不建议用户添加一些特殊的字体，为了保证页面的通用性，最好使用计算机中默认的字体作为页面中的文本字体。

➡ **实战 25+ 视频：为网页中的文本分行或分段**

对文本内容进行分行和分段，会得到更好的文本显示效果，在输入文本的内容时，要合理地分行分段，而且很多细节的地方要仔细。

🏠 源文件：源文件 \ 第 4 章 \4-1-2. html

📶 操作视频：视频 \ 第 4 章 \4-1-2. swf

`01` ▶ 执行"文件 > 打开"命令，打开页面"源文件 \ 第 4 章 \4-1-2.html"，将光标移到文本中需要换行的地方。

`02` ▶ 按 Enter 键，文本段落将换行到下一行，两个段落之间出现一条空白行。

```
<div id="text">
    <p>曾经也以为失去一个人，就从此失去全世界。当被
背叛，被伤害的时候，心痛得无法呼吸。世界从此都灰暗。
从小到大在宠爱中长大的女孩从来没有经受过这样的伤心。</p>
    <p>就象刀刺中了心脏，就象火烧着脚踝。曾经为之奋
不顾身的爱情，曾经憧憬美妙的时刻，曾经为在一起付出的
种种努力，曾经温柔体贴的笑脸，终于远离，终于再也不会
属于我。我们怀揣青春时，再美丽动人的青春也一文不值。
我却因为丢掉了那些奋不顾身的勇气，那些因为喜欢就不停
奔跑追求的纯粹，那些把一份爱情当中生命中最重要的存在
的年少轻狂，而忧伤不已。</p>
</div>
```

`03` ▶ 执行"文件 > 保存"命令，保存页面，切换到代码视图中，可以看到为文本分段后自动添加的 <p> 标签。

`04` ▶ 切换到设计窗口，将光标移动到文本中需要分行的地方，按快捷键 Shift+Enter，可以使文本到下一行去，在这种情况下被分行的文本仍然在同一段落中，中间也不会留出空白行。

 提示

默认情况下，在 Dreamweaver CS6 中新建的 HTML 页面，默认的页面编码格式为 UTF-8，即简体中文的页面，还可以选择 GB2312 编码格式。

```
<div id="text">
    <p>曾经也以为失去一个人，就从此失去全世界。当被背
叛，被伤害的时候，心痛得无法呼吸。世界从此都灰暗。 从
小到大在宠爱中长大的女孩从来没有经受过这样的伤心。</p>
    <p>就象刀刺中了心脏，就象火烧着脚踝。曾经为之奋不
顾身的爱情，曾经憧憬美妙的时刻，曾经为在一起付出的种种
努力，曾经温柔体贴的笑脸，终于远离，终于再也不会属于我。<br />
    我们怀揣青春时，再美丽动人的青春也一文不值。我却因
为丢掉了那些奋不顾身的勇气，那些因为喜欢就不停奔跑追求
的纯粹，那些把一份爱情当中生命中最重要的存在的年少轻狂
，而忧伤不已。</p>
</div>
```

05 ▶ 将页面切换到代码视图中，可以看到显示的
 标签。

06 ▶ 执行"文件 > 保存"命令保存页面，在浏览器中预览页面。

提问：为什么要对网页文本进行分行或分段操作？

答：这两种操作看似很简单，不容易被重视，但实际情况恰恰相反，很多文本样式是应用在段落上的，如果之前没有把段落与行划分好，再修改起来便会很麻烦。上个段落会保持一种固定的样式，如果希望两段文本应用不同的样式，则用段落标签新分一个段落，如果希望两段文本有相同的样式，则直接使用换行符新分一行即可，它将仍在原段落中保持原段落样式。

4.2 在网页中实现特殊文本效果

在网页中除了可以插入普通的文本内容外，还可以插入一些比较特殊的文字元素，例如项目列表、编号列表、水平线和日期等。还可以通过对文本的设置实现滚动文本的特殊效果，还可以使用 Web 字体实现特殊的文字效果等。

4.2.1 项目列表

项目列表又称为无序列表，列表项前显示为圆点或方块等形状，并可以对项目列表前面的符号进行自定义。创建项目列表后，将光标移至需要设置属性的项目列表中任意位置，执行"格式 > 列表 > 属性"命令，弹出"列表属性"对话框,在该对话框中可对项目列表的相关属性进行设置。

● 列表类型

在该下拉列表中提供了"项目列表"、"编号列表"、"目录列表"和"菜单列表"4个选项。其中"目录列表"类型和"菜单列表"类型在高版本的浏览器中已经失效，这里将不再介绍。如果在"列表类型"中选择"项目列表"选项，则列表类型被转换为无序列表。此时"列表属性"对话框中除了"列表类型"下拉列表外，只有"样式"下拉列表和"新建样式"下拉列表可用。

● 样式

如果在"列表类型"下拉列表中选择"项目列表"选项，则"样式"下拉列表

中共有3个选项，它们分别为"默认"、"项目符号"和"正方形"，主要是用来设置项目列表里每行开头的列表标志，一般情况下默认的列表标志是项目符号，也就是圆点。

● **新建样式**

　　该下拉列表与"样式"下拉列表的选项相同，如果在该下拉列表中选择一个列表样式，则在该页面中创建时，将自动运用该样式，而不会运用默认的列表样式。

➡ **实战 26+ 视频：制作新闻栏目**

　　在设计新闻栏目网页时为了增强整个页面的简洁和美观性，常常会使用到项目列表，下面就通过一个新闻栏目的制作来熟悉项目列表的基本应用。

🏠 源文件：源文件 \ 第 4 章 \4-2-1.html

🔊 操作视频：视频 \ 第 4 章 \4-2-1.swf

`01 ▶` 执行"文件 > 打开"命令，打开页面"源文件 \ 第 4 章 \4-2-1.html"。

`02 ▶` 将光标移至名为 news 的 Div 中，将多余文字删除，并输入相应的段落文字。

```
<div id="news">
    <p>专访世界第一英雄劳模Keilantra</p>
    <p>本周冠军赛事大盘点之亢龙有悔</p>
    <p>一部振奋人心的血泪史</p>
    <p>倚天在手，谁与争锋，新华山论剑就在Hero</p>
    <p>超有爱小视频，唤回那些年我们一起战斗的青春</p>
</div>
```

`03 ▶` 切换到代码视图中，可以看到在该 Div 中段落文本的 <p> 标签。

`04 ▶` 选中该 Div 中的所有段落文本，单击"属性"面板上的"项目列表" ≣ 按钮，生成项目列表。

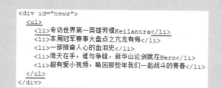

```
#news li {
    list-style-type: square;
    list-style-position: inside;
    border-bottom: dashed 1px #FF9966;
    padding-left: 5px;
}
```

`05 ▶` 切换到代码视图中，可以看到自动创建的项目列表标签 <li>。

`06 ▶` 切换到该页面所链接的外部 CSS 样式表 4-2-1.css 文件中，创建名为 #news li 的 CSS 规则。

07 ▶ 返回页面设计视图，可以看到新闻列表的效果。

08 ▶ 执行"文件 > 保存"命令，保存页面，在浏览器中预览该页面。

提 示　想要通过单击"属性"面板上的"项目列表"按钮生成项目列表，则所选中的文本必须是段落文本，Dreamweaver 会自动将每一个段落转换成一个项目列表。

提 问　提问：如何更改项目列表前的小圆点？

答：如果需要更改项目列表前的小圆点，可以将光标移至需要设置属性的项目列表中的任意位置，执行"格式 > 列表 > 属性"命令，弹出"列表属性"对话框，在"样式"下拉列表中选择"正方形"选项，可以将项目列表前的小圆点更改为正方形。除了这种方法外，还可以通过 CSS 样式的设置，实现自定义的项目列表符号效果，推荐使用 CSS 样式对项目列表效果进行设置。

4.2.2　编号列表

编号列表和项目列表的意义一样，只不过编号列表是一种有序的列表类型，将光标移至需要设置属性的编号列表中任意位置，执行"格式 > 列表 > 属性"命令，弹出"列表属性"对话框。在该对话框中可以对编号列表的相关属性进行设置。

● 样式

如果在"列表类型"下拉列表中选择"编号列表"选项，则"样式"下拉列表中有 6 个选项，分别为"默认"、"数字"、"小写罗马字母"、"大写罗马字母"、"小写字母"和"大写字母"，用来设置编号列表中每行开头的编辑符号。

● 开始计数

如果在"列表类型"下拉列表中选择"编号列表"选项，则该选项可用，可在"开始计数"文本框中输入一个数字，则指定编号列表从几开始，完成"开始计数"设置后，可以看到编辑列表的效果。

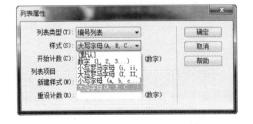

新建样式

该下拉列表与"样式"下拉列表的选项相同，如果在该下拉列表中选择一个列表样式，则在该页面中创建时，将自动运用该样式，而不会运用默认的列表样式。

重设计数

该选项的使用与"开始计数"选项的使用方法相同，如果在该选项中设置一个值，则在该页面中创建的编号列表将从设置的数开始有序排列列表。

实战 27+ 视频：制作音乐排行

在很多音乐网站中都会有歌曲的排行榜，这时候就需要对一些歌曲文本使用编号列表，这样才能突出显示歌曲的最新排名，下面就通过一个音乐网站的排行来熟悉编号列表的使用。

源文件：源文件 \ 第 4 章 \4-2-2.html

操作视频：视频 \ 第 4 章 \4-2-2.swf

01 ▶ 执行"文件>打开"命令，打开页面"源文件 \ 第 4 章 \4-2-2.html"。

```
<div id="box">
  <p>生如夏花</p>
  <p>梦娜丽莎的微笑</p>
  <p>You are beautiful</p>
  <p>睡在我上铺的兄弟</p>
  <p>风吹麦浪</p>
  <p>你是我的眼</p>
  <p>背对背拥抱</p>
  <p>有多少爱可以重来</p>
  <p>Set fair to the rain</p>
  <p>对不起我爱你</p>
  <p>我的歌声里</p>
```

02 ▶ 将光标移至名为 box 的 Div 中，将多余文字删除，并输入相应的段落文字。

03 ▶ 切换到代码视图中，可以看到段落文本的标签 <p>。

04 ▶ 选中该 Div 中的所有段落文本，单击"属性"面板上的"编号列表"按钮，创建编号列表。

```
<div id="box">
<ol>
    <li>生如夏花</li>
    <li>梦娜丽莎的微笑</li>
    <li>You are beautiful</li>
    <li>睡在我上铺的兄弟</li>
    <li>风吹麦浪</li>
    <li>你是我的眼</li>
    <li>背对背拥抱</li>
    <li>有多少爱可以重来</li>
    <li>Set fair to the rain</li>
    <li>对不起我爱你</li>
    <li>我的歌声里</li>
</ol>
</div>
```

```
#box li {
    border-bottom:#F6C 1px dashed;
    padding-left: 5px;
    list-style-position: inside;
}
```

05 ▶切换到代码视图中，可以看到编号列表的标签。

06 ▶切换到该页面所链接的外部 CSS 样式表 4-2-2.css 文件中，创建名为 #box li 的 CSS 规则。

07 ▶返回页面设计视图中，可以看到编号列表的效果。

08 ▶执行"文件 > 保存"命令，保存页面，在浏览器中预览该页面。

提问：项目列表与编号列表的区别是什么？

答：项目列表也称为无序列表，在每个项目前显示小圆点、方块或自定义的图形，各项目之间无级别之分。编号列表是指以数字编号来对一组没有顺序的文本进行排列，通常使用一个数字符号作为每条列表项的前缀，并且各个项目之间存在顺序级别之分，这种方式能够让浏览者清楚地阅读文本内容，减少发生阅读时错行的现象。

4.2.3　特殊字符

特殊字符被称为实体，在 HTML 编写语言中是以名称和数字形式表示的，比较常见的特殊字符有版权符号、注册商标和商标符号等。

首先将光标移至需要插入特殊字符的位置，单击"插入"面板上的"文本"选项卡中"字符"按钮旁的下三角符号，在弹出的菜单中可以选择需要插入的特殊字符。如果在弹出的菜单中选择"其他字符"选项，则弹出"插入其他字符"对话框，在该对话框中可以选择更多的特殊字符，单击需要的字符，或直接在"插入"文本框中输入特殊字符的编码，单击"确定"按钮，即可插入相应的特殊字符。

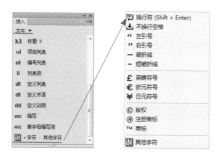

实战 28+ 视频：插入特殊字符

我们经常在很多网站页面中看到一些特殊字符，比如版权和商标等，一般的企业和商业网站里都会在版底信息中出现特殊字符。

🏠 源文件：源文件 \ 第 4 章 \4-2-3.html

🔊 操作视频：视频 \ 第 4 章 \4-2-3.swf

`01` ▶执行"文件 > 打开"命令，打开页面"源文件 \ 第 4 章 \4-2-3.html"，在浏览器中预览页面。

`02` ▶返回 Dreamweaver 的设计视图中，将光标移至需要插入特殊字符的位置。

`03` ▶单击"插入"面板上的"文本"选项卡中的"字符"按钮旁的三角符号，在弹出的菜单中选择"版权 ©"选项。

`04` ▶即可在光标所在位置插入该特殊字符，执行"文件 > 保存"命令，保存页面，在浏览器中预览页面。

提问：除了可以使用"插入"面板在网页中插入特殊字符外，还可以怎样插入特殊字符？

答：插入特殊字符除了使用"插入"面板外，还可以直接在网页的 HTML 代码中输入所需要的特殊字符的编码。在网页的 HTML 编码中，特殊字符的编码是以"&"开头，以";"结尾的特定数字或英文字母组成。

4.2.4　水平线

在 Dreamweaver 中水平线可以起到分隔文本的作用，使得整个页面更加整洁、结构更加清晰。

在设计视图中选中插入的水平线后，可以在"属性"面板中对该水平线的属性进行相应的设置。

● **水平线**

在"水平线"文字下方的文本框内可以输入该水平线的 ID 名称。

● **宽**

可以设置水平线的宽度值，其右侧的宽度单位有 % 和"像素"两个选项。

● **高**

可以设置水平线的高度，其单位为像素，不可以选择。

● **对齐**

在该下拉列表中可以选择该水平线的

对齐方式，有"默认"、"左对齐"、"居中对齐"和"右对齐"4 个选项。

● **阴影**

该选项默认为勾选状态，可以为水平线添加阴影效果，取消勾选，则水平线不会有阴影效果。

● **类**

在该下拉列表中可以选择定义的 CSS 样式为水平线添加效果。

➡ 实战 29+ 视频：插入水平线

网页中的水平线就像我们小学使用的作业本一样，一行一行的分隔线会规范我们的写作，让整个页面更加简洁、美观。网页中的水平线也是同样的道理，下面就通过实例来学习如何在页面中插入水平线。

🏠 源文件：源文件 \ 第 4 章 \4-2-4.html　　🔊 操作视频：视频 \ 第 4 章 \4-2-4.swf

01 ▶执行"文件＞打开"命令，打开页面"源文件\第 4 章\4-2-4.html"。

02 ▶将光标移至需要插入水平线的位置。

03 ▶单击"插入"面板中的"水平线"按钮▦。

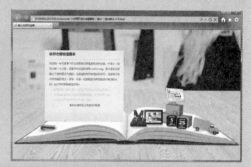

04 ▶即可在光标所在位置插入水平线，执行"文件＞保存"命令，保存页面，在浏览器中预览页面。

提问：如何修改插入的水平线颜色？

答：在网页中插入水平线后，可以通过定义 CSS 样式为水平线应用的方式，改变水平线的颜色，还可以通过 CSS 样式改变水平线的宽度和高度。

4.2.5　时间和注释

在 Dreamweaver CS6 中需要在页面中插入日期，以便在页面更新的时候自动更新时间。添加注释则方便源代码编写者对代码的检查和维护，注释在浏览器中不会显示出来。单击"插入"面板上的"日期"按钮，弹出"插入日期"对话框。

● **星期格式**

该选项用于选择星期的格式，在该下拉列表中包括 7 个可供选择的格式。

● **日期格式**

该选项用于选择日期的格式，共有 12 个选项，选择其中一个选项，则日期的格式会按照所选选项的格式插入到网页中。

● **时间格式**

该选项用于选择时间的格式，在该下拉列表中共有 3 个选项。

时间格式: [不要时间] ▼

| [不要时间] |
| 10:18 PM |
| 22:18 |

● "储存时自动更新"复选框

在向页面中插入日期时，如果选中"储存时自动更新"复选框，则插入的日期将在网页每次保存时自动更新为最新的日期。

➡ 实战 30+ 视频：插入时间和注释

在网页中插入时间只需要单击"日期"按钮 📅，选择日期的格式，便可以向页面中插入当前的日期和时间。单击"插入"面板上的"注释"按钮 🔲，便可以为页面插入相关的说明注释语句。

🏠 源文件：源文件 \ 第 4 章 \4-2-5.html   📡 操作视频：视频 \ 第 4 章 \4-2-5.swf

01 ▶ 执行"文件 > 打开"命令，打开页面"源文件 \ 第 4 章 \4-2-5.html"，在浏览器中预览页面。

02 ▶ 返回 Dreamweaver 设计视图中，将光标移至页面中需要插入时间日期的位置。

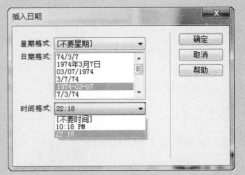

03 ▶ 然后单击"插入"面板上的"日期"按钮 📅。

04 ▶ 弹出"插入日期"对话框，选择合适的日期时间格式。

05 ▶ 单击"确定"按钮，在光标所在位置
插入当前日期。

07 ▶ 返回页面设计视图中，将光标移至需
要插入注释的位置。

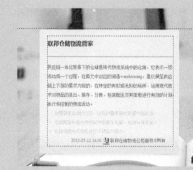

09 ▶ 切换到代码视图中，可以看到添加的
注释内容，如果想在设计视图中查看注释
的内容，需要执行"编辑 > 首选参数"命令。

06 ▶ 执行"文件 > 保存"命令，保存该
页面，在浏览器中预览页面。

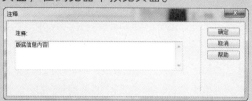

08 ▶ 单击"插入"面板上的"注释"按钮
，在弹出的"注释"对话框中输入注释
的文本内容。

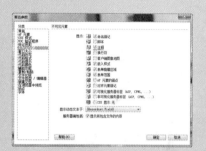

10 ▶ 弹出"首选参数"对话框，在左侧的
"分类"列表中选择"不可见元素"选项，
切换到"不可见元素"窗口，选中"注释"
复选框。

11 ▶ 返回到页面设计视图中，可以看到页
面中黄色的注释记号。

12 ▶ 执行"文件 > 保存"命令，保存页面，
在浏览器中预览，注释的内容在浏览器中
预览是不可见的。

提问：在网页中插入注释的作用是什么？

答：在 Dreamweaver CS6 中，为页面插入相关的说明注释语句，可以方便源代码编写者对页面的代码进行检查、整理和维护，但是在浏览器中浏览该页面时，这些注释语句将不会出现。

4.2.6　滚动文本

在网页中实现文本的滚动效果，会使得整个页面更具观赏性，对浏览者来说具有一定的引导作用，滚动的文本可以突出表现出网页所传达的主要内容。相比于传统的文本来说，更具流动性和实用性。

在网页中可以通过为文本添加 <marquee> 标签制作滚动文本，在 <marquee> 标签中所设置的各种属性说明如下。

width 属性是指滚动文本域的宽度。

height 属性是指滚动文本域的高度。

direction 属性是指滚动的方向，direction="up" 表示向上滚动，direction="down" 表示向下滚动，direction="right" 表示向右滚动，direction="left" 表示向左滚动。

scrollamount 属性是指滚动的速度，数值越小，滚动速度越慢。

scrolldelay 属性是指滚动速度延时，数值越大，滚动速度越慢。

onMouseover 属性是指当鼠标移动到滚动区域时所执行的操作。

onMouseout 属性是指当鼠标移出滚动区域时所执行的操作。

实战 31+ 视频：制作网站滚动公告

在浏览网页的时候我们经常可以看到页面里一些滚动的公告，它会在第一时间吸引我们的注意力，让我们想一看究竟，其实滚动公告不仅具有一定的观赏性，还可以节省页面的空间，下面就通过具体的实例来了解滚动公告的制作。

源文件：视频 \ 第 4 章 \4-2-6. swf　　操作视频：视频 \ 第 4 章 \4-2-6. swf

01 ▶ 执行"文件 > 打开"命令，打开页面"源文件 \ 第 4 章 \4-2-6.html"，在浏览器中预览页面。

02 ▶ 将光标移至名为 box 的 Div 中，将多余文字删除，并输入相应的段落文字。

```
<body>
<div id="box">　　　每一夜，当你仰望浩翰的星空，是否想
过其中蕴藏过诸多的传奇？那个风起云涌的年代已经过去，
璀璨的银河重新陷入沉寂，一切都凝定成历史，变成了回忆
。那是黄金时代的终结。然而，请不要忘记——每一颗星辰都
是战士的灵魂，在苍穹中俯视新生的大地；每一颗流星都是
一个未曾完成的心愿，在黑暗中刹那燃烧成灰烬。只是，归
家的路途，终点又在哪里？
　　<p>　　　一年的5月15日，即公元3021年5月15日，银河系
各殖民星球的联军在最后的总决战堕日的传说中，攻破了特
莱维尼—太阳系联邦的首府，以地球为代表的联邦政府宣布
投降，从而结束了两个政权之间长达260多年的战争。</p>
</div>
```

03 ▶ 将光标移至需要添加滚动文本代码的位置。

04 ▶ 将视图切换到代码视图中，确定光标位置。

```
<div id="box"><marquee>　　　每一夜，当你仰望浩翰的星空
，是否想过其中蕴藏过诸多的传奇？那个风起云涌的年代已
经过去，璀璨的银河重新陷入沉寂，一切都凝定成历史，变
成了回忆。那是黄金时代的终结。然而，请不要忘记——每一
颗星辰都是战士的灵魂，在苍穹中俯视新生的大地；每一颗
流星都是一个未曾完成的心愿，在黑暗中刹那燃烧成灰烬。
只是，归家的路途，终点又在哪里？<br />
　　　　一年的5月15日，即公元3021年5月15日，银河系各殖
民星球的联军在最后的总决战堕日的传说中，攻破了特莱维
尼—太阳系联邦的首府，以地球为代表的联邦政府宣布投降，
从而结束了两个政权之间长达260多年的战争。</marquee>
</div>
```

05 ▶ 在代码视图中的相应位置输入滚动文本标签 <marquee>。

06 ▶ 返回设计页面中，在浏览器中预览可以看到文字已经实现了左右滚动的效果。

```
<div id="box"><marquee direction="up">　　　每一夜，当
你仰望浩翰的星空，是否想过其中蕴藏过诸多的传奇？那个
风起云涌的年代已经过去，璀璨的银河重新陷入沉寂，一切
都凝定成历史，变成了回忆。那是黄金时代的终结。然而，
请不要忘记——每一颗星辰都是战士的灵魂，在苍穹中俯视新
生的大地；每一颗流星都是一个未曾完成的心愿，在黑暗中
刹那燃烧成灰烬。只是，归家的路途，终点又在哪里？<br />
　　　　一年的5月15日，即公元3021年5月15日，银河系各殖
民星球的联军在最后的总决战堕日的传说中，攻破了特莱维
尼—太阳系联邦的首府，以地球为代表的联邦政府宣布投降，
从而结束了两个政权之间长达260多年的战争。</marquee>
</div>
```

07 ▶ 切换到代码视图中，在 <marquee> 标签中添加属性设置。

08 ▶ 返回设计页面中，在浏览器中预览可以看到文字已经实现了上下滚动的效果。

```
<div id="box"><marquee direction="up" height="220px"
 width="420px" scrollamount="2">    每一夜，当你仰望
浩瀚的星空，是否想过其中蕴藏过诸多的传奇？那个风起云
涌的年代已经过去，璀璨的银河重新陷入沉寂，一切都凝定
成历史，变成了回忆。那是黄金时代的终结。然而，请不要
忘记——每一颗星辰都是战士的灵魂，在苍穹中俯视新生的大
地；每一颗流星都是一个未曾完成的心愿，在黑暗中刹那燃
烧成灰烬。只是，归家的路途，终点又在哪里？<br />
    一年的5月15日，即公元3021年5月15日，银河系各殖
民星球的联军在最后的总决战殒日的传说中，攻破了特莱维
尼——太阳系联邦的首府，以地球为代表的联邦政府宣布投降
，从而结束了两个政权之间长达260多年的战争。</marquee>
</div>
```

09 ▶ 在预览页面中发现文字滚动的速度很快，切换到代码视图中，继续在 <marquee> 标签中添加属性设置。

10 ▶ 返回设计页面中，在浏览器中预览页面，可以看到文字滚动效果。

```
<div id="box"><marquee direction="up" height="220px"
 width="420px" scrollamount="2" onmouseover=
"stop();" onmouseout="start();">    每一夜，当你仰望
浩瀚的星空，是否想过其中蕴藏过诸多的传奇？那个风起云
涌的年代已经过去，璀璨的银河重新陷入沉寂，一切都凝定
成历史，变成了回忆。那是黄金时代的终结。然而，请不要
忘记——每一颗星辰都是战士的灵魂，在苍穹中俯视新生的大
地；每一颗流星都是一个未曾完成的心愿，在黑暗中刹那燃
烧成灰烬。只是，归家的路途，终点在哪里？<br />
    一年的5月15日，即公元3021年5月15日，银河系各殖
民星球的联军在最后的总决战殒日的传说中，攻破了特莱维
尼——太阳系联邦的首府，以地球为代表的联邦政府宣布投降
，从而结束了两个政权之间长达260多年的战争。</marquee>
</div>
```

11 ▶ 为了使浏览者能够清楚地看到滚动的文字，还需要实现当鼠标指向滚动字幕后，字幕滚动停止，当鼠标离开字幕后，字幕继续滚动的效果，切换到代码视图中，继续在 <marquee> 标签中添加属性设置。

12 ▶ 返回设计页面中，执行"文件 > 保存"命令，保存页面，在浏览器中预览页面，可以看到所制作的滚动文本的效果。

提问：使用 <marquee> 标签可以实现网页中图片的滚动吗？

答：可以，使用 <marquee> 标签同样可以实现网页中图片的滚动显示，其制作方法与制作滚动文本的方法是一样的，注意对 <marquee> 标签中各属性的设置。

4.3　在网页中插入图像

在网页中相比文本还有一种重要的网页元素，那就是图片，图片的类型有很多种，网站可以根据网站的主题制作或选择符合本网站风格的图片，这些图片充满内涵与活力，常常会给浏览者一种过目不忘的效果，下面将介绍如何在网页中插入并设置图像的基本操作，让大家熟悉并掌握基本的图像网站的制作方法。

4.3.1　了解网页中常用图像格式

目前虽然有很多种图像格式，但是在网站页面中常用的只有 GIF、JPEG 和 PNG 这 3 种格式，其中 PNG 文件具有较大的灵活性且文件比较小，所以它对于目前任何类型的 Web 图形来说都是最适合的，但是只有较高版本的浏览器才支持这种图像格式，而且也不是对

PNG 文件的所有特性都能很好地支持。而 GIF 和 JPEG 文本格式的支持情况是最好的，大多数浏览器都可以支持。因此在制作 Web 页面时，一般情况下使用 GIF 和 JPEG 格式的图像。

● **GIF 格式**

GIF 是英文 Graphics Interchange Format（图形交换格式）的缩写，20 世纪 80 年代，美国一家著名的在线信息服务机构 ComquServe 针对当时网络传输带宽的限制，开发出了这种 GIF 图像格式，GIF 采用 LZW 无损压缩算法，而且最多使用 256 种颜色，最适合显示色调不连续或具有大面积单一颜色的图像。

另外，GIF 图片支持动画。GIF 的动画效果是它广泛流行的重要原因。不可否认，在品质优良的矢量动画制作工具 Flash 推出之后，现在真正大型、复杂的网上动画几乎都是用 Flash 软件制作的，但是在某些方面 GIF 动画依然有着不可取代的地位。首先，GIF 动画的显示不需要特定的插件，而离开特定的插件，Flash 动画就不能播放；此外，在制作简单的，只有几帧图片（特别是位图）交替的动画时，GIF 动画也有着特定的优势。

● **JPEG**

JPEG 是英文 Joint Photographic Experts Group（联合图像专家组）的缩写，该图像格式是用于摄影连续色调图像的高级格式，因为 JPEG 文件可以包含数百万种颜色。

通常 JPEG 文件需要通过压缩图像品质和文件大小之间来达到良好的平衡，因为随着 JPEG 文件品质的提高，文件的大小和下载时间也会随之增加。

● **PNG 格式**

PNG 是英文 Portable Network Graphic（可移植网络图形）的缩写，该图像格式是一种替代 GIF 格式的专利权限制的格式，它包括对索引色、灰度、真彩色图像以及 Alpha 通道透明的支持。PNG 是 Fireworks 固有的文件格式。PNG 文件可保留所有的原始图层、矢量、颜色和效果信息，并且在任何时候都可以完全编辑所有元素（文件必须具有 .png 文件扩展名才能被 Dreamweaver CS6 识别为 PNG 文件）。

实战 32+ 视频：制作图像页面

在网页中制作图像页面，可以提高网站的观赏性，突出网站所要反映的主题，下面就通过实例学习如何制作图像页面。

🏠 源文件：源文件 \ 第 4 章 \4-3-1.html

📡 操作视频：视频 \ 第 4 章 \4-3-1.swf

01 ▶ 执行"文件 > 打开"命令，打开页面"源文件 \ 第 4 章 \4-3-1.html"，在浏览器中预览页面。

02 ▶ 将光标移至名为 banner 的 Div 中，将多余文字删除，单击"插入"面板上"常用"选项卡中的"图像"按钮。

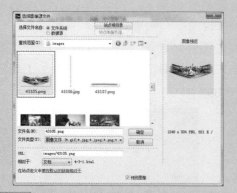

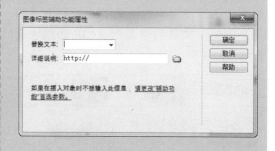

03 ▶ 弹出"选择图像源文件"对话框，鼠标单击选择图像"源文件 \ 第 4 章 \images\43105.png"。

04 ▶ 单击"确定"按钮，弹出"图像标签辅助功能属性"对话框。

在"图像标签辅助功能属性"对话框中，可以在"替换文本"下拉列表框中输入图像的简短的替换文本内容。如果对图像的描述说明内容较多，可以在"详细说明"文本框中输入该图像详细说明文件的地址。

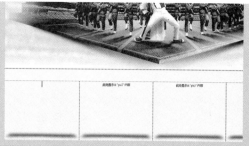

05 ▶ 单击"确定"按钮，即可将选中的图像插入到页面中相应的位置，在浏览器中预览。

06 ▶ 将光标移至名为 pic1 的 Div 中，将多余文字删除。

07 ▶ 使用相同的方法，在页面其他位置插入相应的图片。

08 ▶ 执行"文件 > 保存"命令，保存该页面，在浏览器中预览该页面。

> **提示**　在网页中插入图像时，如果所选择的图像文件不在本地站点的根目录下，就会弹出提示对话框，提示用户复制图像文件到本地站点的根目录中，单击"是"按钮后，会弹出"拷贝文件为"对话框，让用户选择图像文件的存放位置，可选择根目录或根目录下的任何文件夹。

> **提问**：如何设置可以在插入图像时不弹出"图像标签辅助功能属性"对话框？
>
> 答：在许多情况下，在网页中插入图像时并不需要为图像添加相应的"替换文本"等图像标签辅助功能属性，可以通过设置首选参数，使在网页中插入图像时不弹出"图像标签辅助功能属性"对话框。执行"编辑 > 首选参数"命令，弹出"首选参数"对话框。在"分类"列表中选择"辅助功能"选项，在对话框右侧取消选中"图像"复选框，这样在网页中插入图像时，就不会弹出"图像标签辅助功能属性"对话框。

4.3.2　设置图像属性

如果需要对图像进行属性设置，首先需要在 Dreamweaver 设计视图中选中需要设置属性的图像，可以看到该图像的属性出现在"属性"面板上。

图像信息

在"属性"面板的左上角显示了所选图片的缩略图,并且在缩略图的右侧显示该图像的信息。

ID

可以在该文本框中定义图像的 ID 名称,主要是为了在脚本语言(如 JavaScript 或 VBScript)中便于引用图像而设置的。

源文件

选中页面中的图像,在"属性"面板上的"源文件"文本框中可以输入图像的源文件位置。

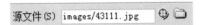

链接

选中页面中的图像,在"属性"面板上的"链接"文本框中可以输入图像的链接地址。该部分内容将在第 9 章中进行详细讲解。

目标

在该下拉列表中可以设置图像链接的打开方式,该部分内容将在第 9 章中进行详细讲解。

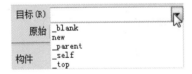

替换

选中页面中的图像,在"属性"面板上的"替换"文本框中可以输入图像的替换说明文字,在浏览网页时,当该图片因丢失或者其他原因不能正确显示时,在其相应的区域就会显示设置的替换说明文字。

替换 (T) 南非世界杯

编辑

该选区可以编辑图像的相关样式,选中页面中相应的图像,可以在"编辑"属性后单击相应的按钮对图像进行编辑。

图像尺寸

如果想要调整图像的大小,只要选中图像,在"属性"面板中的"宽"和"高"文本框中直接输入相应的值即可,调整图像尺寸后,在"宽"和"高"文本框后会出现 3 个按钮。

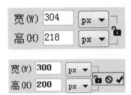

"切换尺寸约束比例"按钮

单击该按钮可以约束图像的缩放比例,当修改其中一个值时,另一个值也会等比例修改。

"重置为原始大小"按钮

单击该按钮即可恢复图像原始图像的大小。

"提交图像大小"按钮

单击该按钮时,弹出提示框,提示是否对图像进行尺寸的修改,单击"确定"按钮,即可确认对图像大小的修改。

类

在"类"下拉列表中可以选择应用已经定义好的 CSS 样式表,或者进行"重命名"和"管理"的操作。

● 图像热点

　　在"属性"面板上的"地图"文本框中可以创建图像热点集，其下面则是创建热点区域的 3 种不同的形状工具，该部分内容将在第 9 章中进行详细讲解。

　　提示 修改图像的尺寸，除了在"属性"面板上的"宽"与"高"文本框中修改外，还可以直接选中需要调整的图像，拖动图像的角点到合适的大小，如果希望图像恢复原始的图像大小，可以单击"宽"与"高"文本框后的"重置原始大小"按钮 ⊘，单击该按钮即可将图像恢复原始的大小。

➡ **实战 33＋视频：编辑网页图像**

　　在网页中不但可以插入图像，还可以在 Dreamweaver 中使用相应的图像编辑工具对网页图像进行简单的编辑操作，包括对图像进行裁切、调整图像的亮度／对比度等。

🏠 源文件：源文件＼第 4 章＼4-3-2.html

🎬 操作视频：视频＼第 4 章＼4-3-2.swf

01 ▶ 执行"文件＞打开"命令，打开页面"源文件＼第 4 章＼4-3-2.html"。

02 ▶ 选中页面中需要编辑的图像。

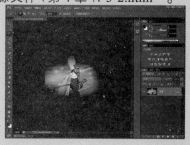

03 ▶ 单击"属性"面板上的"编辑"按钮 Ps，可以启动系统默认的图像编辑软件，并自动打开所选中的图像进行编辑。

04 ▶ 单击"编辑图像设置"按钮 ✐，弹出"图像优化"对话框，在该对话框中可以对图像进行优化设置。

> **提示** 在"图像优化"对话框中的"预置"下拉列表中可以选择 Dreamweaver CS6 预设的图像优化选项。在 Dreamweaver CS6 中对该功能进行了优化处理，选中的图像格式不同，弹出的"图像优化"对话框中的相关选项也会有所区别。

05 ▶单击"属性"面板上的"裁剪"按钮⛶，在弹出的提示信息框中单击"确定"按钮，图像上会出现虚线区域。

06 ▶拖动该虚线区域的 8 个角点至合适的位置，按 Enter 键，即可对图像进行裁剪。

> **提示** 单击"从源文件更新"按钮🖼，在更新智能对象时，网页图像会根据原始文件的当前内容和原始优化设置以新的大小、无损方式重新呈现图像。对已经插入到页面中的图像进行了编辑操作后，可以单击"重新取样"按钮🔍，重新读取该图像文件的信息。

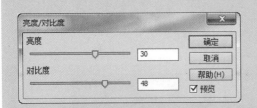

07 ▶单击"亮度 / 对比度"按钮◑，弹出"亮度 / 对比度"对话框，可以通过拖动滑块或者在后面的文本框中输入数值来设置图像的亮度和对比度。

08 ▶选中"预览"复选框，可以在调节的同时在 Dreamweaver 的设计视图中看到图像调节的效果。

09 ▶单击"属性"面板上的"锐化"按钮△，弹出"锐化"对话框。

10 ▶输入数值或拖动滑块调整锐化效果。

提问：选中网页中的图像，单击"属性"面板上的"编辑"按钮，为什么打开的不是 Photoshop 软件？

答："属性"面板中的"编辑"按钮，可以根据图像格式的不同来应用相应的编辑软件，执行"编辑 > 首选参数"命令，弹出"首选参数"对话框。在"分类"列表中选择"文件类型 / 编辑器"选项，在对话框右侧可以设置各图像格式需要应用的编辑软件。

4.4　在网页中插入其他图像元素

在 Dreamweaver 中，单击"插入"面板的"常用"选项中的"图像"按钮右侧的下三角形，即可弹出下拉菜单，可以看到其他 3 种图像元素和 3 种可以为图像添加链接的热区形状，下面就向读者介绍在网页中插入这 3 种图像元素的方法。

4.4.1　图像占位符

在网页制作中我们常常会遇到因为缺少图片而不能继续下面的制作的问题，而图像占位符就可以解决这样的问题，在页面中空缺的地方先插入图像占位符，当网站制作完成的时候，再回来插入相应的图片也是可行的。

单击"插入"面板中"图像"按钮右侧的下三角形，在弹出的菜单中选择"图像占位符"选项，即可弹出"图像占位符"对话框。

● **名称**

为了便于记忆，可以为"图像占位符"命名一个名称，但该名称只能包含小写字母和数字，并且不能以数字开头。

● **宽度和高度**

可以设置"图像占位符"的宽度和高度，默认大小为 32px × 32px。

● **颜色**

便于更加方便地显示和区分不同图像占位符。

● **替换文字**

为图像占位符替换说明文字。选中插入的"图像占位符"，在"属性"面板中可以看到相关"图像占位符"的属性设置。

在"图像占位符"的"属性"面板中，除了可以设置"图像占位符"对话框中的属性外，还可以设置其他一些属性，这些属性的设置与图像的属性设置相同。

 实战 34+ 视频：插入图像占位符

在页面中插入图像占位符的同时，我们还需要对占位符的相关属性进行设置，下面就向大家介绍在页面中插入占位符并进行相应设置。

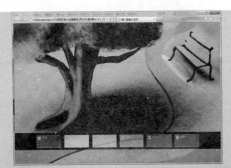

源文件：源文件 \ 第 4 章 \4-4-1.html

操作视频：视频 \ 第 4 章 \4-4-1. swf

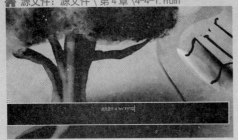

01 ▶ 执行"文件 > 打开"命令，打开页面"源文件 \ 第 4 章 \4-4-1.html"。将光标移至名为 box 的 Div 中，将多余文字删除。

02 ▶ 单击"插入"面板中"图像"按钮右侧的下三角，在弹出的菜单中选择"图像占位符"选项。

03 ▶ 弹出"图像占位符"对话框，对相关选项进行设置。

04 ▶ 单击"确定"按钮，即可在光标所在的位置插入图像占位符。

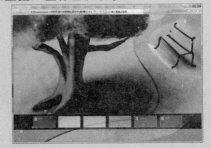

05 ▶ 使用相同的方法，完成其他占位符的制作。

06 ▶ 执行"文件 > 保存"命令，保存该页面，在浏览器中预览页面。

提问：图像占位符的"属性"面板中可以设置哪些选项？

答：在"图像占位符"的"属性"面板中，除了可以设置"图像占位符"对话框中的属性外，还可以设置其他一些属性，这些属性的设置与图像的属性设置相同。

4.4.2 鼠标经过图像

鼠标经过图像是一种在浏览器中查看并使用鼠标指针经过它时发生变化的图像。鼠标经过图像实际上由两个图像组成：主图像（当首次载入页面时显示的图像）和次图像（当鼠标指针经过主图像时显示的图像）。

单击"插入"面板上的"图像"按钮 右侧的下三角，在弹出的菜单中选择"鼠标经过图像"选项，弹出"插入鼠标经过图像"对话框。

● **图像名称**

在该文本框中默认会分配一个名称，也可以自己定义图像名称。

● **原始图像**

在该文本框中可以填入页面被打开时显示的图形，或者单击该文本框后的"浏览"按钮，选择一个图像文件作为原始图像。

● **鼠标经过图像**

在该文本框中可填入鼠标经过时显示

的图像，或单击该文本框后的"浏览"按钮，选择一个图像文件作为鼠标经过图像。

● **替换文本**

在该文本框中可以输入鼠标经过图像的替换说明文字内容，同图像的"替换"功能相同。

● **按下时前往 URL**

在该文本框中可以设置单击鼠标经过图像时跳转到的链接地址。

实战 35+ 视频：制作网站导航栏

在制作网页时，将网页的导航栏设置成具有动态效果往往更具吸引力，鼠标经过图像就有这样的特性，下面就让我们通过实战来了解使用鼠标经过制作网站导航栏的动态效果。

源文件：源文件 \ 第 4 章 \4-4-2.html

操作视频：视频 \ 第 4 章 \4-4-2.swf

01 ▶ 执行"文件 > 打开"命令，打开页面"源文件 \ 第 4 章 \4-4-2.html"。将光标移至名为 menu 的 Div 中，将多余文字删除。

02 ▶ 单击"插入"面板中"图像"按钮 右侧的下三角，在弹出的菜单中选择"鼠标经过图像"选项。

03 ▶ 弹出"插入鼠标经过图像"对话框，在对话框中进行相关设置。

04 ▶ 单击"确定"按钮，即可在光标所在位置插入鼠标经过图像。

05 ▶ 将光标移至刚插入的鼠标经过图像后，使用相同的方法，可以在页面中插入其他的鼠标经过图像。

06 ▶ 执行"文件>保存"命令，保存该页面，在浏览器中可以预览鼠标经过图像的效果。

提问：如果用于制作鼠标经过图像的两个图像大小不同如何处理？

答：鼠标经过图像中的这两个图像应该大小相等，如果这两个图像大小不同，Dreamweaver 将自动调整第 2 个图像的大小匹配第 1 个图像的属性。

4.5 本章小结

本章主要向读者讲解了在网站中插入网页的基本元素，熟悉掌握文本、图像和其他元素的应用，对于网站本身来说这些网页的基本元素会让浏览者感到页面的丰富和充实，对于大家来说掌握了这些基本技巧，将在以后的网页制作中发挥更大的作用。

第5章 制作多媒体网页

网页是由多种元素构成的，其中包括文本、图像、动画、声音和视频等元素。通过合理运用这些元素就可以使网页效果变得更加丰富，从而增加网页的视觉效果和生动性。前面已经介绍了如何在网页中插入基本的文本和图像元素，本章将详细介绍如何使用 Dreamweaver CS6 为网页添加各种多媒体元素。

5.1 在网页中插入动画

在时代飞速发展的今天，普通的文本和图像网页已经无法满足人们的需求，随着网页的发展，动画就逐渐成为其重要的宣传手段。而网页中动感的信息表达方式很多都是通过动画实现的， Flash 动画是目前网络上最流行、最实用的动画格式，在网页设计制作过程中会使用到大量的 Flash 动画。

5.1.1 在网页中插入 Flash 动画

在网页中应用 Flash 动画不仅能够增强网页的动态画面感，而且它的交互功能也十分强大，也因此被网页设计领域广泛应用，Flash 动画会具有以下几点优势。

● 进一步突出网页的气氛

在网页中使用与网页风格一致的 Flash 动画或动态导航菜单，能够进一步突出渲染网页的气氛。Flash 动画的使用可以使网页效果更加生动，产生与众不同的效果。

● 增强网页的动态画面感

在静态的网页中应用画面感很强的 Flash 动画，可以增强网页的动态感，还可以给访问者更加深刻的印象，有些网站甚至用 Flash 动画来创建 Flash 全站。

本章知识点

- ☑ 在网页中插入 Flash 动画
- ☑ 在网页中插入 Shockwave 动画
- ☑ 在网页中添加背景音乐
- ☑ 在网页中插入视频
- ☑ 使用 Applet 实现网页特效

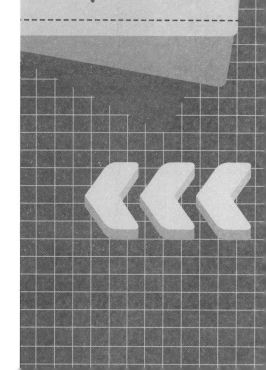

● 制作引入注目的Flash广告

随着时代的快速发展，越来越多的商家会利用Flash动画制作相关广告，因为它比普通广告更富有动态感，同时也更加吸引人的眼球，给人留下深刻的印象，达到

宣传的效果。Flash广告通常出现在网页的主页中，浏览者通过单击Flash广告就可以进入相关的网页。

➡ 实战 36+ 视频：制作 Flash 欢迎页面

随着Flash动画的快速发展和其在网页中强大的交互性，在国内网站几乎都有Flash动画，而且在Dreamweaver CS6中也可以非常方便地插入Flash动画。

🏠 源文件：源文件 \ 第 5 章 \5-1-1.html

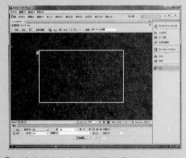

📶 操作视频：视频 \ 第 5 章 \5-1-1. swf

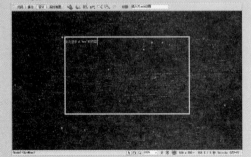

01 ▶ 打开需要插入到网页中的 Flash 动画，可以看到该动画的效果。

02 ▶ 执行 "文件 > 打开" 命令，打开页面 "源文件 \ 第 5 章 \5-1-1.html"。

03 ▶ 将光标移至名为 box 的 Div 中，将多余的文字删除，单击"插入"面板上的"媒体"按钮旁的倒三角按钮，在弹出的菜单中选择 SWF 命令。

04 ▶ 弹出"选择 SWF"对话框，选择"源文件 \ 第 5 章 \images\51102.swf"。

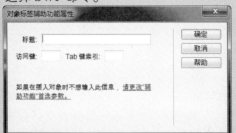

05 ▶ 单击"确定"按钮，弹出"对象标签辅助功能属性"对话框。

06 ▶ 单击"取消"按钮，即可在光标所在位置插入 Flash 动画。

07 ▶ 完成 Flash 欢迎页面的制作，执行"文件 > 保存"命令，在浏览器中预览。

08 ▶ 可以看到所插入的 Flash 动画效果。

提问："对象标签辅助功能属性"对话框的作用是什么？

答："对象标签辅助功能属性"对话框，用于设置媒体对象辅助功能选项，屏幕阅读器会朗读该对象的标题。"标题"文本框中输入媒体对象的标题。在"访问键"文本框中输入等效的键盘键（一个字母），用于在浏览器中选择该对象。这使得站点访问者可以使用 Ctrl 键（Windows）和 Access 键来访问该对象。如果输入 B 作为快捷键，则使用 Ctrl+B 在浏览器中选择该对象。在"Tab 键索引"文本框中输入一个数字，以指定该对象的 Tab 键顺序。当页面上有其他链接和对象，并且需要用户用 Tab 键以特定顺序通过这些对象时，设置 Tab 键顺序就会非常有用。如果为一个对象设置 Tab 键顺序，则一定要为所有对象设置 Tab 键顺序。

5.1.2　设置 SWF 动画属性

选中插入到页面中的 Flash 动画，在"属性"面板中可以对 Flash 的相关属性进行设置。

● **SWF**

用来显示 Flash 动画的大小和 ID 名称。

● **宽和高**

用来指定 Flash 动画的宽度和高度，默认会选择像素作为单位，如果想要使用其他单位，可以手动输入，例如 % 等。

● **文件**

用来指定 Flash 动画文件的路径，单击"浏览"按钮，可以选择文件。

● **背景颜色**

用来指定 Flash 动画的背景颜色，Flash 动画在未显示出来时，其所在位置将显示该颜色。

● **编辑**

单击该按钮，可以运行 Flash 软件，并可以对选中的动画进行编辑修改，如果未安装 Flash 软件，则该按钮就不能被激活。

● **循环**

选中该选项时，Flash 动画将连续播放；如果没有选择该选项，则 Flash 动画在播放一次后即停止。默认情况下，该选项为选中状态。

● **自动播放**

通过该选项，可以设置该 Flash 文件是否在页面加载时就播放。默认情况下，该选项为选中状态。

● **垂直边距**

用来设置 Flash 动画上边和下边与其他页面元素的空白距离。

● **水平边距**

用来设置 Flash 动画左边和右边与其他页面元素的空白距离。

● **品质**

通过该选项可以控制 Flash 动画播放期间的质量。设置越高，Flash 动画的观看效果就越好。但这就要求更快的处理器，以使 Flash 动画在屏幕上正确显示。在该下拉列表中共有 4 个选项。

"低品质"设置看重显示速度，而非显示效果。

"高品质"设置意味着看重显示效果，而非显示速度。

"自动低品质"意味着首先看重显示速度，如果有可能，则改善显示效果。

"自动高品质"意味着首先看重这两种品质，但根据需要可能会因为显示速度而影响显示效果。

● **比例**

用来设置在宽和高属性中指定的动画区域上选择 Flash 动画的显示方式。在该下拉列表中包括"默认（全部显示）"、"无边框"和"严格匹配"3 个选项。

如果选择"默认"，则 Flash 动画将全部显示，能保证各部分的比例；如果选择"无边框"，则在必要时会漏掉 Flash 动画左右两边的一些内容；如果选择"严格匹配"，则 Flash 动画将全部显示，但比例可能会有所变化。

● **对齐**

用来设置 Flash 动画的对齐方式，共有 10 个选项，分别为"默认值"、"基线"、"顶端"、"居中"、"底部"、"文本上方"、

"绝对居中"、"绝对底部"、"左对齐"和"右对齐"。用户可以根据自己的需要选择合适的对齐方式。

● **Wmode**

在该下拉列表中共有 3 个选项，分别为"窗口"、"透明"和"不透明"。为了能够使页面的背景在 Flash 动画下衬托出来，选中 Flash 动画，设置"属性"面板上的"Wmode（M）"属性为"透明"，这样在任何背景下，Flash 动画都能实现透明显示背景的效果。

● **播放**

在 Dreamweaver 中可以选择该 Flash 文件，单击"属性"面板上的"播放"按钮，在 Dreamweaver 的设计视图中预览 Flash 动画效果。

● **参数**

用来添加 Flash 动画的属性和相关参数。单击该按钮，就会弹出"参数"对话框。可以在该对话框中设置需要传送给 Flash 动画的附加参数。但前提是，Flash 动画要首先设置好可以接受这些附加参数。

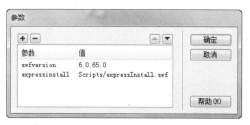

● **类**

用来选择已定义好的样式定义该动画。

实战 37+ 视频：插入 Shockwave 动画

Shockwave 作为 Web 上用于交互式多媒体的标准，是一种经压缩的格式。使得在 Macromedia Director 中创建的多媒体文件能够快速下载，而且可以在大多数常用浏览器中进行播放。

源文件：源文件 \ 第 5 章 \5-1-2.html

操作视频：视频 \ 第 5 章 \5-1-2.swf

01 ▶ 执行"文件 > 打开"命令，打开页面"源文件 \ 第 5 章 \5-1-2.html"。

02 ▶ 将光标移至名为 box 的 Div 中，删除多余的文字，单击"插入"面板上的"媒体"按钮旁的倒三角按钮，在弹出的菜单中选择 Shockwave 命令。

03 ▶ 弹出"选择文件"对话框，选择需要插入的 Shockwave 动画文件。

04 ▶ 单击"确定"按钮，在页面中插入 Shockwave 动画，以 Shockwave 图标形式显示出来。

05 ▶ 选中 Shockwave 动画图标，在"属性"面板上设置"宽"为 640，"高"为 480，可以看到页面中 Shockwave 的效果。

06 ▶ 单击"属性"面板上的"参数"按钮，弹出"参数"对话框，在"参数"选项中输入 application，在"值"选项中输入 x-Shockwave-flash。

07 ▶ 单击"确定"按钮，完成"参数"对话框的设置。执行"文件 > 保存"命令，保存页面，在浏览器中预览页面，可以看到页面中插入的 Shockwave 动画效果。

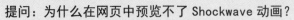

提问： 为什么在网页中预览不了 Shockwave 动画？

答： 浏览 Shockwave 动画需要计算机中安装有 Adobe Shockwave Player 插件，如果用户是第一次预览 Shockwave 动画，则浏览器将会提示用户安装 Shockwave Player 插件，安装完成后，就可以预览到 Shockwave 动画的效果了。

5.2　在网页中插入声音与视频

在网络发展的起始阶段，网页中的内容都是非常简单的，图像也很难看到，更别提声音与视频了。随着网络的高速发展，现在不仅能够在网页中浏览各种图像，还可以在网页中浏览各种视频文件，而且能够实现流式服务，因此完全可以通过网络观看视频和收听音乐。

5.2.1　网页支持的音频格式

网页中支持的音频格式有多种，下面将解释网页中最常用的几种音频格式。

● MIDI 或 MID

它是 Musical Digital Interface 的简写，中文译为"乐器数字接口"，是一种乐器的声音格式，具有较好的声音品质，许多浏览器都支持此类格式文件并且不要求插件，但根据访问者声卡的不同，声音效果也会有所不同。

很小的 MIDI 文件也可以提供较长时间的声音剪辑，需要注意的是，MIDI 文件不能被录制并且必须使用特殊硬件和软件在计算机中合成。

● WAV

它是 Waveform Extension 简写，译为"WAV 扩展名"，它具有较好的声音品质，大多数浏览器都支持此类格式文件，可以通过 CD、磁带和麦克风等录制自己的 WAV 文件，但是文件大小严格控制了可以在网页页面上使用的文件的长度。

● AIF 或 AIFF

它是 Audio Interchange File Format 的简写，译为"音频交换文件格式"，这种格式同样具有较高的声音质量，其文件的大小严格控制了可以在网页页面中使用的文件的长度，和 WAV 相似。

● MP3

它是 Motion Picture Experts Group Audio 或 MPEG-Audio Layer-3 的简写，译为"运动图像专家组音频"，它最大的特点是能以较小的比特率、较大的压缩比达到近乎完美的 CD 音质，MP3 不仅有广泛的用户端软件支持，也有很多的硬件支持，用户可以对文件进行"流式处理"，以便浏览者不必等待整个文件下载完成就可以收听该文件。

● RA、RAM、RPM 或 RealAudio

它是一种压缩程度非常高的格式文件，文件要小于 MP3 格式，全部歌曲文件可以在合理时间范围内下载，访问者必须下载并安装 RealPlayer 辅助应用程序或插件才可以播放这些文件。

➡ 实战 38+ 视频：为网页添加背景音乐

在浏览网站的时候常常打开网页就会有音乐自动播放，在网页制作的时候就可以通过 <bgsound> 标签为网页添加背景音乐。

 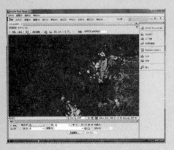

🏠 源文件：源文件 \ 第 5 章 \5-2-11.html　　📶 操作视频：视频 \ 第 5 章 \5-2-1.swf

```
<!DOCTYPE html PUBLIC "-//W3C//DTD XHTML 1.0 Transitional//EN"
"http://www.w3.org/TR/xhtml1/DTD/xhtml1-transitional.dtd">
<html xmlns="http://www.w3.org/1999/xhtml">
<head>
<meta http-equiv="Content-Type" content="text/html; charset=utf-8" />
<title>无标题文档</title>
<link href="style/5-2-1.css" rel="stylesheet" type="text/css" />
</head>

<body>

</body>
</html>
```

01 ▶ 执行 "文件 > 打开" 命令，打开页面 "源文件 \ 第 5 章 \5-2-11.html"。

02 ▶ 切换到代码视图中，将光标定位在 `<body>` 与 `</body>` 标签之间。

```
<body>
<bgsound src="images/52102.wav" loop="true"/>
</body>
</html>
```

03 ▶ 在 "源文件 \ 第 5 章 \images\" 目录下提供了 52102.wav 文件，在光标所处位置输入代码 `<bgsound src="images/52102.wav" loop="true"/>`。

04 ▶ 执行 "文件 > 保存" 命令，保存页面，在浏览器中预览页面，可以听到页面中美妙的背景音乐。

提问：添加的背景音乐可以使用网络上的音乐地址吗？

答：可以，链接的声音文件可以是相对地址的文件，也可以是绝对地址的文件，用户可以根据需要决定声音文件的路径地址，但是通常都是使用同一站点下的相对地址路径，这样可以防止页面上传到网络上出现错误，使用相对地址路径的音乐地址比绝对路径的音乐地址更稳定些。

5.2.2 使用插件实现嵌入的音频

在线音乐和电影预告片是网络中最常遇到的文件，如果想要在网页上显示播放器外观等控制面板的效果，则可以通过利用 Dreamweaver 中的插件对象将音频和视频嵌入到网页中，该插件的对象只需要音频和视频的源文件名、对象的高度和宽度。

在网页中插入插件后，就可以对插件的相关属性进行设置了，插件在 Dreamweaver 的设计视图中显示为插件图标，单击选中该插件图标，在 "属性" 面板中可以对插件相关参数进行设置。

插件

用来设置播放媒体对象的插件名称，使该名称可以被脚本引用。

宽

用来设置对象的宽度，默认单位是像素，也可以手动输入其他单位。

高

用来设置对象的高度，默认单位是像素，也可手动输入其他单位。

源文件

可以设置插件内容的 URL 地址，既可以直接输入地址，也可以单击该选项后的"文件夹"按钮，从硬盘上选择文件。

插件 URL

可以输入插件所在的路径。在浏览网页时，如果浏览器没有安装该插件，则会从此路径上下载插件。

对齐

用来设置插件内容在文档窗口中水平方向上的对齐方式，可用的选项同处理图像时一样。

垂直边距

用来设置对象上下方同其他内容的空白距离，单位是像素。

水平边距

用来设置对象左右方同其他内容的空白距离，单位是像素。

边框

用来设置页面中对象边框的宽度，单位是像素。

播放

单击该按钮，就会在文档窗口中播放插件。播放过程中，该按钮自动切换成"暂停"按钮，单击即可停止插件的播放。

参数

单击该按钮，会提示用户输入其他在属性面板上没有出现的参数。

实战 39+ 视频：在网页中嵌入音频

上一节介绍了为网页添加背景音乐，添加到网页中的背景音乐无法对其播放和暂停等进行控制,如果需要在网页中添加音乐并且能够对音乐进行控制,可以将音乐嵌入到网页中。

源文件：源文件 \ 第 5 章 \5-2-12.html

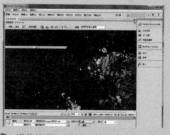

操作视频：视频 \ 第 5 章 \5-2-2.swf

01 ▶ 执行"文件＞打开"命令，打开页面"源文件 \ 第 5 章 \5-2-12.html"，可以看到页面的效果。

02 ▶ 光标移至名为 music 的 Div 中，将多余文字删除，单击"插入"面板上的"媒体"按钮，在弹出的菜单中选择"插件"命令。

03 ▶弹出"选择文件"对话框，单击鼠标选择"源文件\第5章\images\52102.wav"。

04 ▶单击"确定"按钮，插入后的插件并不会在设计视图中显示内容，而是显示插件的图标。

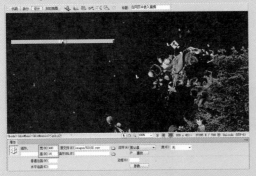

05 ▶选中页面中刚插入的插件图标，在"属性"面板中修改插件的"宽"为400，"高"为16。

06 ▶单击"属性"面板上的"参数"按钮，弹出"参数"对话框，添加相应的参数设置。

```html
<div id="box">
 <div id="music">
   <embed src="images/52102.wav" width="400" height="16"
autostart="true" loop="true"></embed>
 </div>
</div>
```

07 ▶单击"确定"按钮，完成"参数"对话框的设置，切换到代码视图中，可以看到实现嵌入音频的 HTML 代码。

08 ▶执行"文件 > 保存"命令，保存页面，在浏览器中预览页面，可以听到页面中美妙的背景音乐。

? 提问

提问：为什么在网页中嵌入的音频所显示的音频控件不同？

　　答：在网页中嵌入音频文件进行播放，所显示的音频控件根据每台计算机中所安装的音频播放器不同而有所不同，默认情况下会显示系统自带的 Windows Media Player 控件。本实例在制作时，系统中安装了 QuickTime，则在本实例中显示的是 QuickTime 的播放控件。

5.2.3　网页支持的视频格式

在 Dreamweaver 中制作网页时可以将视频插入到页面中去，在该页面中可以对视频进行各种操作控制，例如播放、暂停、停止和音量大小及声音文件的开始点和结束点等。在网页中插入视频的格式有多种，下面将介绍常用的视频格式。

● **MPEG 或 MPG**

它是活动图像专家组（Moving Picture Experts Group）的缩写，MPEG 实质是电影文件的一种压缩格式，它的压缩率比 AVI 高，画面质量更好，它也是 VCD 光盘所使用的标准。

● **AVI（Audio Video Interleaved）**

它是微软公司推出的视频格式文件，是目前视频文件的主流，比如一些游戏和教育软件的片头通常采用这种方式。

● **WMV**

它是一种 Windows 操作系统自带的媒体播放器 Windows Media Player 所使用的多媒体文件格式。

● **RM**

它是 Real 公司推广的一种流媒体视频文件格式，可以根据网络数据传输的不同速率制定不同的压缩比率，从而实现在低速率的 Internet 上进行视频文件的实时传送和播放。它是网络传播中应用最广泛的格式之一。

● **MOV**

它是 Apple 公司推广的一种多媒体文件格式。

➡ 实战 40+ 视频：实现网页中视频播放

在网页中不仅可以添加背景音乐，还可以向网页中插入视频文件，接下来将通过向网页中插入 WMV 格式的视频来介绍如何在网页中播放视频。

🏠 源文件：源文件 \ 第 5 章 \5-2-2.html

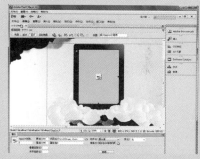

🔊 操作视频：视频 \ 第 5 章 \5-2-3.swf

`01 ▶` 执行"文件 > 打开"命令，打开页面"源文件 \ 第 5 章 \5-2-2.html"，可以看到页面效果。

`02 ▶` 将光标移至名为 video 的 Div 中，将多余文字删除，单击"插入"面板上的"媒体"按钮，在弹出的菜单中选择"插件"命令。

03 ▶ 弹出"选择文件"对话框，选择需要
插入的视频文件。

04 ▶ 单击"确定"按钮，插入后的视频在
设计视图中是以插件图标的形式显示。

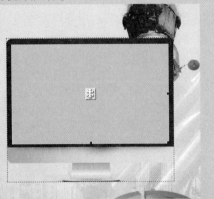

05 ▶ 选中刚插入的图标，在"属性"面板
中设置其"宽"为456，"高"为280。

06 ▶ 单击"属性"面板上的"参数"按钮，
弹出"参数"对话框，添加相应的参数设置。

07 ▶ 单击"确定"按钮，完成"参数"对话框的设置。执行"文件 > 保存"命令，保存
页面，在浏览器中预览页面，可以看到视频播放的效果。

提问：在"参数"对话框中添加的参数起什么作用？

　　答：设置 autostart 参数的值为 true，则在打开网页的时候就会自动播放
所嵌入的视频文件。设置 loop 参数的值为 true，则在网页中将循环播放所嵌
入的视频文件。

5.2.4 "插入 FLV" 对话框

在网页中插入 FLV 视频时,可以在"插入 FLV"对话框中对插入到网页中的 FLV 视频的相关选项进行设置。

● **视频类型**

在该下拉列表中可以选择插入到网页中的 FLV 视频的类型,主要包括两个选项,分别是"累进式下载视频"和"流视频"。默认情况下,选择"累进式下载视频"选项。

● **累进式下载视频**

将 FLV 视频文件下载到访问者的硬盘上,然后进行播放。但是与传统的"下载并播放"视频传送方法不同,累进式下载允许边下载边播放视频。

● **流视频**

对视频内容进行流式处理,并在一段可以确保流畅播放的很短的缓冲时间后,在网页上播放该内容。

● **URL**

该选项用于指定 FLV 文件的相对路径或绝对路径。如果要指定相对路径的 FLV 文件,可以单击"浏览"按钮,浏览到 FLV 文件并将其选定。如果要指定绝对路径,可以直接输入 FLV 文件的 URL 地址。

● **外观**

在该下拉列表中可以选择视频组件的外观,其中共包括 9 个选项。当选择某个选项后,则可以显示该外观效果。

Halo Skin 3 (最小宽度: 280) ▼
Clear Skin 1 (最小宽度: 140)
Clear Skin 2 (最小宽度: 160)
Clear Skin 3 (最小宽度: 260)
Corona Skin 1 (最小宽度: 130)
Corona Skin 2 (最小宽度: 141)
Corona Skin 3 (最小宽度: 258)
Halo Skin 1 (最小宽度: 180)
Halo Skin 2 (最小宽度: 180)
Halo Skin 3 (最小宽度: 280)

● **宽度和高度**

在"宽度"和"高度"文本框中用户以像素为单位指定 FLV 文件的宽度和高度。单击"检测大小"按钮,Dreamweaver 会自动检测 FLV 文件的准确宽度和高度。

● **自动播放和自动重新播放**

"自动播放"选项允许用户设置在 Web 页面打开时是否播放视频。"自动重新播放"选项允许用户设置播放控件在视频播放完之后是否返回到起始位置。

➡ 实战 41+ 视频:在网页中插入 FLV 视频

使用 Dreamweaver CS6 和 FLV 文件可以快速将视频内容放置在 Web 上,将 FLV 文件拖动到 Dreamweaver CS6 中可以将视频快速融入网站的应用程序,下面通过一个小实例介绍如何在网页中插入 FLV 视频。

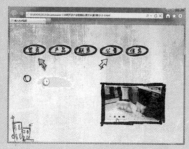

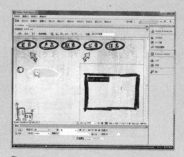

🏠 源文件:源文件 \ 第 5 章 \5-2-3. html　　🔊 操作视频:视频 \ 第 5 章 \5-2-4. swf

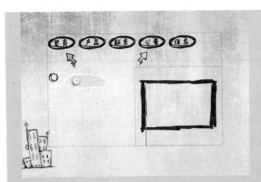

01 ▶ 执行"文件 > 打开"命令,打开页面"源文件 \ 第 5 章 \5-2-3.html",可以看到页面效果。

02 ▶ 将光标移至名为 flv 的 Div 中,将多余的文字删除,单击"插入"面板上的"媒体"按钮旁的倒三角按钮,在弹出的菜单中选择 FLV 命令。

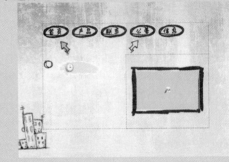

03 ▶ 弹出"插入 FLV"对话框,在 URL 文本框中输入 FLV 文件的地址,在"外观"下拉列表中选择一个外观,对其他选项进行设置。

04 ▶ 单击"确定"按钮,即可将 FLV 文件插入到页面中。

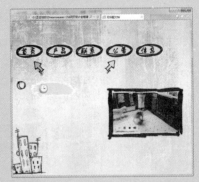

05 ▶ 执行"文件 > 保存"命令,保存页面,在浏览器中预览页面,可以看到插入到网页中的 FLV 视频效果。

提问:什么是 FLV 格式视频?

答:FLV 是随着 Flash 系列产品推出的一种流媒体格式,它的视频采用 Sorenson Media 公司的 Sorenson Spark 视频编码器,音频采用 MP3 编辑。它可以使用 HTTP 服务器或者专门的 Flash Communication Server 流服务器进行流式传送。

5.3　在网页中实现其他多媒体效果

正因为在网页中添加了多媒体元素，才使得网页形式变得更加活泼生动，内容变得更加丰富多彩。除了前面介绍的在网页中插入的常用的多媒体元素外，还可以在网页中插入 Applet 和 ActiveX 等多媒体元素。

5.3.1　插入 Applet 小程序

Java 是一种编程语言，用于在 Web 上提供"真正的交互"。Java 是由 Sun Microsystems 公司开发的，它试图在互联网上建立一种可以在任意平台、任意计算机上运行的程序（APPLET），从而实现多种平台之间的交互操作。

在网页中插入 Applet 文件，在网页中 Applet 文件显示为一个小图标，选中 Applet 小程序图标，可以在"属性"面板中对 Applet 小程序的属性进行设置。

● **Applet 名称**

用来输入小程序的名称，主要用于实现文档中各小程序之间的相互定位和通信。

● **宽**

用来设置 Applet 小程序运行时显示区域的宽度，默认单位是像素，也可以手动输入其他单位，例如 % 等。

● **高**

用来设置 Java 下程序运行时显示区域的高度，默认单位是像素，和宽度一样，也可以采用其他单位。

● **代码**

用来输入小程序对应的文件名称。可以直接在文本框中输入路径，也可以单击右侧的"文件夹"按钮，从磁盘中选择程序文件。

● **基址**

用来输入小程序文件所在的文件夹路径，它同"代码"中输入的内容一起构成小程序文件的 URL 地址。

● **对齐**

用来设置小程序对象在文档窗口中水平向上的对齐方式，可用的选项同处理图像对象时的选项一样。

● **替换**

用来输入小程序对象的替换内容。如果用户的浏览器不支持 Java 小程序或 Java 被禁止，该选项将会指定代替显示的内容。

● **垂直边距**

用来设置小程序对象上边和下边与其他内容的空白距离，单位是像素。

● **水平边距**

用来设置小程序对象左边和右边与其他内容的空白距离，单位是像素。

● **参数**

单击该按钮，可以弹出"参数"对话框，在该对话框中可以为 Applet 小程序设置相应的参数。

● **类**

单击下拉框可以从已经定义好的样式中选择样式来定义页面中插入的 Applet 控件。

➡ ## 实战 42+ 视频：实现网页特效

在网络中可以找到许多由第三方开发的 Applet 小程序，通过使用这些 Applet 小程序可以在网页中实现许多特殊的效果，下面将通过简单的自由拖曳图片效果，介绍 Applet 小程序在网页中的应用。

🏠 源文件：源文件 \ 第 5 章 \5-3-1.html

📶 操作视频：视频 \ 第 5 章 \5-3-1.swf

01 ▶ 执行"文件 > 打开"命令，打开页面"源文件 \ 第 5 章 \5-3-1.html"，可以看到页面的效果。

02 ▶ 将光标移至名为 app 的 Div 中，将多余文字删除，单击"插入"面板上的"媒体"按钮，在弹出的菜单中选择 Applet 命令。

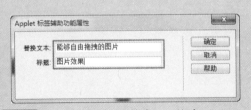

03 ▶ 弹出"选择文件"对话框，选择需要插入的 Applet 小程序文件。

04 ▶ 单击"确定"按钮，弹出"Applet 标签辅助功能属性"对话框。

05 ▶ 单击"确定"按钮，完成"Applet 标签辅助功能属性"对话框的设置，在页面中插入 Applet 占位符。

06 ▶ 选中页面中的 Applet 占位符图标，在"属性"面板上设置"宽"为 222，"高"为 295。

07 ▶ 单击 "属性" 面板上的 "参数" 按钮，弹出 "参数" 对话框。

08 ▶ 单击 "确定" 按钮，完成 "参数" 对话框的设置。执行 "文件 > 保存" 命令，保存页面，在浏览器中预览页面。

提问："Applet 标签辅助功能属性" 对话框的作用是什么？

答：有时候在 "Applet 标签辅助功能属性" 对话框中的 "替换文本" 文本框中可以输入 APPLET 说明文字，在 "标题" 文本框中可以输入 APPLET 标题。插入到页面中的 Java APPLET 小程序必须与该网页放置在同一目录下。

当用户使用 Windows 操作系统时，常常会遇到利用 Java APPLET 制作的小程序无法显示的情况。这是因为 Windows 操作系统中并不提供 Java 插件。所以，安装 Windows 操作系统的用户必须下载安装 Java 虚拟机的插件，才能正常浏览使用 Java APPLET 小程序的页面。

5.3.2　插入 ActiveX 控件

ActiveX 控件是可以充当浏览器插件的可重复使用的组件，其基本的出发点是想让某个软件通过一个通用的机构为另一个软件提供服务，因此被称为 ActiveX。有些像微型的应用程序，它如同缩小化的应用程序，能够产生如同浏览器插件一样的效果。

ActiveX 控件在 Windows 系统中的 Internet Explorer 中运行，但不能在 Macintosh 系统或 Netscape Navigator 中运行。Dreamweaver 中的 ActiveX 对象，允许用户在网页访问者的浏览器中为 ActiveX 控件设置属性和参数。

打开页面，将光标移至页面中需要插入 ActiveX 控件的位置，单击 "插入" 面板的 "常用" 选项卡中的 "媒体" 按钮旁的倒三角按钮，在弹出的菜单中选择 ActiveX 命令。选择需要插入的 ActiveX 控件后，ActiveX 控件在设计视图中将会以图标的形式显示出来。

单击并选中页面中的 ActiveX 图标，可以在 "属性" 面板中对 ActiveX 控件的相关属性进行设置。

● ActiveX

用来设置 ActiveX 控件的 ID 名称，在该选项下面的文本框中可以手动输入 ActiveX 控件的 ID 名称。

● 宽

用来设置 ActiveX 控件的宽度，默认单位是像素，也可以在该选项后的文本框中输入其他单位，例如 % 等。

● 高

用来设置 ActiveX 控件的高度，默认单位是像素，其用法和选项"宽"一样。

● ClassID

该选项为浏览器标示 ActiveX 控件，可以在该下拉列表框中输入一个值，也可以在该下拉列表中选择一个值。在加载页面时，浏览器使用该 ClassID 来确定与该页面关联的 ActiveX 控件所需的控件位置，如果浏览器未找到指定的 ActiveX 控件，它将尝试从"基址"文本框指定的位置下载它。

● 嵌入

选中"嵌入"复选框，则把 ActiveX 控件同时也设置成插件，可以被 Netscape Communicator 浏览器所支持，Dreamweaver 会将用户作为 ActiveX 控件属性输入的值同时指派给等效的 Netscape Communicator 插件。

● 源文件

定义启用了"嵌入"复选框，将要用于 Netscape Communicator 插件的数据文件。如果没有输入值，Dreamweaver 将尝试根据已输入的 ActiveX 属性来确定该值。

● 对齐

用来设置 ActiveX 控件在文档中的对齐方式，可以从该下拉列表中选择一种对齐方式。

● 播放

单击该按钮，就会在文档窗口中播放 ActiveX。播放过程中，"播放"按钮会自动换成"暂停"按钮，单击即可停止 ActiveX 的播放。

● 垂直边距

用来指定对象的上和下与其他内容的空白距离，默认单位是像素。

● 水平边距

用来指定对象的左和右与其他内容的空白距离，默认单位是像素。

● 基址

用来指定包含该 ActiveX 控件的 URL，告诉浏览器，如果没有安装控件，就可以到这个地址去寻找控件。

● ID

用来定义 ActiveX 控件的编号，可以在该选项后的文本框中输入值。

● 数据

用来设置 ActiveX 控件载入的数据文件，用户可以在该选项后的文本框中输入设定值。

● 参数

单击该按钮，弹出"参数"对话框，可以为 ActiveX 添加相应的参数。

● 替换图像

用来指定 ActiveX 控件的替换图像。当该 ActiveX 控件无法显示时，将由这个图像来替换显示出来。

● 类

从已经定义好的样式中选择样式来定义插入的控件。

5.4　本章小结

　　本章主要介绍多媒体在网页中的应用，包括在网页中插入动画、声音、视频和 Applet 小程序等多媒体应用。通过这些应用使网页设计变得丰富多彩，掌握好这些应用对网页设计会有很大帮助。

第 6 章 使用 CSS 样式控制页面元素

CSS 是 Cascading Style Sheets（层叠样式表）的缩写，它是一种对 Web 文档添加样式的简单机制，是一种表现 HTML 或 XML 等文件外观样式的计算机语言。CSS 样式补充了 HTML 语言的不足，通过使用 CSS 样式，能够节省许多重复性的格式设置，例如网页文字的大小和颜色等。通过 CSS 样式能够很轻松地设置网页元素的显示格式和位置，从而提高了网页的整体美观。

本章知识点

- ☑ 了解 CSS 样式
- ☑ 掌握各种类型 CSS 样式的创建
- ☑ 掌握 CSS 样式属性设置
- ☑ 掌握 CSS 类选区和 Web 字体
- ☑ 掌握 CSS 3 新增实用属性

6.1 应用 CSS 样式

应用 CSS 样式可以依次对若干个网页所用的样式进行控制。同 HTML 样式相比，使用 CSS 样式的好处除了在于它可以同时链接多个网页文件之外，还在于当 CSS 样式被修改后，所有应用的样式都会自动更新。

6.1.1 CSS 样式的优势

CSS 样式可以将网页上的元素精确定位以及控制传统的格式属性（如字体、尺寸和对齐等），还可以设置如位置和特殊效果之类的 HTML 属性，可以对比看到使用 CSS 样式对网页进行美化处理前后的效果。

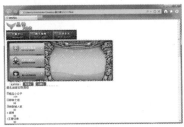

● **分离格式和结构**

HTML 语言定义了网页的结构和各要素的功能，而 CSS 样式通过将定义结构的部分和定义格式的部分分离，使设计师能够对页面的布局进行更多的控制，同时 HTML

仍可以保持简单明了的初衷。

- 🔵 **更强的页面布局控制**

    HTML 语言对页面总体上的控制很有限，如精确定位、行间距和字间距等，但是这些都可以通过 CSS 来完成。

- 🔵 **网页的体积更小、下载速度更快**

    CSS 样式只是简单的文本，就像 HTML 那样，不需要图像，不需要执行程序，不需要插件。使用 CSS 样式可以减少表格标签及其他加大 HTML 体积的代码，减少图像用量，从而减小文件大小。

- 🔵 **更加便捷的网页更新**

    没有 CSS 样式时，如果想更新整个站点中所有主体文本的字体，必须一页一页地修改网页。CSS 样式的主旨就是将格式和结构分离。使用 CSS 样式，可以将站点上所有的网页都指向单一的一个外部 CSS 样式文件，这样只要修改 CSS 样式文件中的某一个属性设置，整个站点的网页就都会做出相应的改变。

- 🔵 **更好的兼容性**

    CSS 样式的代码有很好的兼容性，也就是说，如果用户丢失了某个插件时不会发生中断，或者使用老版本的浏览器时，代码不会出现杂乱无章的情况。只要是可以识别 CSS 样式的浏览器就可以应用它。

➡ 实战 43+ 视频：内联 CSS 样式

内联 CSS 样式是所有 CSS 样式中比较简单和直观的方法，就是直接把 CSS 样式代码添加到 HTML 的标签中，即作为 HTML 标签的属性存在。通过这种方法，可以很简单地对某个元素单独定义样式。

使用内联 CSS 样式方法是直接在 HTML 标签中使用 style 属性，该属性的内容就是 CSS 的属性和值，其格式如下：

```
<span style="font-size:12px; color:#CCCCCC;"> 内联 CSS 样式 </span>
```

🏠 源文件：源文件 \ 第 6 章 \6-1-1.html

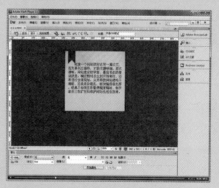

📡 操作视频：视频 \ 第 6 章 \6-1-1.swf

```html
<body>
<div id="box">    构建一个网站就好比写一篇论文，
首先要列出提纲，才能主题明确、层次清晰。网站建设
初学者，最容易犯的错误就是：确定题材后立刻开始制
作，没有进行合理规划。从而导致网站结构不清晰，目
录庞杂混乱，板块编排混乱等。结果不但浏览者看得糊
里糊涂，制作者自己在扩充和维护网站也相当困难。</div>
</body>
```

`01 ▶` 执行"文件 > 打开"命令，打开页面"源文件 \ 第 6 章 \6-1-1.html"。

`02 ▶` 切换到代码视图，可以看到页面的详细代码。

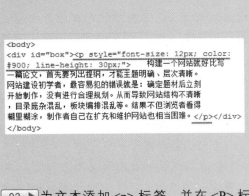

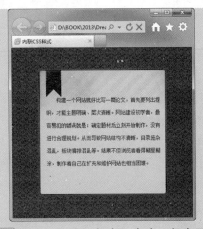

03 ▶ 为文本添加 `<p>` 标签，并在 `<P>` 标签中添加 style 属性设置，输入相应的内联 CSS 样式代码。

04 ▶ 执行"文件 > 保存"命令，保存页面，在浏览器中预览该页面。

提问：使用内联 CSS 样式有哪些缺点？

答：内联 CSS 样式仅仅是 HTML 标签对于 style 属性的支持所产生的一种 CSS 样式表编写方式，并不符合表现与内容分离的设计模式，使用内联 CSS 样式与表格布局从代码结构上来说完全相同，仅仅利用了 CSS 对于元素的精确控制优势，并没有很好地实现表现与内容的分离，所以这种书写方式应当尽量少用。

6.1.2 CSS 样式的不足

CSS 样式的功能虽然足够强大，但是它在某些方面也是有局限性的。CSS 样式的不足主要是它局限于主要对标签文件中的显示内容起作用。显示顺序在某种程度上可以改变，可以插入少量文本内容，但是在源 HTML（或 XML）中做较大改变，用户需要使用另外的方法，例如使用 XSL 转换（XSLT）。

同样，CSS 样式表的出现比 HTML 要晚，这就意味着，某些低版本的浏览器不能够识别用 CSS 所写的样式，并且 CSS 在简单文本浏览器中的用途也有限，例如为手机或移动设备编写的简单浏览器等。

CSS 样式表是可以实现向后兼容的，例如，低版本的浏览器虽然不能够显示出样式，但是却能够正常显示网页。相反，应该使用默认的 HTML 表达，如果设计者合理地设计了 CSS 和 HTML，即使样式不能显示，页面的内容也还是可用的。

➡ 实战 44+ 视频：内部 CSS 样式

内部 CSS 样式就是将 CSS 样式代码添加到 `<head>` 与 `</head>` 标签之间，并且用 `<style>` 与 `<style>` 标签进行声明。这种写法虽然没有完全实现页面内容与 CSS 样式表现的完全分离，但可以将内容与 HTML 代码分离在两个部分进行统一管理。

🏠 源文件：源文件 \ 第 6 章 \6-1-2.html

📶 操作视频：视频 \ 第 6 章 \6-1-2.swf

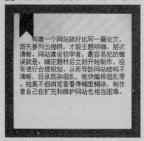

01 ▶ 执行"文件＞打开"命令，打开页面"源文件 \ 第 6 章 \6-1-2.html"。

02 ▶ 切换到代码视图中，在页面头部的 <head> 与 </head> 标签之间可以看到该页面的内部 CSS 样式。

```
.font01 {
    font-size: 12px;
    color: #900;
    line-height: 30px;
}
```

03 ▶ 在内部的 CSS 样式代码中定义一个名为 .font01 的类 CSS 样式。

04 ▶ 选中页面中相应的文字，在"属性"面板上的"类"下拉列表中选择刚定义的 CSS 样式 font01 应用。

```
<body>
<div class="font01" id="box">    构建一个网站就好
比写一篇论文，首先要列出提纲，才能主题明确、层次清
晰。网站建设初学者，最容易犯的错误就是：确定题材后
立刻开始制作，没有进行合理规划。从而导致网站结构不
清晰，目录庞杂混乱，板块编排混乱等。结果不但浏览者
看得糊里糊涂，制作者自己在扩充和维护网站也相当困难。</div>
</body>
```

05 ▶ 切换到代码视图中，可以看到在 <div> 标签中添加的相应代码，这是应用类 CSS 样式的方式。

06 ▶ 执行"文件＞保存"命令，保存页面，在浏览器中预览该页面。

提问：使用内部 CSS 样式有哪些优缺点？

答：内部 CSS 样式，所有的 CSS 代码都编写在 <style> 与 </style> 标签之间，方便了后期对页面的维护，页面相对于内联 CSS 样式大大瘦身了。但是如果一个网站拥有很多页面，对于不同页面中的 <p> 标签都希望采用同样的 CSS 样式设置时，内部 CSS 样式的方法就显得有点麻烦了。该方法只适合于对单一页面设置单独的 CSS 样式。

6.1.3　CSS 样式的基本语法

CSS 规则由选择器和声明构成，样式表的基本语法如下：

CSS 选择器 { 属性 1: 属性值 1; 属性 2: 属性值 2; 属性 3: 属性值 3; ……}

CSS 样式的主要功能就是将某些规则应用于文档中同一类型的元素，这样可以减少网页设计者大量的工作。通过 CSS 功能设置元素属性，使用正确的 CSS 规则至关重要。

每条 CSS 规则有两个部分：选择器和声明。每条声明实际上是由属性和值组合。每个 CSS 样式都是由一系列规则组成的，基础的 CSS 样式代码如下：

body { background-color: #CCC; }

其中，规则的左边 body 就是选择器。所谓选择器就是 CSS 规则中用于选择文档中要应用 CSS 样式的那些元素。规则右边 background-color: #CCC; 部分是声明。它是由 CSS 属性 background-color 及其值 #CCC 组成的。

声明的格式是固定的，某个属性后跟冒号，然后是其取值。如果使用多个关键字作为一个属性的值，通常使用空白符将它们分开。

➡ 实战 45+ 视频：链接与导入 CSS 样式

导入样式与链接样式基本相同，都是创建一个单独的 CSS 样式文件，然后再引入到 HTML 文件中，只不过语法和运作方式上有区别。采用导入的 CSS 样式，在 HTML 文件初始化时，会被导入到 HTML 文件内，作为文件的一部分，类似于内部 CSS 样式。而链接样式是在 HTML 标签需要 CSS 样式风格时才以链接方式引入。

🏠 源文件：源文件 \ 第 6 章 \6-1-3. html

01 ▶ 执行"文件 > 打开"命令，打开页面"源文件 \ 第 6 章 \6-1-3.html"。

📡 操作视频：视频 \ 第 6 章 \6-1-3. swf

```
<!DOCTYPE html PUBLIC "-//W3C//DTD XHTML 1.0
Transitional//EN"
"http://www.w3.org/TR/xhtml1/DTD/xhtml1-transitional.dtd">
<html xmlns="http://www.w3.org/1999/xhtml">
<head>
<meta http-equiv="Content-Type" content="text/html;
charset=utf-8" />
<title>链接与导入CSS样式</title>
</head>
<body>
<div id="box">    构建一个网站就好比写一篇论文，首先要列出
提纲，才能主题明确、层次清晰。网站建设初学者，最容易犯的错
误就是：确定题材后立刻开始制作，没有进行合理规划。从而导致
网站结构不清晰、目录庞杂混乱，板块编排混乱等。结果不但浏览
者看得糊里糊涂，制作者自己在扩充和维护网站也相当困难。</div>
</body>
</html>
```

02 ▶ 切换到代码视图中，可以看到页面中并没有链接外部 CSS 样式，也没有内部的 CSS 样式。

03 ▶ 执行"文件 > 新建"命令，弹出"新建文档"对话框，在"页面类型"列表中选择 CSS 选项。

04 ▶ 单击"确定"按钮，创建一个外部 CSS 样式文件，将该文件保存为"源文件\第 6 章\style\6-1-3.css"。

05 ▶ 在刚刚新建的外部 CSS 样式表文件中编辑相应的 CSS 样式。

06 ▶ 返回 6-1-3.html 页面中，打开"CSS 样式"面板，单击"附加样式表"按钮。

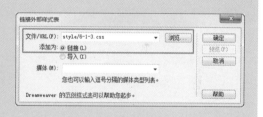

07 ▶ 弹出"链接外部样式表"对话框，单击"浏览"按钮，在弹出的对话框中选择刚刚创建的 CSS 样式表文件。

08 ▶ 单击"确定"按钮，设置"添加为"选项为"链接"。

09 ▶ 单击"确定"按钮，即可链接指定的外部 CSS 样式文件，在"CSS 样式"面板中显示所链接的外部 CSS 样式文件中的 CSS 样式表。

10 ▶ 完成外部 CSS 样式表文件的链接后，可以看到网页的效果。

```
<!DOCTYPE html PUBLIC "-//W3C//DID XHTML 1.0
Transitional//EN"
"http://www.w3.org/TR/xhtml1/DTD/xhtml1-transitional.dtd">
<html xmlns="http://www.w3.org/1999/xhtml">
<head>
<meta http-equiv="Content-Type" content="text/html;
charset=utf-8" />
<title>链接与导入CSS样式</title>
</head>
<body>
<div id="box">    构建一个网站就好比写一篇论文, 首先要列出
提纲, 才能主题明确、层次清晰。网站建设初学者, 最容易犯的错
误就是: 确定题材后立刻开始制作, 没有进行合理规划。从而导致
网站结构不清晰, 目录庞杂混乱, 板块编排混乱等。结果不但浏览
者看得糊里糊涂, 制作者自己在扩充和维护网站也相当困难。</div>
</body>
</html>
```

```
<head>
<meta http-equiv="Content-Type" content="text/html;
charset=utf-8" />
<title>链接与导入CSS样式</title>
<link href="style/6-1-3.css" rel="stylesheet" type="text/css" />
</head>
```

11 ▶ 切换到代码视图中, 在 <head> 与 </head> 标签之间可以看到链接外部 CSS 样式表文件的代码。

12 ▶ 接下来介绍如何导入外部 CSS 样式表文件, 将链接外部 CSS 样式表文件的代码删除。

提示 链接外部 CSS 样式是指在外部定义 CSS 样式并形成以 .css 为扩展名的文件, 然后在页面中通过 <link> 标签将外部的 CSS 样式文件链接到页面中, 而且该语句必须放在页面的 <head> 与 </head> 标签之间。

提示 在链接外部 CSS 样式表文件的 <link> 标签中, rel 属性指定链接到 CSS 样式, 其值为 stylesheet。type 属性指定链接的文件类型为 CSS 样式表。href 指定链接的外部 CSS 样式文件的路径。在这里使用的是相对路径, 如果 HTML 文档与 CSS 样式文件没有在同一路径下, 则需要指定 CSS 样式的相对位置或者是绝对位置。

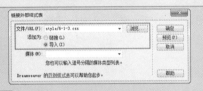

```
<head>
<meta http-equiv="Content-Type" content="text/html; charset=utf-8" />
<title>链接与导入CSS样式</title>
<style type="text/css">
@import url("style/6-1-3.css");
</style>
</head>
```

13 ▶ 返回设计视图, 打开 "CSS 样式" 面板, 单击 "附加样式表" 按钮, 弹出 "链接外部样式表" 对话框, 选择需要导入的外部 CSS 样式文件, 设置 "添加为" 选项为 "导入"。

14 ▶ 单击 "确定" 按钮, 导入相应的 CSS 样式, 切换到代码视图中, 在页面头部的 <head> 与 </head> 标签之间可以看到自动添加的导入 CSS 样式文件的代码。

提示 导入外部样式是指在嵌入样式的 <style> 与 </style> 标签中, 使用 @inport 导入一个外部 CSS 样式。

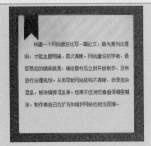

15 ▶ 返回页面设计视图, 可以看到导入外部 CSS 样式表文件后的页面效果。

16 ▶ 执行 "文件 > 保存" 命令, 保存页面, 在浏览器中预览页面。

提问：链接外部的CSS样式表文件有哪些优势？

答：CSS样式在页面中的应用主要目的在于实现良好的网站文件管理及样式管理，分离式的结构有助于合理分配表现与内容。推荐使用外部CSS样式，优点如下。

① 独立于HTML文件，便于修改；

② 多个文件可以引用同一个CSS样式表文件；

③ CSS样式文件只需要下载一次，就可以在其他链接了该文件的页面内使用；

④ 浏览器会先显示HTML内容，然后再根据CSS样式文件进行渲染，从而使访问者可以更快地看到内容。

6.2 CSS样式的类型

在Dreamweaver中，可以通过"CSS样式"面板来创建CSS样式表，执行"窗口>CSS样式"命令，打开"CSS样式"面板。单击"新建CSS规则"按钮，弹出"新建CSS规则"对话框。

● **选择器类型**

该选项用于设置所定义的CSS样式的类型，在该下拉列表中可以选择相应的选择器类型。

类（可应用于任何HTML元素）：创建一个可作为class属性应用于任何HTML元素的自定义CSS样式。

ID（仅应用于一个HTML元素）：创建

包含特定ID属性的标签的格式。可以从"选择器类型"下拉列表中选择ID选项，然后在"选择器名称"文本框中输入唯一ID。

标签（重新定义HTML元素）：重新定义特定HTML标签的默认样式设置，选择该选项后，可以在"选择器名称"下拉列表中选择需要重新定义的标签。

复合内容（基于选择的内容）：定义同时影响两个或多个标签、类或ID的复合规则。例如输入div p，则div标签中的所有p元素都将受此规则的影响。

● **选择器名称**

用来设置所创建的 CSS 样式的名称。

● **规则定义**

用来设置新建 CSS 样式的位置。CSS

样式按照使用方法可以分为内部 CSS 样式和外部 CSS 样式。如果想把 CSS 样式新建在网页内部，可以选择"仅限该文档"选项。

6.2.1 标签 CSS 样式

标签 CSS 样式是网页中最为常用的一种 CSS 样式，通常新建了一个页面后，首先就需要定义 <body> 标签的 CSS 样式，从而对整个页面的外观进行设置。

➡ **实战 46+ 视频：创建标签 CSS 样式**

通过为页面定义标签 CSS 样式可以对页面的整体外观进行把控，因此定义标签 CSS 样式是十分必要的，下面通过实战练习介绍如何创建标签 CSS 样式。

🏠 源文件：源文件 \ 第 6 章 \6-2-1.html

🔊 操作视频：视频 \ 第 6 章 \6-2-1.swf

01 ▶ 执行"文件 > 打开"命令，打开页面"源文件 \ 第 6 章 \6-2-1.html"。

02 ▶ 打开"CSS 样式"面板，可以看到定义的 CSS 样式。

03 ▶ 在浏览器中预览该页面，可以看到未定义 body 标签 CSS 样式的效果。

04 ▶ 单击"CSS 样式"面板上的"新建 CSS 规则"按钮 🗗，弹出"新建 CSS 规则"对话框，如果需要重新定义特定 HTML 标签的默认格式，在"选择器类型"列表中选择"标签（重新定义 HTML 元素）"选项。

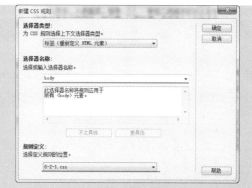

05 ▶ 在"选择器名称"文本框中输入 HTML 标签，也可以从下拉列表中选择一个想要定义的标签，这里定义的为 body 标签。

06 ▶ 在"规则定义"下拉列表中选择所链接的外部样式表文件 6-2-1.css。

在"规则定义"下拉列表中有两个选项，"（仅对该文档）"选项指在当前文档中内部 CSS 定位样式。每次样式定义完成后，代码都会自动添加到顶部的 <style></style> 中。"（新建样式表文件）"选项指创建外部样式表。如果已经链接了外部 CSS 样式文件，在该下拉列表中还将出现所链接的外部 CSS 样式文件选项。

07 ▶ 单击"确定"按钮，弹出"CSS 规则定义"对话框，在左侧的"分类"列表中选择"类型"选项，对相关参数进行设置。

08 ▶ 在左侧的"分类"列表中选择"背景"选项，对相关参数进行设置。

```
body {
    font-size: 12px;
    line-height: 30px;
    color: #666;
    background-image: url(../images/62101.jpg);
    background-repeat: no-repeat;
}
```

09 ▶ 单击"确定"按钮，完成"CSS 规则定义"对话框的设置，切换到所链接的外部 CSS 样式文件中，可以看到所定义的 body 标签的 CSS 样式。

10 ▶ 保存页面，在浏览器中预览页面，可以看到页面的效果。

提问：创建 CSS 样式的方式有哪些？

答：要想在网页中应用 CSS 样式，首先必须创建相应的 CSS 样式，在 Dreamweaver 中创建 CSS 样式的方法有两种，一种是通过"CSS 样式"面板可视化创建 CSS 样式，另一种是手动编写 CSS 样式代码。

通过"CSS 样式"面板创建 CSS 样式，方便、易懂，适合初学者理解，但有部分特殊的 CSS 样式属性在设置对话框中并没有提供。手动编写 CSS 样式代码，更便于理解和记忆 CSS 样式的各种属性及其设置方法。

6.2.2　类 CSS 样式

类 CSS 样式可以应用在网页中任意的元素上，可以对网页中的元素进行更精确的控制，使不同的网页之间可以在外观上得到统一的效果。

➡ 实战 47+ 视频：创建类 CSS 样式

类 CSS 样式可以在网页中无限次的应用，并且可以应用在网页中的任意元素上，但是定义了类 CSS 样式后，必须选中页面中需要应用类 CSS 样式的元素，为该元素应用相应的类 CSS 样式才会起作用。

🏠 源文件：源文件 \ 第 6 章 \6-2-2.html

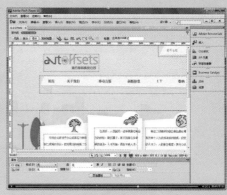

🔊 操作视频：视频 \ 第 6 章 \6-2-2.swf

01 ▶ 执行"文件>打开"命令，打开页面"源文件 \ 第 6 章 \6-2-2.html"。

02 ▶ 打开"CSS 样式"面板，单击"新建 CSS 规则"按钮 🔳，弹出"新建 CSS 规则"对话框。

03 ▶ 在"选择器类型"下拉列表中选择"类（可用于任何 HTML 元素）"选项，在"名称"文本框中输入自定义名称，命名以"."开头。

04 ▶ 单击"确定"按钮，弹出"CSS 规则定义"对话框，进行相应的设置。

 提示　在新建的类 CSS 样式时，默认的在类 CSS 样式名称前有一个"."。这个"."说明了此 CSS 样式是一个类 CSS 样式（class），根据 CSS 规则，类 CSS 样式（class）可以在一个 HTML 元素中被多次调用。

```
.font01 {
    font-weight: bold;
    color: #900;
    text-decoration: underline;
}
```

05 ▶ 单击"确定"按钮，完成"CSS 规则定义"对话框的设置，切换到所链接的外部 CSS 样式文件中，可以看到所定义的名为 .font01 的类 CSS 样式代码。

06 ▶ 返回页面设计视图中，选中需要应用该类 CSS 样式的文字。

07 ▶ 在"属性"面板上的"类"下拉列表中选择刚刚定义的 .font01 样式，可以看到用了该类 CSS 样式的文字效果。

08 ▶ 使用相同的方法，为其他相应的文字应用 .font01 类 CSS 样式，保存页面，在浏览器中预览页面。

提问：如何应用类 CSS 样式？

　　答：为网页中的元素应用类 CSS 样式有多种方法，分别介绍如下。

　　方法 1：选中页面中需要应用类 CSS 样式的元素，在"属性"面板上的"类"下拉列表中选择需要应用的类 CSS 样式。

　　方法 2：选中页面中需要应用类 CSS 样式的元素，打开"CSS 样式"面板，在需要应用的类 CSS 样式名称上单击鼠标右键，在弹出的快捷菜单中选择"应用"命令，即可将该类 CSS 样式应用于页面中所选中的元素。

6.2.3　ID CSS 样式

　　ID CSS 样式主要用于定义设置了特定 ID 名称的元素，通常在一个页面中，ID 名称是不能重复的，所定义的 ID CSS 样式也是特定指向页面中唯一的元素。

> ## ➡ 实战 48+ 视频：创建 ID CSS 样式

　　ID 样式的命名必须以"#"开头，并且可以包含任何字母和数字组合，下面通过实战练习介绍如何在 Dreamweaver 中创建 ID CSS 样式。

🏠 源文件：源文件 \ 第 6 章 \6-2-3. html

🔊 操作视频：视频 \ 第 6 章 \6-2-3. swf

01 ▶执行"文件 > 打开"命令，打开页面"源文件 \ 第 6 章 \6-2-3.html"。

02 ▶单击"插入"面板上的"插入 Div 标签"按钮🔲，弹出"插入 Div 标签"对话框。

03 ▶在页面中名为 box 的 Div 之后插入名为 bottom 的 Div。

04 ▶单击"确定"按钮，在页面中相应的位置插入名为 bottom 的 Div。

05 ▶单击"新建 CSS 规则"按钮 🗗，弹出"新建 CSS 规则"对话框，在"选择器类型"下拉列表中选择"ID（仅应用于一个 HTML 元素）"选项，在"名称"文本框中输入唯一的 ID 名称。

06 ▶单击"确定"按钮，弹出"CSS 规则定义"对话框，选择"背景"选项，对相关选项进行设置。

07 ▶在"分类"列表中选择"区块"选项，对相关参数进行设置。

08 ▶在"分类"列表中选择"方框"选项，对相关参数进行设置。

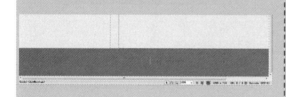

```
#bottom {
    background-color: #096ea2;
    text-align: center;
    height: 80px;
    width: 1300px;
    padding-top: 40px;
    float: left;
}
```

09 ▶单击"确定"按钮，完成"CSS 规则定义"对话框的设置，可以看到页面中 ID 名为 bottom 的 Div 效果。

10 ▶切换到所链接的外部 CSS 样式文件中，可以看到所定义的名为 #bottom 的 ID 样式代码。

11 ▶返回设计视图，光标移至名为 bottom 的 Div 中，将多余的文字删除，并输入相应的文字。

12 ▶保存页面，在浏览器中预览该页面，可以看到页面的效果。

提问：使用 CSS 样式的目的是什么？

答：CSS 样式首要目的是为网页上的元素精确定位；其次，它把网页上的内容结构和格式控制相分离。浏览者想要看的是网页上的内容结构，而为了让浏览者更好地看到这些信息，就要通过使用格式来控制。内容结构和格式控制相分离，使得网页可以仅由内容构成，而将网页的格式通过 CSS 样式表文件来控制。

6.2.4 复合 CSS 样式

使用"复合内容"样式可以定义同时影响两个或多个标签、类或 ID 的复合 CSS 样式。如果输入 #main img，则 ID 名为 main 元素中的所有 img 标签都将受此样式的影响。

➡ 实战 49+ 视频：创建复合 CSS 样式

本实例将通过创建复合 CSS 样式展示其在控制多个标签、类或 ID 的强大作用，在实际网页制作中可以快速实现想要达到的效果。

🏠 源文件：源文件 \ 第 6 章 \6-2-4.html

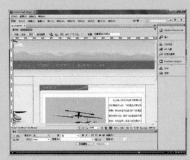

🔊 操作视频：视频 \ 第 6 章 \6-2-4.swf

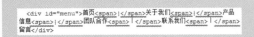

01 ▶ 执行"文件 > 打开"命令，打开页面"源文件 \ 第 6 章 \6-2-4.html"。

02 ▶ 光标移至页面中名为 menu 的 Div 中，将多余的文字删除并输入相应的文字。

03 ▶ 切换到代码视图中，在刚刚输入的文字中添加 <span> 标签。

04 ▶ 单击"新建 CSS 规则"按钮 🔁，弹出"新建 CSS 规则"对话框，在对话框中对相关选项进行设置。

💡 提示 此处所创建的复合CSS样式 #menu span，仅仅只针对ID名为menu的Div中的span标签起作用，而不会对页面中其他位置的span标签起作用。

05 ▶ 单击"确定"按钮，弹出"CSS规则定义"对话框，进行相应的设置。

06 ▶ 在左侧的"分类"列表中选择"方框"选项，对相关选项进行设置。

```
#menu span {
    color: #3CF;
    margin-right: 20px;
    margin-left: 20px;
}
```

07 ▶ 切换到所链接的外部样式表文件中，可以看到所定义的名为 #menu span 的复合CSS样式代码。

08 ▶ 返回页面设计视图，保存页面，在浏览器中预览页面，可以看到页面导航菜单的效果。

❓ 提问 提问：怎样编辑CSS样式？

答：当一个CSS样式创建完毕后，在网站升级维护工作中只需要修改CSS样式即可，在"CSS样式"面板中选择需要重新编辑的CSS样式，单击"编辑样式"按钮 ✏️，弹出"CSS规则定义"对话框，在该对话框中可以对该CSS样式进行重新设置。另外还可以直接修改该CSS样式的代码。

6.3 使用"CSS规则定义"对话框

通过CSS样式可以定义页面中的元素的几乎所有外观效果，包括文本、背景、边框、位置和效果等，在Dreamweaver中为了方便初学者的可视化操作，提供了"CSS规则定义"对话框，在该对话框中可以设置几乎所有的CSS样式属性，完成该对话框的设置后，Dreamweaver会自动生成相应的CSS样式代码。

6.3.1 文本样式选项

在"CSS规则定义"对话框左侧选择"类型"选项，在右侧的选项区中可以对文本样式进行设置。

Font-family

该属性用于设置字体，在该下拉列表中可以选择文字字体。

Font-size

该属性用于设置字体大小，在该下拉列表中可以选择字体的大小，也可以直接在该下拉列表框中输入字体的大小值，然后再选择字体大小的单位。

Font-weight

该属性用于设置字体的加粗，在该下拉列表框中可以设置字体的粗细，也可以选择具体的数值。

Font-style

该属性用于设置字体样式，在该下拉列表框中可以选择文字的样式，其中包括normal（正常）、italic（斜体）和oblique（偏斜体）。

Font-variant

该属性用于设置字体变形，该选项主要是针对英文字体的设置。在英文中，大写字母的字号一般采用该选项中的small-caps（小型大写字母）进行设置，可以缩小大写字母。

Line-height

该属性用于设置文字行高，在该下拉列表框中可以设置文本行的高度。在设置行高时，需要注意，所设置行高的单位应该和设置"大小"的单位相一致。行高的数值是把"大小"选项中的数值包括在内的。例如，大小设置为12px，如果要创建一倍行距，则行高应该为24px。

Text-transform

该属性用于设置文字大小写，该选项同样是针对英文字体的设置。可以将每句话的第一个字母大写，也可以将全部字母变化为大写或小写。

Text-decoration

该属性用于设置文字修饰，在Text-decoration选项中提供了5种样式供选择，选中underline复选框，可以为文字添加下画线；选中overline复选框，可以为文字添加上划线；选中line-through复选框，可以为文字添加删除线；选中blink复选框，可以为方字添加闪烁效果；选中none复选框，则文字不发生任何修饰。

Color

该属性用于设置文字颜色，在Color文本框中可以为字体设置字体颜色，可以通过颜色选择器选取，也可以直接在文本框中输入颜色值。

实战 50+ 视频：设置网页文本样式

文本是网页中最基本的元素，文本的 CSS 样式设置是经常使用的，也是在网页制作过程中使用频率最高的，通过 CSS 样式可以精确地对网页中文本的效果进行设置。

源文件：源文件 \ 第6章 \6-3-1.html

操作视频：视频 \ 第6章 \6-3-1.swf

01 ▶ 执行"文件 > 打开"命令，打开页面"源文件 \ 第 6 章 \6-3-1.html"。

03 ▶ 单击"CSS 样式"面板上的"新建 CSS 规则"按钮 🔁，弹出"新建 CSS 规则"对话框，对相关选项进行设置。

05 ▶ 单击"确定"按钮，拖动鼠标选中页面中需要应用 CSS 样式的文字内容，在"属性"面板上的"类"下拉列表中选择刚刚定义的 CSS 样式 font01 应用。

02 ▶ 在浏览器中预览页面，可以看到页面的整体效果。

04 ▶ 单击"确定"按钮，弹出"CSS 规则定义"对话框，对相关选项进行设置。

06 ▶ 保存页面，在浏览器中预览页面，可以看到页面的效果。

提问：使用 CSS 样式设置页面字体时，是不是只能选择 font-family 属性列表中的字体？

答：不是，在 font-family 属性列表中提供了多种可供选择的字体组合，但都是英文字体，用户还可以直接在 font-family 属性列表框中输入需要的字体名称，需要注意的是，尽量不要使用特殊的字体，因为在操作系统中默认的中文字体只有宋体、黑体和幼圆等，如果设置了特殊字体，浏览者的计算机中没有安装该种字体，则会使用默认字体替代。

6.3.2 背景样式选项

在"CSS 规则定义"对话框左侧选择"背景"选项，在右侧的选项区中可以对背景样式进行设置。

● **Background-color**

该属性用于设置背景颜色，在该文本框中可以设置页面元素的背景颜色值。

● **Background-image**

该属性用于设置背景图像，在该选项下拉列表中可以直接输入背景图像的路径，也可以单击"浏览"按钮，浏览到需要的背景图像。

● **Background-repeat**

该属性用于设置背景图像的重复方式，在该下拉列表中提供了 4 种重复方式，分别为 no-repeat（不重复）、repeat（重复）、repeat-x（横向重复）和 repeat-y（纵向重复）。

● **Background-attachment**

该属性用于设置背景图像的固定或滚动，如果以图像作为背景，可以设置背景图像是否随着页面一同滚动，在该下拉列表中可以选择 fixed（固定）或 scroll（滚动），默认为背景图像随着页面一同滚动。

● **Background-position（X）**

该属性用于设置背景图像的水平位置，可以设置背景图像在页面水平方向上的位置。可以是 left（左对齐）、right（右对齐）和 center（居中对齐），还可以设置数值与单位相结合表示背景图像的位置。

● **Background-position（Y）**

该属性用于设置背景图像的垂直位置，可以设置背景图像在页面垂直方向上的位置。可以是 top（顶部）、bottom（底部）和 center（居中对齐），还可以设置数值与单位相结合表示背景图像的位置。

➡ 实战 51+ 视频：设置网页背景样式

网页背景是网页中必不可少的元素，它关系到网站的整体风格，在使用 HTML 编写的页面中，背景只能使用单一的色彩或利用背景图像水平垂直方向平铺，而通过 CSS 样式可以更加灵活地对背景进行设置。

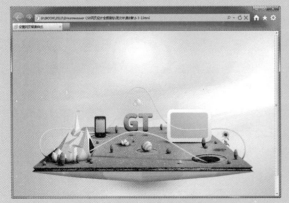

🏠 源文件：源文件 \ 第6章 \6-3-2.html　　　　📡 操作视频：视频 \ 第6章 \6-3-2.swf

01 ▶执行"文件>打开"命令，打开页面"源文件\第6章\6-3-2.html"。

02 ▶单击"CSS样式"面板上的"新建CSS规则"按钮🔲，弹出"新建CSS规则"对话框，对相关选项进行设置。

03 ▶单击"确定"按钮，弹出"CSS规则定义"对话框，选择"背景"选项，对相关选项进行设置。

04 ▶单击"确定"按钮，完成"CSS规则定义"对话框的设置。

```
body {
    background-image: url(../images/63202.jpg);
    background-repeat: no-repeat;
}
```

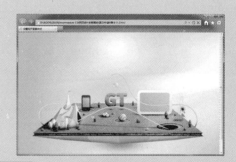

05 ▶切换到该文件所链接的外部CSS样式表文件中，可以看到刚创建的CSS样式代码。

06 ▶执行"文件>保存"命令，保存页面，在浏览器中预览页面。

提问：默认情况下，背景图像的平铺方式是怎样的？

答：如果在CSS样式中设置了background-image属性，没有设置background-repeat属性，则默认情况下，所设置的背影图像会在横向和纵向上都进行平铺。

6.3.3 区块样式选项

区块主要用于元素的间距和对齐属性，在"CSS规则定义"对话框左侧选择"区块"选项，在右侧的选项区中可以对区块样式进行设置。

Word-spacing

该属性用于设置单词间距，该选项可以设置英文单词之间的距离，还可以设置数值和单位相结合的形式，使用正值来增加单词间距，使用负值来减少单词间距。

Letter-spacing

该属性用于设置字符间距，可以设置英文字母之间的距离，也可以设置数值和单位相结合的形式。使用正值来增加字母间距，使用负值来减少字母间距。

Vertical-align

该属性用于设置垂直对齐，包括baseline（基线）、sub（下标）、super（上标）、top（顶部）、text-top（文本顶对齐）、middle（中线对齐）、bottom（底部）和text-bottom（文本底对齐）以及自定义的数值和单位相结合的形式。

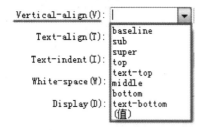

Text-align

该属性用于设置文本的水平对齐方式，包括 left（左对齐）、right（右对齐）、center（居中对齐）和 justify（两端对齐）。

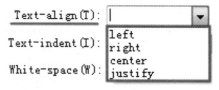

Text-indent

该属性用于设置段落文本首行缩进，该选项是最重要的设置项目，中文段落文字的首行缩进就是由它来实现的。首先填入具体的数值，然后选择单位。文字缩进和字体大小设置要保持统一。如字体大小为 12px，想创建两个中文的缩进效果，文字缩进时就应该为 24px。

White-space

该属性用于设置空格，可以对源代码文字空格进行控制，有 normal（正常）、pre（保留）和 nowrap（不换行）3 种选项。

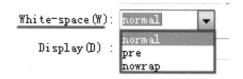

normal：选择该选项，将忽略源代码文字之间的所有空格。

pre：选择该选项，将保留源代码中所有的空格形式，包括空格键、Tab 键和 Enter 键。如果写了一首诗，使用普通的方法很难保留所有的空格形式。

nowrap：选择该选项，可以设置文字不自动换行。

Display

该属性用于设置是否显示以及如何显示元素。

➡ 实战 52+ 视频：设置网页区块样式

网页区块在控制网页中文字的间距和对齐属性有很重要的作用，下面通过实战练习介绍区块 CSS 样式的设置在网页中的具体应用。

🏠 源文件：源文件 \ 第6章 \6-3-3.html　　　🔊 操作视频：视频 \ 第6章 \6-3-3.swf

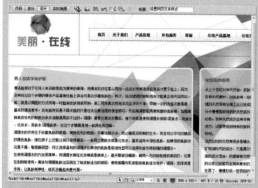 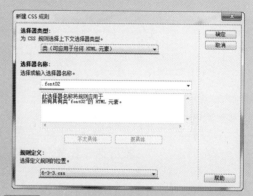

01 ▶ 执行"文件>打开"命令，打开页面"源文件 \ 第6章 \6-3-3.html"。

02 ▶ 单击"CSS 样式"面板上的"新建 CSS 规则"按钮🔧，弹出"新建 CSS 规则"对话框，对相关选项进行设置。

 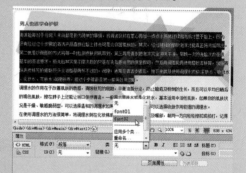

03 ▶ 单击"确定"按钮，弹出"CSS 规则定义"对话框，选择"区块"选项，对 Text-indent 选项进行设置。

04 ▶ 单击"确定"按钮，完成"CSS 规则定义"对话框的设置，选中段落文字，在"属性"面板上的"类"下拉列表中选择刚定义类 CSS 样式 .font02 应用。

 提示　此处定义的 .font02 的类 CSS 样式中，对 Text-indent 属性进行设置，该属性用于设置段落文本的首行缩进，需要注意，只有为段落文本应用该 CSS 样式才会有作用，也就是 <p> 和 </p> 标签包含的段落文本才可以看到该属性设置的效果。

05 ▶ 使用相同的方法，为网页中其他的段落文本应用 .font02 的类 CSS 样式。

06 ▶ 执行"文件 > 保存"命令，保存页面，在浏览器中预览页面。

提问：如何调整中文文字之间的间距？

答：通过 CSS 样式中的 Word-spacing 属性就可以调整中文字符之间的间距，如果应用于英文，则调整的是英文中每个字母之间的间距，如果应用于中文，则调整的是单个中文字符之间的间距。

6.3.4 方框样式选项

方框样式主要用于控制页面中的元素的框的大小、外观和位置。在"CSS 规则定义"对话框左侧选择"方框"选项，在右侧选项区中可以对方框样式进行设置。

● Width 和 Height

Width 属性用于设置元素的宽度，Height 属性用于设置元素的高度。

● Float

该属性用于设置元素的浮动，Float 实际上是指文字等对象的环绕效果，有 left（左）、right（右）和 none（无）3 个选项。

left：对象居左，文字等内容从另一侧环绕。

right：对象居右，文字等内容从另一侧环绕对象。

none：取消环绕效果。

● Clear

该属性用于设置元素清除浮动，在 Clear 下拉列表中共有 left（左）、right（右）、both（两者）和 none（无）4 个选项。

left 或 right：规定对象的一侧不许有 Div，选择不允许出现 Div 的一侧。如果在清除 Div 的一侧有 Div，则对象将自动移到 Div 的下面。

both：是指左右都不允许出现 Div。

none：选择该选项则不会限制 Div 的出现。

● Padding

该属性用于设置元素的填充，如果对象设置了边框，则 Padding 指的是边框和其中内容之间的空白区域。可以在下面对应的 top（上）、bottom（下）、left（左）和 right（右）各选项中设置具体的数值和单位。如果选中"全部相同"复选框，则会将 top（上）的值和单位应用于 bottom（下）、left（左）和 right（右）中。

● Margin

该属性用于设置元素的边界，如果对象设置了边框，Margin 是边框外侧的空白区域，用法与 Padding（填充）相同。

➡ 实战 53+ 视频：设置网页方框样式

在使用 DIV+CSS 布局制作网站页面的过程中，方框样式是最常用的样式，通过对方框 CSS 样式的设置，可以控制网页中元素的位置、间距和填充等属性。

🏠 源文件：源文件 \ 第 6 章 \6-3-4.html

📡 操作视频：视频 \ 第 6 章 \6-3-4.swf

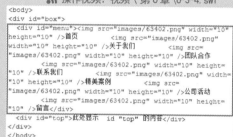

01 ▶ 执行"文件 > 打开"命令，打开页面"源文件 \ 第 6 章 \6-3-4.html"。

02 ▶ 通过观察可以发现，导航菜单项图片与文字靠在一起，切换到代码视图中，可以看到该部分的代码。

03 ▶ 单击"CSS 样式"面板上的"新建 CSS 规则"按钮 ，弹出"新建 CSS 规则"对话框，对相关选项进行设置。

04 ▶ 单击"确定"按钮，弹出"CSS 规则定义"对话框，选择"方框"选项，对相关选项进行设置。

05 ▶ 单击"确定"按钮，完成对话框的设置，可以看到页面中导航菜单项的效果。

06 ▶ 执行"文件 > 保存"命令，保存页面，在浏览器中浏览页面。

> 提问：margin 与 padding 属性之间有什么区别？
>
> 答：margin 属性称为边界或外边距，用来设置内容与内容之间的距离。padding 属性称为填充或内边距，用来设置内容与边框之间的距离。

6.3.5　边框样式选项

设置边框样式可以为对象添加边框，设置边框的颜色、粗细和样式。在"CSS 规则定义"对话框左侧选择"边框"选项，在右侧的选项区中可以对边框样式进行设置。

● Style

该属性用于设置元素边框的样式，包括 none（无）、dotted（点划线）、dashed（虚线）、solid（实线）、double（双线）、groove（槽状）、ridge（脊状）、inset（凹陷）和 outset（凸出）。

● Width

该属性用于设置元素边框的宽度，可以选择相对值 thin（细）、medium（中）和 thick（粗），也可以设置边框的宽度值和单位。

● Color

该属性用于设置元素边框的颜色。

➡ 实战 54+ 视频：设置网页边框样式

通过对网页的边框进行设置，可以使网页显得更加充实，使得网页整体显得美观。下面将通过实例为大家介绍网页边框样式的使用方法。

🏠 源文件：源文件 \ 第 6 章 \6-3-5.html

01 ▶ 执行"文件 > 打开"命令，打开页面"源文件 \ 第 6 章 \6-3-5.html"。

📶 操作视频：视频 \ 第 6 章 \6-3-5. swf

02 ▶ 单击"CSS 样式"面板上的"新建 CSS 规则"按钮，弹出"新建 CSS 规则"对话框，对相关选项进行设置。

03 ▶ 单击"确定"按钮，弹出"CSS 规则定义"对话框，选择"边框"选项，对相关选项进行设置。

04 ▶ 单击"确定"按钮，选中相应的图像，在"属性"面板上的"类"下拉列表中选择刚定义的类 CSS 样式 border01 应用。

05 ▶ 使用相同的方法，可以为页面中的其他图像应用类 CSS 样式 .border0。

06 ▶ 执行"文件 > 保存"命令，保存页面，在浏览器中预览页面。

提问： 设置边框 CSS 样式时，可以将四边的边框分别设置为不同的类型、粗细和颜色吗？

答： 可以，在设置边框 CSS 样式时，首先取消 Style、Width 和 Color 属性下方"全部相同"选项的勾选状态，即可分别对四边的边框设置不同的属性值，从而实现四边不同的边框效果。

6.3.6　列表样式选项

通过 CSS 样式对列表进行设置，可以设置出非常丰富的列表效果。在"CSS 规则定义"对话框左侧选择"列表"选项，在右侧的选项区中可以对列表样式进行设置。

● **List-style-type**

该属性用于设置列表的类型，可以选择 disc（圆点）、circle（圆圈）、square（方块）、decimal（数字）、lower-roman（小写罗马数字）、upper-roman（大写罗马数字）、lower-alpha（小写字母）、upper-alpha（大

写字母）和 none（无）9 个选项。

● **List-style-image**

该属性用于设置项目符号图像，在该下拉列表中可以选择图像作为项目的引导符号，单击"浏览"按钮，在"选择图像源文件"对话框中选择图像文件即可。

● **List-style-Position**

该属性用于设置列表图像位置，决定列表项目缩进的程度。选择 outside（外），则列表贴近左侧边框；选择 inside（内），则列表缩进，该项设置效果不明显。

实战 55+ 视频：设置网页列表样式

网页列表样式是网页中常用的样式，在新闻等信息发布版块会经常用到，通过网页列表样式调整的网页会显得更加美观。

🏠 源文件：源文件 \ 第 6 章 \6-3-6.html

🔊 操作视频：视频 \ 第 6 章 \6-3-6. swf

01 ▶ 执行"文件 > 打开"命令，打开页面"素材 \ 第 6 章 \6-3-6.html"。

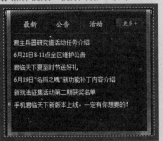

02 ▶ 光标移至名为 news 的 Div 中，将多余文字删除，输入文字按 Enter 键插入段落，输入其他的段落文本。

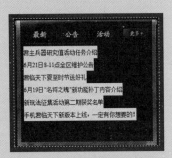

03 ▶ 拖动鼠标选中刚输入的段落文本。

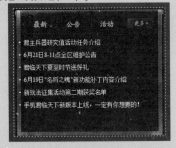

04 ▶ 单击"属性"面板上的"项目列表"按钮，创建项目列表。

05 ▶ 单击"CSS 样式"面板上的"新建 CSS 规则"按钮 ⭐，弹出"新建 CSS 规则"对话框，对相关选项进行设置。

06 ▶ 单击"确定"按钮，弹出"CSS 规则定义"对话框，选择"列表"选项，对相关选项进行设置。

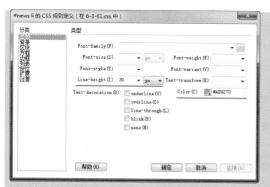

07 ▶ 在左侧的"分类"列表中选择"类型"选项，对相关选项进行设置。

08 ▶ 在左侧的"分类"列表中选择"方框"选项，对相关选项进行设置。

09 ▶ 在左侧的"分类"列表中选择"边框"选项，对相关选项进行设置。

10 ▶ 单击"确定"按钮，完成 CSS 样式的设置，可以看到页面的效果。

```
#news li {
    line-height: 30px;
    color: #AD9270;
    list-style-position: inside;
    list-style-image: url(../images/63602.gif);
    padding-left: 10px;
    border-bottom-width: 1px;
    border-bottom-style: dashed;
    border-bottom-color: #AD9270;
}
```

11 ▶ 切换到该页面所链接的外部 CSS 样式表文件中，可以看到自动生成的 CSS 样式代码。

12 ▶ 执行"文件 > 保存"命令，保存页面，在浏览器中预览页面，可看到页面的效果。

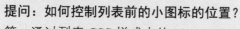

提问：如何控制列表前的小图标的位置？

答：通过列表 CSS 样式中的 List-style-Position 属性设置可以控制列表前的小图标位置。选择 outside（外），则列表贴近左侧边框；选择 inside（内），则列表缩进。除了可以通过该选项进行设置以外，还可以通过 padding 属性来进行设置。

6.3.7 定位样式选项

在"CSS 规则定义"对话框左侧选择"定位"选项，在右侧的选项区中可以对定位样式进行设置。

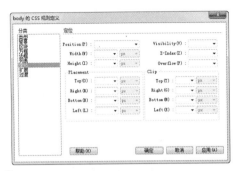

● **Position**

该属性用于设置元素的定位方式，有 absolute（绝对）、fixed（固定）、relative（相对）和 static（静态）4 个选项。

absolute：绝对定位，此时编辑窗口的左上角的顶点为元素定位时的原点。

fixed：直接输入定位的光标位置，当用户滚动页面时，内容将会在此位置保持固定。

relative：相对定位，输入的各选项数值，都是对相对元素原来在网页中的位置进行的设置。这一设置无法在 Dreamweaver 编辑窗口中看到效果。

static：固定位置，元素的位置不移动。

● **Width 和 Height**

用于设置元素的高度和宽度，与"方框"选项中的 Width 和 Height 属性相同。

● **Visibility**

该属性用于设置元素的可见性，下拉列表中包括了 inherit（继承）、visible（可见）和 hidden（隐藏）3 个选项。如果不指定可见性属性，则默认情况下内容将继承父级标签的值。

inherit：主要针对嵌套元素的设置。嵌套元素是插入在其他元素中的子元素，分为嵌套的元素（子元素）和被嵌套的元素（父元素）。选择"继承"，子元素会继承父元素的可见性。父元素可见，子元素也可见；父元素不可见，子元素也不可见。

visible：无论任何情况下，元素都是可见的。

hidden：无论任何情况，元素都是隐藏的。

● **Z-Index**

该属性用于设置元素的先后顺序和覆盖关系。

● **Overflow**

该属性用于设置元素内容溢出的处理方式，有 visible（可见）、hidden（隐藏）、scroll（滚动）和 auto（自动）4 个选项。

● **Placement**

用于设置元素的定位属性，因为元素是矩形的，需要两个点准确描绘元素的位置和形状，第一个是左上角的顶点，用 left（左）和 top（上）进行设置位置，第二个是右下角的顶点，用 bottom（下）和 right（右）进行设置，这 4 项都是以网页左上角点为原点。

● **Clip**

该选项只显示裁切出的区域。裁切出的区域为矩形，只要设置两个点即可。

➡ **实战 56+ 视频：设置网页定位样式**

定位样式主要用于网页中元素的定位，例如在网页中实现元素的叠加效果等，本实例通过定位样式的设置，使页面元素固定显示在距离浏览器下边框 20 像素的位置。

🏠 源文件：源文件 \ 第 6 章 \6-3-7.html

🔊 操作视频：视频 \ 第 6 章 \6-3-7.swf

`01` ▶ 执行"文件 > 打开"命令，打开页面"源文件 \ 第 6 章 \6-3-7.html"。

`02` ▶ 在浏览器中预览该页面，可以看到页面的效果。

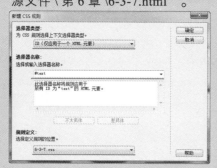

`03` ▶ 返回 Dreamweaver 设计视图中，单击"CSS 样式"面板上的"新建 CSS 规则"按钮 🔳，弹出"新建 CSS 规则"对话框，对相关选项进行设置。

`04` ▶ 单击"确定"按钮，弹出"CSS 规则定义"对话框，选择"定位"选项，对相关选项进行设置。

`05` ▶ 在左侧的"分类"列表中选择"类型"选项，对相关选项进行设置。

`06` ▶ 在左侧的"分类"列表中选择"背景"选项，对相关选项进行设置。

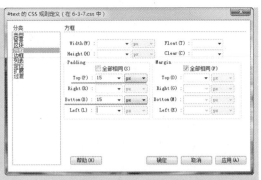

07 ▶ 在左侧的"分类"列表中选择"区块"选项，对相关选项进行设置。

08 ▶ 在左侧的"分类"列表中选择"方框"选项，对相关选项进行设置。

09 ▶ 单击"确定"按钮，完成 CSS 样式的设置，可以看到页面中 ID 名为 text 的 Div 效果。

10 ▶ 将光标移至该 Div 中，并将多余文字删除，输入相应文字。

```
#text {
    position: fixed;
    bottom: 20px;
    font-size: 18px;
    line-height: 40px;
    font-weight: bold;
    padding-top: 15px;
    padding-bottom: 15px;
    text-align: center;
    background-color: #021323;
    width: 100%;
}
```

11 ▶ 切换到该页面所链接的外部 CSS 样式表文件中，可以看到自动生成的 CSS 样式代码。

12 ▶ 执行"文件 > 保存"命令，保存页面，在浏览器中预览页面，可以看到页面的最终效果。

提问：如何设置元素的绝对定位？

答：设置元素的 position 属性为 absolute，即可将元素设置为绝对定位。相对定位是相对于元素在文档流中的初始位置，而绝对定位是相对于最近的并已定位的父元素，如果不存在已定位的父元素，那就相对于最初的包含块。由于绝对定位的框与文档流无关，因此其可以覆盖页面上的其他元素。

6.3.8　扩展样式选项

CSS 样式还可以实现一些扩展功能，在"CSS 规则"对话框的左侧单击"扩展"选项，在右侧选项区中可以看到这些扩展功能，主要包括 3 种效果：分页、鼠标视觉效果和滤镜视觉效果。在"CSS 规则定义"对话框左侧选择"扩展"选项，在右侧的选项区中可以对扩展样式进行设置。

● **Page-break-before**

该属性用于设置在元素之前添加分页符，在该下拉列表中提供了 4 个选项，分别是 auto（自动）、always（总是）、left（左）和 right（右）。

auto：选择该选项后，会在某一个元素的前面放入一个分页符，当页面中没有空间时，就会自动产生分页符。

always：总是在某一元素的前面放入一个分页符，而不管页面中是否有空间。

left：会在一个元素的前面放入一个或两个分页符，直至达到一个空白的左页。

right：达到一个空白的右页。左页与右页只有在文档进行双面打印时才会应用到，实际上就是单页和双页。

● **Page-break-after**

该属性用于设置在元素之后添加分页符，下拉列表中的 4 个选项与 Page-break-before（之前）下拉列表中的 4 个选项意思基本相同，只不过是在元素的后面插入分页符。

● **Cursor**

该属性用于设置光标在网页中的视觉效果，通过样式改变鼠标形状，当鼠标放在被此选项设置修饰过的区域上时，形状会发生改变。具体的形状包括：crosshair（交叉十字）、text（文本选择符号）、

wait（Windows 等待形状）、pointer（手形）、default（默认的鼠标形状）、help（带问号的鼠标）、e-resize（向东的箭头）、ne-resize（指向东北的箭头）、n-resize（向北的箭头）、nw-resize（指向西北的箭头）、w-resize（向西的箭头）、sw-resize（向西南的箭头）、s-resize（向南的箭头）、se-resize（向东南的箭头）和 auto（正常鼠标），可以看到页面显示的效果。

● **Filter**

该属性用于为元素添加滤镜效果。CSS 中自带了许多滤镜，合理应用这些滤镜可以做出其他专业软件（如 Photoshop）所做出的效果。在"滤镜"下拉列表中有多种滤镜可以选择，如 Alpha、Blur 和 Shadow 等。

➡ 实战 57+ 视频：设置网页扩展样式

通过扩展样式的设置，在网页中可以改变光标指针的效果，以及通过 CSS 滤镜的设置实现网页中一些特殊显示效果，接下来通过实战练习介绍如何在网页中应用网页扩展样式。

源文件：源文件 \ 第6章 \6-3-8.html

操作视频：视频 \ 第6章 \6-3-8.swf

01 ▶ 执行"文件 > 打开"命令，打开页面"源文件 \ 第 6 章 \6-3-8.html"。

02 ▶ 单击"CSS 样式"面板上的"新建 CSS 规则"按钮，弹出"新建 CSS 规则"对话框，对相关选项进行设置。

```
.pic01 {
    cursor: help;
    filter: FlipH;
}
```

03 ▶ 单击"确定"按钮，弹出"CSS 规则定义"对话框，选择"扩展"选项，对相关选项进行设置。

04 ▶ 单击"确定"按钮，完成 CSS 样式的设置，切换到该页面所链接的外部 CSS 样式表文件中，可以看到自动生成的 CSS 样式代码。

05 ▶ 选中相应的图像，在"属性"面板上的"类"下拉列表中选择刚定义类 CSS 样式 .pic01 应用。

06 ▶ 保存页面，在浏览器中预览页面，可以发现应用该类 CSS 样式的图像发生了水平翻转，并且当鼠标移至该图像上时，光标发生了变化。

提问

提问：如何设置元素的相对定位？

答：设置元素的 position 属性为 relative，即可将元素设置为相对定位。绝对定位与相对定位的区别在于：绝对定位的坐标原点为上级元素的原点，与上级元素有关；相对定位的坐标原点为本身偏移前的原点，与上级元素无关。

6.3.9 过渡样式选项

过渡样式是 Dreamweaver CS6 新增的功能，通过过渡样式的设置，可以实现 CSS 样式的过渡效果。在“CSS 规则定义”对话框左侧选择“过渡”选项，在右侧的选项区中可以对过渡样式进行设置。

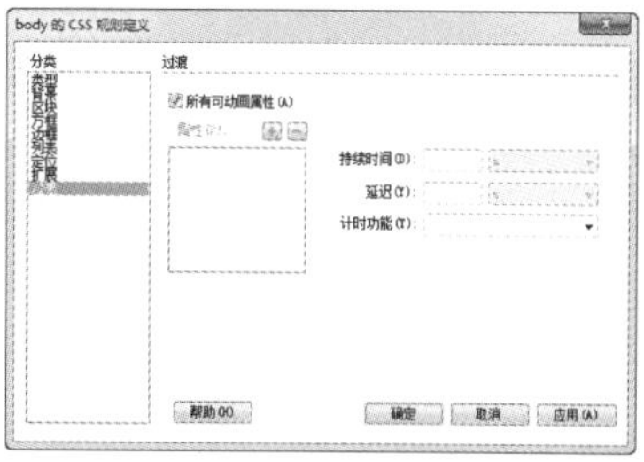

- **所有可动画属性**

选中该复选框，则可以为要过渡的所有 CSS 属性指定相同的“持续时间”、“延迟”和“计时功能”。

- **属性**

取消“所有动画属性”复选框的选中，该选项可用。单击“添加”按钮，在弹出的菜单中选择需要应用过渡效果的 CSS 属性，即可将所选择的属性添加到“属性”列表中，在“属性”列表中选择某一个属性，单击“删除”按钮，即可删除该 CSS 属性的过渡效果。

- **持续时间**

该选项用于设置过渡效果的持续时间，单位为 s（秒）或 ms（毫秒）。

- **延迟时间**

该选项用于设置过渡效果开始之前的延迟时间，单位为 s（秒）或 ms（毫秒）。

- **计时功能**

在该下拉列表中提供了 CSS 过渡效果，可以选择相应的选项，从而添加相应的过渡效果。

6.4 CSS 样式的特殊应用

在 Dreamweaver CS6 中新增了两种 CSS 样式的特殊应用，CSS 类选区和 Web 字体。通过 CSS 类选区可以将多个类 CSS 样式同时应用在网页中的某一个元素上，Web 字体则可以在网页中实现特殊的字体效果。两种实用的 CSS 样式新功能大大增强了 CSS 样式在网页表现方式的作用。

6.4.1 CSS 类选区

CSS 类选区是 Dreamweaver CS6 中新增的功能，其作用是可以将多个类 CSS 样式应用于页面中的同一个元素，操作起来非常方便。

实战 58+ 视频：应用 CSS 类选区

在网页中为某一元素同时应用多个 CSS 样式，可以通过 CSS 类选区来实现，这样就大大增强了操作的便捷性和实用性，接下来通过实战练习的方式介绍如何在网页中应用 CSS 类选区。

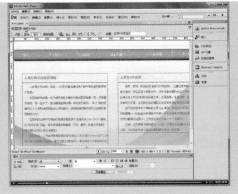

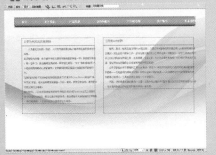

🏠 源文件: 源文件 \ 第 6 章 \6-4-1.html

📡 操作视频: 视频 \ 第 6 章 \6-4-1. swf

```
.font01 {
    color: #C63;
    text-decoration: underline;
}
.font02 {
    color: #3C3;
}
```

01 ▶ 执行"文件 > 打开"命令，打开文件"源文件 \ 第 6 章 \6-4-1.html"。

02 ▶ 切换到该文件所链接的外部 CSS 样式文件 6-4-1.css 中，定义两个类 CSS 样式代码。

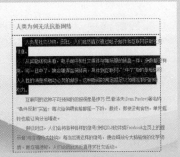

03 ▶ 在网页中选中需要应用类 CSS 样式的文字。

04 ▶ 在"属性"面板上的"类"下拉列表中选择"应用多个类"选项。

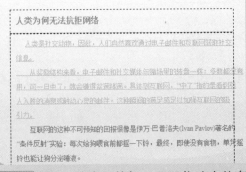

05 ▶ 弹出"多类选区"对话框，选中需要为选中的文字所应用的多个类的 CSS 样式。

06 ▶ 单击"确定"按钮，即可将选中的多个类的 CSS 样式应用于所选中的文字。

在"多类选区"对话框中将显示当前页面的 CSS 样式中所有的类 CSS 样式，而 ID 样式、标签样式、复合样式等其他的 CSS 样式并不会显示在该对话框的列表中，从列表中选择需要为选中元素应用的多个类 CSS 样式即可。

font01 样式表中的 text-decoration 属性与 font02 样式表并没有发生冲突，在 font01 样式表中定义文字有下划线，而在 font02 样式表中并没有定义，当它们应用于同一文本时，将显示这两种规则的所有属性，但 font01 样式表中的 color 属性与 font02 样式表中的 color 属性重复，这两种样式表定义的 color 属性发生了冲突，当它们同时应用于一文本时，将显示最里面 CSS 规则定义的 color 属性。

07 ▶切换到代码视图中，可看到为刚选中的文字应用多个类的 CSS 样式的代码效果。

08 ▶执行"文件 > 保存"命令，保存页面，在浏览器中预览页面。

提问：在"多类选区"对话框中显示的是页面中所有的 CSS 样式吗？

答：不是，在"多类选区"对话框中将显示当前页面的 CSS 样式中所有的类 CSS 样式，而 ID 样式、标签样式、复合样式等其他的 CSS 样式并不会显示在该对话框的列表中，从列表中选择需要为选中元素应用的多个类 CSS 样式即可。

6.4.2 Web 字体

Web 字体是在 Dreamweaver CS6 中新增的 Web 字体功能，通过 Web 字体可以加载特殊的字体，从而在网页中实现特殊的文字效果。以前在网页中想要使用特殊的字体实现特殊的文字效果，只能是通过图片的方式来实现，非常麻烦也不利于修改。

➡ 实战 59+ 视频：在网页中实现特殊字体

在 Dreamweaver CS6 中可以通过 Web 字体的功能在网页中应用一些特殊的字体效果，通过特殊字体效果的应用，可以丰富页面的表现效果，接下来通过实战练习介绍如何使用 Web 字体功能在网页中实现特殊的字体效果。

源文件：源文件 \ 第6章 \6-4-2.html

操作视频：视频 \ 第6章 \6-4-2. swf

01 ▶执行"文件 > 打开"命令，打开页面"源文件 \ 第 6 章 \6-4-2.html"。

02 ▶执行"修改 >Web 字体"命令，弹出"Web 字体管理器"对话框，单击"添加字体"按钮，弹出"添加 Web 字体"对话框。

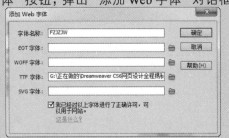

03 ▶单击"TTF 字体"选项后的"浏览"按钮，弹出"打开"对话框，选择需要添加的字体。

04 ▶单击"打开"按钮，添加该字体，选中相应的复选框。

 提示　在"添加 Web 字体"对话框中，可以添加 4 种格式的字体文件，分别单击各字体格式选项后的"浏览"按钮，即可添加相应格式的字体。

05 ▶单击"确定"按钮，将所选择的字体添加到"Web 字体管理器"对话框中。单击"完成"按钮，即可完成 Web 字体的添加。

06 ▶打开"CSS 样式"面板，单击"新建 CSS 规则"按钮，弹出"新建 CSS 规则"对话框，对相关选项进行设置。

07 ▶ 单击"确定"按钮，弹出"CSS 规则定义"对话框，在 font-family 下拉列表中选择刚定义的 Web 字体。

08 ▶ 在"CSS 规则定义"对话框中对其他选项进行设置。

```
<style type="text/css">
@import url("../webfonts/FZJZJW/stylesheet.css");
.font01 {
    font-family: FZJZJW;
    font-size: 30px;
    line-height: 40px;
    color: #0CC;
}
</style>
```

09 ▶ 单击"确定"按钮，完成 CSS 样式的设置，切换到代码视图中，可以在页面头部看到所创建的 CSS 样式代码。

10 ▶ 返回设计视图，选中相应的文字，在"属性"面板上的"类"下拉列表中选择刚定义的名为 font01 的类 CSS 样式应用。

11 ▶ 在 CSS 样式定义了定义字体为所添加的 Web 字体，则会在当前站点的根目标中自动创建名为 webfonts 的文件夹，并在该文件夹中创建以 Web 字体名称命名的文件夹。

12 ▶ 在该文件夹中自动创建了所添加的 Web 字体文件和 CSS 样式表文件。

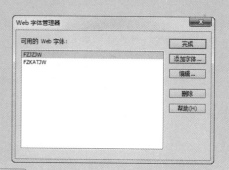

13 ▶ 保存页面，在 Chrome 浏览器中预览页面，可以看到使用 Web 字体的效果。

14 ▶ 使用相同的方法，在"Web 字体管理器"中添加另一种 Web 字体。

```
<style type="text/css">
@import url("../webfonts/FZJZJW/stylesheet.css");
@import url("../webfonts/FZKATJW/stylesheet.css");
.font01 {
    font-family: FZJZJW;
    font-size: 30px;
    line-height: 40px;
    color: #0CC;
}

.font02 {
    font-family: FZKATJW;
    font-size: 24px;
    line-height: 25px;
    color: #900;
}

</style>
```

15 ▶ 创建相应的类 CSS 样式，并为页面中相应的文字应用该类 CSS 样式。

16 ▶ 在 Chrome 浏览器中预览页面，可以看到使用 Web 字体的效果。

提示 目前，IE 9 及以下版本的浏览器对 Web 字体还不提供支持，此处使用 Chrome 浏览器预览页面，就可以看到使用 Web 字体在网页中所实现的特殊字体效果。

提问：在制作网页的过程中，可以任意使用 Web 字体吗？
答：目前，对于 Web 字体的应用很多浏览器的支持方式并不完全相同，例如 IE 9 就并不支持 Web 字体，所以目前在网页中还是要尽量少用 Web 字体，如果在网页中使用的 Web 字体过多，会导致网页下载时间过长。

6.5 CSS 3 实用属性

CSS 3 目前还处于草案阶段，还没有正式发布，并且目前各大浏览器对于 CSS 3 新增的属性支持不一，但是其新增的属性，能够在网页中实现许多以前无法实现的效果。在 CSS 3 中新增了大量的属性，例如圆角边框、文字阴影和背景透明度等，通过新添加的属性，使得网页的显示效果更加丰富绚丽。

6.5.1 border-radius 属性

在 CSS 3 之前要想在网页中实现圆角边框的效果，通常都得使用图像来实现，而在 CSS 3 中新增了圆角边框的定义属性 border-radius。通过该属性，可以很容易地在网页中实现圆角边框效果。

➡ 实战 60+ 视频：在网页中实现圆角边框

圆角边框在网页中非常常见，通过 CSS 3 中新增的 border-radius 属性，可以很方便地在网页中实现圆角边框的效果，通过该属性实现的圆角边框避免了使用图像，可以使网页的下载速度更快。

源文件：源文件 \ 第6章 \6-5-1.html   操作视频：视频 \ 第6章 \6-5-1.swf

```
#box {
    width: 480px;
    height: 280px;
    background-color: #FFF;
    margin: 50px auto 0px auto;
    padding: 20px 0px 0px 20px;
}
#title {
    font-size: 14px;
    font-weight: bold;
    width: 440px;
    height: 30px;
    background-color: #CFF;
    padding: 5px 0px 0px 20px;
    border: #0C9 1px solid;
}
```

01 ▶ 执行"文件 > 打开"命令，打开文件"源文件 \ 第 6 章 \6-5-1.html"。

02 ▶ 切换到所链接的外部 CSS 样式表文件 6-5-1.css 中，找到名为 #box 和名为 #title 的 CSS 样式。

```
#box {
    width: 480px;
    height: 280px;
    background-color: #FFF;
    margin: 50px auto 0px auto;
    padding: 20px 0px 0px 20px;
    border-radius: 12px;
}
#title {
    font-size: 14px;
    font-weight: bold;
    width: 440px;
    height: 30px;
    background-color: #CFF;
    padding: 5px 0px 0px 20px;
    border: #0C9 1px solid;
    border-radius: 12px;
}
```

03 ▶ 在这两个 CSS 样式代码中添加圆角边框的 CSS 样式设置。

04 ▶ 执行"文件 > 保存"命令，在浏览器中预览页面，可看到所实现的圆角边框效果。

 提　示　　在设置 border-radius 属性时，如果只设置 1 个值，则表示四个角的值相同，均为该值，则可以实现一个圆角矩形的效果。

```
#title {
    font-size: 14px;
    font-weight: bold;
    width: 440px;
    height: 30px;
    background-color: #CFF;
    padding: 5px 0px 0px 20px;
    border: #0C9 1px solid;
    border-radius: 12px 0px 12px 0px;
}
```

05 ▶ 返回到外部 CSS 样式表文件中，修改名为 #title 的 CSS 样式中圆角边框的 CSS 样式定义。

06 ▶ 执行"文件 > 保存"命令，在浏览器中预览页面，可以看到所实现的圆角边框效果。

提　问　　**提问：如果为 border-radius 属性设置 4 个属性值，分别表示什么？**

答：如果为 border-radius 属性设置 4 个属性值，第一个值是水平半径值。

如果第二个值省略，则它等于第一个值，这时这个角就是一个四分之一圆角。

如果任意一个值为 0，则这个角是矩形，不会是圆的。所设置的角不允许为负值。

6.5.2　box-shadow 属性

在 CSS 3 中新增了 box-shadow 属性,通过该属性可以轻松实现网页中元素的阴影效果,并且可以控制阴影的颜色、大小和位置等。

➡ 实战 61+ 视频:为网页元素添加阴影效果

在网页中为元素添加阴影的效果,可以使网页效果更加具有立体感,并突出相应的页面内容,接下来通过实战练习介绍如何为网页元素添加阴影效果。

🏠 源文件:源文件 \ 第 6 章 \6-5-2.html

🔊 操作视频:视频 \ 第 6 章 \6-5-2.swf

01 ▶ 执行"文件 > 打开"命令,打开文件"源文件 \ 第 6 章 \6-5-2.html"。

```
#main {
    width: 400px;
    height: 450px;
    background-color: #83B5E5;
    border-radius: 15px;
}
```

02 ▶ 切换到该文件所链接的外部 CSS 样式文件中,可以看到名为 #main 的 CSS 样式设置。

```
#main {
    width: 400px;
    height: 450px;
    background-color: rgba(131,181,229,0.5);
    border-radius: 15px;
}
```

03 ▶ 将该 CSS 样式中的背景颜色属性的设置修改为 CSS 3 新增的 RGBA 的颜色设置。

04 ▶ 保存外部 CSS 样式文件,在浏览器中预览页面。

提示　在 CSS 3 中新增了 RGBA 的颜色表现方法,RGBA 是在 RGB 的基础上多了控制 Alpha 透明度的参数。R、G、B 三个数,正整数值的取值范围为 0 ~ 255,百分比数值的取值范围为 0% ~ 100%,超出范围的数值将被截取其最接近的取值极限。注意,并不是所有的浏览器都支持使用百分比数值。A 参数的取值范围在 0 ~ 1,不可以为负值。

```
#main {
    width: 400px;
    height: 450px;
    background-color: rgba(131,181,229,0.5);
    border-radius: 15px;
    box-shadow: 10px 10px 10px #666666;
}
```

05 ▶ 返回到外部的 CSS 样式文件中，在名为 #main 的 CSS 样式中添加阴影的设置代码。

06 ▶ 保存外部 CSS 样式文件，在浏览器中预览页面。

提示 因为 CSS 3 还并没有正式发布，所以不同核心的浏览器对于 CSS 3 新增的一些属性的支持也并不相同。所以在设置 CSS 3 的相关属性时，针对不同核心的浏览器其写法也不相同，如果是针对 IE 浏览器，则可以直接写属性名；针对 Chrome 浏览器，需要在属性名称前加上 -webkit-；针对 Firefox 浏览器，则需要在属性名称前添加 -moz-。

提问 提问：如果不通过 CSS 3 新增的 box-shadow 属性，如何实现网页元素的阴影效果？

答：目前 CSS 3 还没有正式发布，各浏览器对 CSS 3 的支持也不相同，如果不使用 CSS 3 新增的 box-shadow 属性，要实现网页元素的阴影效果，可以通过 CSS 中的 shadow 或 Dropshadow 滤镜来实现。

6.5.3 Opacity 属性

通过设置 opacity 属性可以设置某一元素的不透明度，opacity 的取值为 1 的元素完全不透明，反之取值为 0 则完全透明，0～1 的任何值都可表示该元素的透明度。

➡ 实战 62+ 视频：实现网页元素半透明效果

在很多设计软件中都可以对图像等元素进行透明设置，Dreamweaver 也不例外，通过对 CSS 3 中新增的 opacity 属性进行相应的设置就可以实现透明的效果。下面通过实战练习介绍如何实现网页元素半透明效果。

🏠 源文件：源文件 \ 第 6 章 \6-5-3.html

📶 操作视频：视频 \ 第 6 章 \6-5-3.swf

`01` ▶ 执行"文件 > 打开"命令，打开文件"源文件 \ 第 6 章 \6-5-3.html"。

```
#main {
    width: 400px;
    height: 450px;
    background-color: #FFF;
    border-radius: 15px;
}
```

`02` ▶ 在浏览器中预览页面，可以看到页面的效果。

`03` ▶ 切换到该文件所链接的外部 CSS 样式文件中，在名为 #main 的 CSS 样式中添加圆角边框的 CSS 样式设置。

```
#main {
    width: 400px;
    height: 450px;
    background-color: #FFF;
    border-radius: 15px;
    opacity: 0.5;
}
```

`04` ▶ 保存外部 CSS 样式文件，在浏览器中预览页面，可以看到实现的圆角效果。

`05` ▶ 返回到外部的 CSS 样式文件中，在名为 #main 的 CSS 样式中添加半透明的设置代码。

`06` ▶ 保存外部 CSS 样式文件，在浏览器中预览页面。

提问：如果不使用 opacity 属性，如何实现元素的透明效果？

答：除了可以使用 CSS 3 中新增的 opacity 属性实现元素的半透明效果外，还可以通过 CSS 样式中的 alpha 滤镜来实现。

6.5.4　column 属性

在 CSS 3 中新增了 column 属性，通过该属性可以轻松实现多列布局。Column 属性包含 4 个子属性，分别是 column-width、column-count、column-gap 和 column-rule。

Column-width 属性可以定义多列布局中每一列的宽度，可以单独使用，也可以和其他多列布局属性组合使用。使用 column-count 属性可以设置多列布局的列数，而不需要通过列宽度自动调整列数。在多列布局中，可以通过 column-gap 属性设置列与列之间的间距，从而可以更好地控制多列布局中的内容和版式。通过 column-rule 属性可以定义列边框的颜色、样式和宽度等。

➡️ 实战 63+ 视频：在网页中实现文本分栏显示

在 CSS 3 出现之前，网页要想实现文本分栏必须建立多个 Div 并定义相应的样式，而现在通过 CSS 3 新增的 column 属性就可以实现文本分栏显示的效果。下面将通过实战练习介绍如何在网页中实现文本分栏显示。

🏠 源文件：源文件 \ 第 6 章 \6-5-4.html

📡 操作视频：视频 \ 第 6 章 \6-5-4.swf

01 ▶ 执行"文件 > 打开"命令，打开文件"源文件 \ 第 6 章 \6-5-4.html"。

02 ▶ 在 Chrome 浏览器中预览该页面，可以看到页面的效果。

```
#text {
    width: 720px;
    height: auto;
    padding: 10px 20px 0px 20px;
    -webkit-column-count: 3;
}
```

03 ▶ 切换到该文件所链接的外部 CSS 样式文件中，找到名为 #text 的 CSS 样式设置，添加列数设置的 CSS 样式代码。

04 ▶ 保存外部 CSS 样式文件，在 Chrome 浏览器中预览页面，可以看到名为 text 的 Div 被分成了 3 列布局。

> **提示**
>
> 目前，IE 9 及以下版本的浏览器并不支持 CSS 3 中的 column 属性，但在 Chrome 和 Firefox 浏览器中可以支持 column 属性，在本实例中使用 Chrome 浏览器预览页面，在定义 column 属性时，需要将属性名写为 -webkit-column 形式，针对 Chrome 浏览器。

```css
#text {
    width: 720px;
    height: auto;
    padding: 10px 20px 0px 20px;
    -webkit-column-count: 3;
    -webkit-column-gap: 40px;
}
```

05 ▶ 返回到外部的 CSS 样式文件中，在名为 #text 的 CSS 样式中添加列间距的设置代码。

06 ▶ 保存外部 CSS 样式文件，在 Chrome 浏览器中预览页面。

```css
#text {
    width: 720px;
    height: auto;
    padding: 10px 20px 0px 20px;
    -webkit-column-count: 3;
    -webkit-column-gap: 40px;
    -webkit-column-rule: dashed 1px #099;
}
```

07 ▶ 返回到外部的 CSS 样式文件中，在名为 #text 的 CSS 样式中添加列边框的设置代码。

08 ▶ 保存外部 CSS 样式文件，在 Chrome 浏览器中预览页面。

> **提问**
>
> 提问：为什么在 IE 中预览不出分栏的效果？
>
> 答：目前，各版本的浏览器对 CSS 3 新增属性的支持情况并不相同，IE 8 及以下版本浏览器对 CSS 3 的新增属性并不支持，IE 9 对大部分 CSS 3 新增属性提供支持，但部分 CSS 3 的新增属性还不支持，如 column 属性，Chrome 和 Firefox 浏览器对 CSS 3 新增属性的支持情况比较好。

6.6 本章小结

通过 CSS 样式的应用，网页界面的表现效果越来越多样化，越来越精美，可以使网页达到更美观又方便制作修改的目的。本章重点介绍了网页设计制作中 CSS 样式的使用方法，它在网页制作方面是一项非常重要的技术，现在已经得到了非常广泛的使用，读者需要熟练掌握 CSS 样式的设置与使用方法。

第 7 章 制作表单网页

有时候浏览者在浏览网页的时候需要浏览者注册会员，填写用户资料和提交用户资料的过程就需要用到表单。开发表单分为两个部分：一部分是表单的前端；另一部分为表单的后端。表单的前端主要是制作网页上所需要的表单项目，后端主要是编写处理这些表单信息的程序。本章主要介绍如何使用 Dreamweaver 中的各种表单选项制作网页中的表单。

7.1 常用表单元素

表单是 Internet 用户同服务器进行信息交互的最重要的控件，它从 Web 用户那里收集信息，不仅可以收集用户访问的浏览路径，还可以收集用户填写的个人资料。一般的表单由两个部分组成，一是描述表单元素的 HTML 源代码；二是客服端的脚本，或者服务器端用来处理用户所填写信息的程序。

7.1.1 认识表单元素

在 Dreamweaver CS6 的"插入"面板上有一个"表单"选项卡，切换到"表单"选项卡，可以看到在网页中插入的表单元素按钮。

| 常用 | 布局 | 表单 | 数据 | Spry | jQuery Mobile | InContext Editing | 文本 | 收藏夹 |

- ● "表单"按钮

  在网页中插入一个表单域。所有表单元素想要实现的作用，就必须存在于表单域中。

- ● "文本字段"按钮

  在表单域中插入一个可以输入一行文本的文本域。文本域可以接受任何类型的文本、字母和数字内容，可以单行或多行显示，也可以以密码域的方式显示。而以密码域方式显示的时候，在文本域中输入的文本都会以星号或项目符号的方式显示，这样可以避免别的用户看到这些文本信息。

- ● "隐藏域"按钮

  在表单中插入一个隐藏域。可以存储用户输入的信息，如姓名、电子邮件地址或常用的查看方式，在用户下次访问该网站的时候使用这些数据。

本章知识点

- ☑ 了解网页中的表单元素

- ☑ 掌握各种表单元素的用法

- ☑ 掌握特殊表单元素的使用

- ☑ 制作不同类型的表单页面

- ☑ 掌握 Spry 验证表单的方法

● "文本区域"按钮

在表单域中插入一个可输入多行文本的文本域。其实就是一个属性为多行的文本域。

● "复选框"按钮

在表单域中插入一个复选框。复选框允许在一组选项框中选择多个选项，也就是说用户可以选择任意多个适用的选项。

● "复选框组"按钮

在表单域中插入一组复选框，复选框组能够一起添加多个复选框。在复选框组对话框中，可以添加或删除复选框的数量，在"标签"和"值"列表框中可以输入需要更改的内容。顾名思义，复选框组其实就是直接插入多个（两个或两个以上）复选框。

● "单选按钮"按钮

在表单域中插入一个单选按钮。单选按钮代表相互排斥的选择，在某一个单选按钮组（由两个或多个共享同一名称的按钮组成）中选择一个按钮，就会取消选择该组中的其他按钮。

● "单选按钮组"按钮

在表单域中插入一组单选按钮，也就是直接插入多个（两个或两个以上）单选按钮。

● "列表／菜单"按钮

在表单域中插入一个列表或一个菜单。"列表"选项在一个列表框中显示选项值，浏览者可以从该列表框中选择多个选项。"菜单"选项则是在一个菜单中显示选项值，浏览者只能从中选择单个选项。

● "跳转菜单"按钮

在表单中插入一个可以进行跳转的菜单。跳转菜单中可导航的列表或弹出菜单，它使用户可以插入一种菜单，这种菜单中的每个选项都拥有链接的属性，单击即可跳转至其他网页或文件。

● "图像域"按钮

在表单域中插入一个可放置图像的区域。放置的图像用于生成图形化的按钮，例如"提交"或"重置"按钮。

● "文件域"按钮

在表单中插入一个文本字段和一个"浏览"按钮。浏览者可以使用文件域浏览本地计算机上的某个文件并将该文件作为表单数据上传。

● "按钮"按钮

在表单域中插入一个按钮，单击它可以执行某一脚本或程序，例如"提交"或"重置"按钮，并且用户还可以自定义按钮的名称和标签。

● "标签"按钮

单击该按钮，即可在表单中插入一个标签。

● "字段集"按钮

单击该按钮，弹出"字段集"属性对话框，进行相应的设置即可在表单中插入一个字段集。

● "Spry 验证文本域"按钮

在表单中插入一个具有验证功能的文本域，该文本域用于用户输入文本时显示文本的状态（有效或无效）。例如在用户输入电子邮件地址时没有输入"@"符号和"."句点，这时该 Spry 构件会提示输入的信息无效。

● "Spry 验证文本区域"按钮

Spry 验证文本区域构件是一个文本区域，该区域在用户输入几个文字句子时显示文本的状态（有效或无效）。如果该文本域是个必填域，而用户没有输入任何文本，这时该 Spry 构件会提示必须输入值。

● "Spry 验证复选框"按钮☑

Spry 验证复选框构件是 HTML 表单中的一个或一组复选框，该复选框在用户选择或没有选择复选框时会显示构件的状态（有效或无效）。例如向表单中添加 Spry 验证复选框构件，该表单可能要求用户进行 3 项选择，而用户的操作没有符合要求，这时该 Spry 构件会提示不符合最小选择数要求。

● "Spry 验证选择"按钮▣

Spry 验证选择构件是一个下拉菜单，该菜单在用户进行选择时会显示构件的状态（有效或无效）。例如可以插入一个包含状态列表的 Spry 验证选择构件，这些状态按不同的部分组合并用水平线分隔，如果用户选择了某条分隔线而不是某个状态，这时该 Spry 构件会提示选择无效。

● "Spry 验证密码"按钮▣

Spry 验证密码构件是一个密码文本域。可以用于强制执行密码规则，例如字符的数目和类型，该 Spry 构件根据用户的输入提示警告或错误信息。

● "Spry 验证确认"按钮▣

Spry 验证确认构件是一个文本域或密码域，当用户输入的值与同一表单中类似域的值不匹配的时候，该 Spry 构件将显示有效和无效的状态。例如可以向表单中添加一个 Spry 验证确认构件，要求用户重新输入在一个域中指定的密码，如果用户并没有完全相同地输入之前指定的密码，构件将返回错误信息，提示两个值不匹配。

● "Spry 验证单选按钮组"按钮▣

Spry 验证单选按钮组构件是一组单选按钮，可以支持对所选内容进行验证，该 Spry 构件可强制从组中选择一个单选按钮。

7.1.2　表单域

表单是由一个表单域和若干个表单元素组成的，表单域是表单中必不可少的一项元素，所有的表单元素都要放在表单域中才会有效，插入表单域后，在"状态"栏的"标签选择器"中选中 <form#form1> 标签，即可将表单域选中，可以在"属性"面板上对表单域的属性进行设置。

● 表单 ID

用来设置表单的名称。为了正确地处理表单，一定要给表单设置一个名称。

● 动作

用来设置处理这个表单的服务器端脚本的路径。如果希望该表单通过 E-mail 方式发送，而不被服务器端脚本处理，需要在"动作"后填入 mailto: 和希望发送到的 E-mail 地址。例如在"动作"文本框中输入 mailto:XXX@163.com，表示把表单中的内容发送到这样的电子邮箱中。

● 目标

"目标"下拉列表用来设置表单被处理后，反馈网页打开的方式，有 5 个选项，分别是："_blank"、"_new"、"_parent"、"_self"和"_top"，反馈网站默认的打开方式是在原窗口中打开。

_blank：选择该选项，则反馈网页将在新窗口中打开。

_new：选择该选项，与 _blank 类似，反馈网页将在新窗口打开。

　　_parent：选择该选项，则反馈的网页将在父窗口中打开。

　　_self：选择该选项，则反馈的网页将在原窗口中打开。

　　_top：选择该选项，则反馈的网页将在顶层窗口中打开。

● 类

　　在该下拉列表中可以选择已经定义好的 CSS 样式应用。

● 方法

　　该选项是用来设置将表单的数据发送到服务器的方法，其中包括 3 个选项，分别是"默认"、POST 和 GET，如果选择"默认"和 GET，则将以

GET 方式发送表单数据，把表单数据附加到请求 URL 中发送。如果选择 POST，则将以 POST 方法发送表单数据，把表单数据嵌套到 HTTP 请求中发送。

● 编码类型

　　用来设置发送数据的编码类型，有两个选项，分别是 application/x-www-form-urlencoded 和 multipart/form-data，默认的编码类型是 application/x-www-form-urlencoded。application/x-www-form-urlencoded 通常与 POST 方法协同使用，如果表单中包含文件上传域，则应该选择 multipart/form-data。

 一般情况下应该选择 POST，因为 GET 方法有很多限制，如果使用 GET 方法，URL 的长度将限制在 8,192 个字符以内，一旦发送的数据量太大，数据将被截断，从而导致意外的或失败的处理结果。而且发送机密如用户名、密码、信用卡或其他机密信息时，用 GET 方法发送信息很不安全。

➡ 实战 64+ 视频：插入表单域

　　前面已经对表单域的相关选项进行了讲解，相信读者对表单域已经有了一定的了解，接下来通过实战练习介绍如何在网页中插入表单域，插入表单域是制作表单页面的第一步。

源文件：源文件 \ 第 7 章 \7-1-2.html

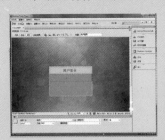

操作视频：视频 \ 第 7 章 \7-1-2.swf

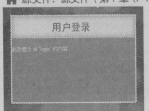

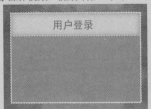

01 ▶ 执行"文件＞打开"命令，打开页面"源文件 \ 第 7 章 \7-1-2.html"。

02 ▶ 将光标移至名为 table 的 Div 中，删除多余文字。

03 ▶ 单击"插入"面板上"表单"选项卡中的"表单"按钮。

04 ▶ 即可在鼠标所在位置插入显示为红色虚线的表单域。

```
<div id="login">
  <form id="form1" name="form1" method="post" action="">
  </form>
</div>
```

05 ▶ 切换到代码视图，可以看到红色虚线的表单域代码。

06 ▶ 执行"文件 > 保存"命令，保存该页面，在浏览器中预览页面，表单域在浏览器中浏览时是不显示的。

 提示　如果插入表单域后，在 Dreamweaver 设计视图中并没有显示红色的虚线框，只要执行"查看 > 可视化助理 > 不可见元素"命令，即可在 Dreamweaver 设计视图中看到红色虚线的表单域。红色虚线的表单域在浏览器中浏览时是看不到的。

 提问：没有插入表单域的表单元素在页面中会起作用吗？

答：不会。页面中所有的表单元素都必须定义在表单域中，只有在表单域中的表单元素才能发挥作用，制作表单页面第一步要做的就是插入表单域。

7.1.3　文本字段

在文本域中，可以输入任何类型的文本、数字或字母。输入的内容可以单行显示，也可以多行显示，还可以将密码以星号或圆点的形式显示。选中在页面中插入的文本字段，在"属性"面板中可以对文本域的属性进行相应的设置。

● **文本域**

在"文本域"文本框中可以为该文本 | 域指定一个名称。每个文本域都必须有一个唯一的名称，所选名称必须在表单内唯

一标示该文本域。

● **字符宽度**

该选项是用来设置文本域中最多可显示的字符数。

● **类型**

该选项用来设置文本域的类型，其中包括"单行"、"多行"和"密码"3种类型。

● **类**

在该下拉列表中可以为文本字段指定

相应的 CSS 样式。

● **最多字符数**

该选项用来设置文本域中最多可输入的字数，如果此项是空白，就代表可以任意输入数量的文本。

● **初始值**

在该文本框中可以输入提示性的文本，帮助浏览者填写该框中的资料。当浏览者输入资料时初始文本将被输入的内容代替。

➡ 实战 65+ 视频：插入文本字段

在创建完表单域后，就可以在表单域内插入相应的表单元素，文本字段是网页中最基本、最常见的表单元素，也是信息交互最重要的控件，接下来通过实战练习介绍如何在网页中插入文本字段。

🏠 源文件：源文件 \ 第 7 章 \7-1-3. html

📡 操作视频：视频 \ 第 7 章 \7-1-3. swf

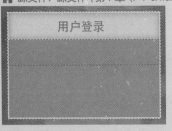

`01 ▶` 执行"文件 > 打开"命令，打开页面"源文件 \ 第 7 章 \7-1-2.html"，执行"文件 > 另存为"命令，将页面另存为"源文件 \ 第 7 章 \7-1-3.html"。

`02 ▶` 将光标移至表单域中，单击"插入"面板上的"表单"选项卡中的"文本字段"按钮。

`03 ▶` 弹出"输入标签功能属性"对话框，在该对话框中对相关选项进行设置。

`04 ▶` 设置完成后，单击"确定"按钮，即可在光标所在的位置插入文本字段。

```
#name{
    width: 150px;
    height: 22px;
    margin-left: 5px;
    margin-top: 4px;
    border: #bbbbbb 1px solid;
    }
```

05 ▶ 切换到该页面所链接的外部 CSS 样式表文件 7-1-2.css 中，创建名为 #name 的 CSS 样式。

07 ▶ 将光标移至文本字段后，按快捷键 Shift+Enter 换行，单击"插入"面板上的"文本字段"按钮，弹出"输入标签辅助功能属性"对话框，对相关选项进行设置。

```
#password{
    width: 150px;
    height: 22px;
    margin-left: 5px;
    margin-top: 4px;
    border: #bbbbbb 1px solid;
    }
```

09 ▶ 切换到该页面所链接的外部 CSS 样式表文件 7-1-2.css 中，创建名为 #password 的 CSS 样式。

11 ▶ 选中刚插入的文本字段，在"属性"面板上的"类型"选项区中选中"密码"单选按钮。

06 ▶ 返回 7-1-3.html 页面中，可以看到应用 CSS 样式后的文本字段效果。

08 ▶ 单击"确定"按钮，即可在页面中相应的位置插入另一个文本字段。

10 ▶ 返回 7-1-3.html 中，可以看到应用 CSS 样式后的文本字段效果。

12 ▶ 执行"文件>保存"命令，保存页面，在浏览器中预览页面，可以看到文本字段的效果。

提问：如何设置文本字段的大小？

答：页面中插入的默认文本字段一般不符合页面的整体要求，需要对页面中的文本字段进行调整，可以通过选中页面中的文本字段，在"属性"面板上的"字符宽度宽"文本框中输入相应的值，还可以定义相应的 CSS 样式，一般建议使用 CSS 样式。

7.1.4 图像域

在表单域中插入图像域后，图像域将起到提交表单的作用，提交表单可以直接使用按钮，也可以通过图像域来提交，使用图像域提交表单可以使页面效果更加美观，只需要把图像设置为图像域即可。选中页面中插入的图像域，在"属性"面板上可以对其相关属性进行设置。

● **图像区域**

在该文本框中可以为图像按钮设置一个名称，默认为 imageField。

● **源文件**

该文本框用来显示该图像域所使用的图像地址。

● **对齐**

在该下拉列表中可以设置对象的对齐属性，其中包括"默认值"、"顶端"、"居中"、"底部"、"左对齐"和"右对齐"。

● **替换**

在该文本框中可以输入一些描述性的文本，当图像在浏览器中载入失败，将显示这些文本。

● **编辑图像**

单击该按钮，将启动外部图像编辑软件，对该图像域所使用的图像进行编辑。

➡ 实战 66+ 视频：插入图像域

图像域表单元素与传统的提交表单按钮相比，更具美观性和观赏性，接下来通过实战练习讲解如何在网页中插入图像域。

🏠 源文件：源文件 \ 第 7 章 \7-1-4. html

📶 操作视频：视频 \ 第 7 章 \7-1-4. swf

01 ▶执行"文件 > 打开"命令,打开页面"源文件 \ 第 7 章 \7-1-3.html",执行"文件 > 另存为"命令,将页面另存为"源文件 \ 第 7 章 \7-1-4.html"。

02 ▶将光标移至名为"用户名:"文字前,可以看到光标停留的位置。

03 ▶单击"插入"面板上的"表单"选项卡中的"图像域"按钮,在弹出的"选择图像源文件"对话框中选择相应的图像。

04 ▶单击"确定"按钮,弹出"输入标签辅助功能属性"对话框,对相关选项进行设置。

```
#button{
    float: right;
    margin-top: 25px;
    margin-right:10px;
    }
```

05 ▶设置完成后,单击"确定"按钮,即可在光标所在的位置插入图像域。

06 ▶切换到该页面所链接的外部 CSS 样式表文件 7-1-2.css 中,创建名为 #button 的 CSS 样式。

07 ▶返回到 7-1-4.html 中,可以看到图像域的效果。

08 ▶执行"文件 > 保存"命令,保存页面,并且保存外部的 CSS 样式表文件,在浏览器中预览页面。

提示
　　默认的图像域按钮只具有提交表单的作用，如果想给图像域定义其他的功能，可以通过在图像域标签中添加特殊的代码来实现。

提问
　　提问：图像域与传统的提交表单按钮相比有什么区别？
　　答：图像域与传统的提交表单按钮的功能是一样的，都具有提交表单的功能，但相比传统的提交表单按钮，图像域的样式更加新颖、美观、多样，可以通过相应的图像编辑软件对图像域进行编辑，使其更加符合页面的主题。

7.1.5　选择（列表 / 菜单）

　　列表和菜单具有选择的功能，通过属性的设置，可以为浏览者提供选择项，它最大的优点是节省网页的空间。其中列表提供一个滚动条，它使用户能够浏览许多项，并进行多重选择，下拉菜单默认仅显示一项，该项为活动选项，用户可以单击打开菜单，但只能选择其中的一项。

　　选中在页面中插入的列表 / 菜单，在"属性"面板中可以对属性进行相应的设置。

● **选择**
　　在该文本框中可以为列表或菜单输入一个 ID 名称，并且该名称在页面中必须是唯一的。

● **类型**
　　在该选项区中可以设置插入的列表 / 菜单的类型，默认情况下选择"菜单"选项。

● **列表值**
　　单击该按钮，弹出"列表值"对话框，用户可以进行列表 / 菜单中项目的操作。

● **初始化时选定**
　　当设置了多个列表值时，可以在该列表中选择某一些列表项作为列表 / 菜单初始状态下所选中的选项。

实战 67+ 视频：制作搜索栏

　　搜索栏大家都很熟悉，一般在一些论坛或者软件下载页面都能经常看到，搜索栏可以方便浏览者的选择，它能以最快的速度在最短的时间内找到用户所需要的信息。接下来通过实战练习介绍在网页中插入选择（列表 / 菜单）的方法。

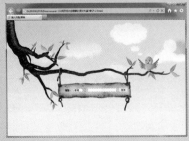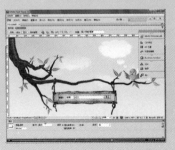

源文件：源文件 \ 第7章 \7-1-5.html　　操作视频：视频 \ 第7章 \7-1-5.swf

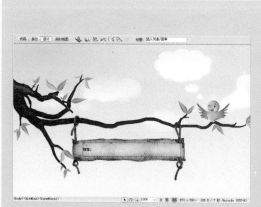

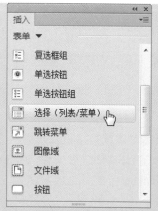

01 ▶ 执行"文件 > 打开"命令，打开页面"源文件 \ 第 7 章 \7-1-5.html"。

02 ▶ 将光标移至"搜索："文字后，单击"插入"面板上的"表单"选项卡中的"选择（列表 / 菜单）"按钮。

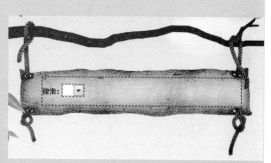

03 ▶ 弹出"输入标签辅助功能属性"对话框，设置 ID 名称为 select01，并对其他相关选项进行设置。

04 ▶ 单击"确定"按钮，即可在页面中插入列表 / 菜单。

05 ▶ 选中刚刚插入的选择（列表 / 菜单），单击"属性"面板上的"列表值"按钮，弹出"列表值"对话框。

06 ▶ 在"列表值"对话框中可以输入相应的项目值。

提示　　在"列表值"对话框中单击"添加项"按钮 ＋，可以向列表中添加一个项目，然后在"项目标签"选项中输入该项目的说明文字，最后在"值"选项中输入传回服务器端的表单数据。单击"删除项"按钮 －，可以从列表中删除一个项目。单击"在列表中上移项"按钮 ▲ 或"在列表中下移项"按钮 ▼ 可以对这些项目进行上移或下移的排序操作。

```
#select01 {
    width: 70px;
    height: 18px;
    line-height: 18px;
    color: #030;
    border: solid 1px #999;
    margin-left: 10px;
}
```

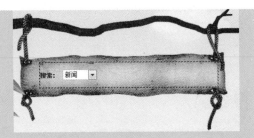

07 ▶单击"确定"按钮，切换到该页面所链接的外部 CSS 样式表文件 7-1-5.css 中，创建名为 #select01 的 CSS 样式。

08 ▶返回到 7-1-5.html 页面中，可以看到选择（列表/菜单）的效果。

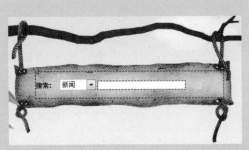

09 ▶光标移至刚插入的选择（列表/菜单）后，单击"插入"面板上的文本字段"按钮，在弹出的对话框中进行设置。

10 ▶单击"确定"按钮，可以在页面中看到所插入的文本字段。

```
#text {
    width: 160px;
    height: 18px;
    line-height: 18px;
    color: #030;
    border: solid 1px #999;
    margin-left: 10px;
}
```

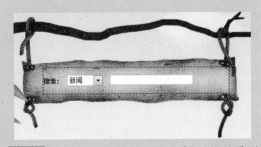

11 ▶切换到该页面的外部 CSS 样式表文件 7-1-5.css 中，创建名为 #text 的 CSS 样式。

12 ▶返回到 7-1-5.html 页面中，可以看到文本字段的效果。

13 ▶光标移至刚插入的文本字段后，单击"插入"面板上的"表单"选项卡中的"按钮"按钮。

14 ▶弹出"输入标签辅助功能属性"对话框，在该对话框中进行设置。

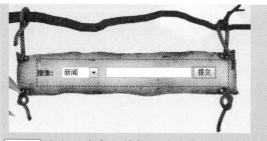

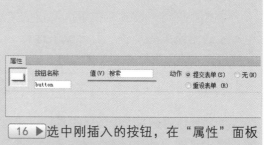

`15 ▶`单击"确定"按钮，在光标所在位置插入按钮。

`16 ▶`选中刚插入的按钮，在"属性"面板上对"值"选项进行设置。

提示 对于表单而言，按钮是非常重要的，它能够控制对表单内容的操作，如"提交"或"重置"。要将表单内容发送到远端服务器上，可以使用"提交"按钮，要清除现有的表单内容，可以使用"重置"按钮。

```
#button {
    width: 50px;
    height: 22px;
    line-height: 22px;
    color: #900;
    background-color: #F4F4F4;
    border: solid 1px #999;
    margin-left: 10px;
}
```

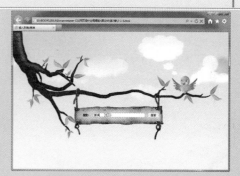

`17 ▶`切换到该页面所链接的外部 CSS 样式表文件 7-1-5.css 中，创建名为 #button 的 CSS 样式。

`18 ▶`完成网站搜索栏的制作，执行"文件 > 保存"命令，保存页面，在浏览器中预览页面。

提问：为什么称该表单元素为"选择（列表／菜单）"呢？

答：因为它有两种可以选择的"类型"，分别为"列表"和"菜单"。"菜单"是浏览者单击时产生展开效果的下拉菜单；而"列表"则显示为一个列有炫目的可滚动列表，使浏览者可以从该列表中选择项目。"列表"也是一种菜单，通常被称为"列表菜单"。

7.1.6 单选按钮与单选按钮组

单选按钮作为一个组使用，提供彼此排斥的选项值，因此用户在单选按钮组内只能选择一个选项，选中在页面中插入的单选按钮，在"属性"面板中可以对单选按钮的属性进行相应的设置。

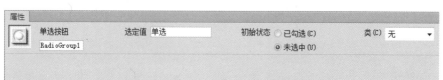

● **单选按钮**
可以通过该文本框为单选按钮指定一

个 ID 名称，并且该名称在页面中必须是唯一的。

● 选定值

该选项是用来设置在该单选按钮被选中时发送给服务器的值。为了便于理解，一般将该值设置与栏目内容含义相近的值。

● 初始状态

"初始状态"中有两个选项，分别为"已勾选"和"未勾选"选项，用来确定在浏览器中载入表单时，单选按钮是否被选中。

➡ 实战 68+ 视频：制作网站投票

单选按钮组在页面中的使用较广，在页面中插入相应的单选按钮组之后，可以通过定义 CSS 样式对单选按钮组表单元素进行调整，使其更加符合页面的整体效果。

🏠 源文件：源文件 \ 第 7 章 \7-1-6.html

🔊 操作视频：视频 \ 第 7 章 \7-1-6.swf

01 ▶ 执行"文件 > 打开"命令，打开页面"源文件 \ 第 7 章 \7-1-6.html"。

02 ▶ 将光标移至文字后，单击"插入"面板上的"表单"选项卡中的"表单"按钮。

03 ▶ 即可在页面文字后插入红色虚线形的表单域。

04 ▶ 将光标移至刚插入的表单域中，单击"插入"面板上的"表单"选项卡中的"单选按钮组"按钮。

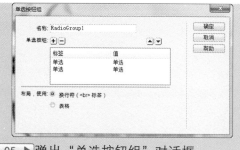

05 ▶ 弹出"单选按钮组"对话框。

06 ▶ 在该对话框中对相关选项进行设置，并且添加相应的单选按钮项。

07 ▶ 单击"确定"按钮，即可在页面中插入一组单选按钮。

08 ▶ 执行"文件 > 保存"命令，保存页面，在浏览器中预览页面。

提 问　**提问：单选按钮 ID 名称的设置规范是什么？**

答：单选按钮的名称必须是唯一的，因为一个栏目中可能会有多个单选按钮，并且在定义单选按钮名称的时候，切记名称中不能包含空格和一些特殊符号。

7.1.7　复选框与复选框组

复选框对每个单独的响应进行"关闭"和"打开"状态切换，用户可以从复选框组中选择多个选项，选中页面中插入的复选框，在"属性"面板中可以对复选框的属性进行相应的设置。

● **复选框名称**

为复选框指定一个名称。一个实际的栏目中会拥有多个复选框，所选名称必须在该表单内是唯一标示，并且名称中不能包含空格或特殊字符。

● **选定值**

该选项是用来设置在该复选框被选中

时系统发送给服务器的值。为了便于理解，一般情况下将该值设置为与栏目内容含义相近的值。

● **初始状态**

用来设置在浏览器中载入复选框表单时，该复选框是处于选中的状态还是未选中的状态。

➡ 实战 69+ 视频：制作网站调查

　　复选框和复选框组表单元素经常被用在一些调查页面中，通过复选框或复选框组的定义可以方便服务器收集用户的信息，下面就通过实战练习介绍如何在网页中插入复选框。

🏠 源文件：源文件 \ 第 7 章 \7-1-7. html

🔊 操作视频：视频 \ 第 7 章 \7-1-7. swf

01 ▶ 执行"文件 > 打开"命令，打开页面"源文件 \ 第 7 章 \7-1-7.html"。

02 ▶ 将光标移至名为 diaocha 的 Div 中，将多余文字删除，输入相应的文字。

03 ▶ 光标移至刚输入的文字后，单击"插入"面板上的"表单"选项卡中的"表单"按钮。

04 ▶ 在光标所在位置插入红色虚线的表单域。

05 ▶ 将光标移至表单域中，单击"插入"面板上的"表单"选项卡中的"复选框"按钮。

06 ▶ 弹出"输入标签辅助功能属性"对话框，对相关选项进行设置。

07 ▶ 单击"确定"按钮，即可在光标所在位置插入复选框。

08 ▶ 将光标移至刚插入的复选框后，输入相应的文字。

```
.checkbox{
    margin-left: 10px;
    vertical-align: middle;
    }
```

09 ▶ 光标移至刚输入的文字后，按快捷键 Shift+Enter，插入换行符，使用相同的方法，制作出其他的复选框选项。

10 ▶ 切换到该页面所链接的外部 CSS 样式表文件 7-1-7.css 中，创建名为 .checkbox 的类 CSS 样式。

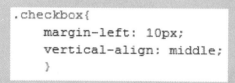

11 ▶ 返回 7-1-7.html 页面中，分别为各复选框应用刚创建的名为 .checkbox 的类 CSS 样式。

12 ▶ 光标移至文字之后，按快捷键 Shift+Enter，插入换行符，单击"插入"面板上的"表单"选项卡中的"图像域"按钮。

13 ▶ 弹出"选择图像源文件"对话框，选择需要作为图像域的图像。

14 ▶ 单击"确定"按钮，弹出"输入标签辅助功能属性"对话框，对相关选项进行设置。

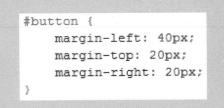

```
#button {
    margin-left: 40px;
    margin-top: 20px;
    margin-right: 20px;
}
```

15 ▶ 单击"确定"按钮，即在光标停留位置插入图像域，使用相同的方法完成相似内容的制作。

16 ▶ 切换到该页面所链接的外部 CSS 样式表文件 7-1-7.css 中，创建名为 #button 的 CSS 样式。

17 ▶ 返回页面的设计视图中，可以看到页面的效果。

18 ▶ 执行"文件 > 保存"命令，保存页面，在浏览器中预览页面，可以看到复选框的效果。

提示　　当需要用户从一组选项中选择多个选项时，可以使用复选框。表单中的复选框如同一个开关，可以决定是否选取该选项。复选框组和复选框的意义差不多，只不过复选框组是由多个复选框构成的组。

提问　　提问：如何给页面中的复选框定义类样式？
　　　　答：可以通过在 CSS 样式文件新建相应的类 CSS 样式，定义复选框的边距、填充、和对齐方式等，返回设计视图中，选中相应的复选框，在"属性"面板"类"下拉列表中选择相应的类样式，即可看到所定义的类样式效果。

7.2　其他表单元素

　　除了前面介绍的网页中常用的表单元素外，在 Dreamweaver 中还包含一些其他的表单元素，例如跳转菜单、文件域、隐藏域和按钮等，它们构成了表单页面的整体，每个元素都有自己的作用，熟练掌握这些表单元素的操作也是学习网页制作的关键。

7.2.1　跳转菜单

　　跳转菜单是创建链接的一种形式，与传统的链接相比，跳转菜单可以节省很多空间，单击"插入"面板上的"表单"选项卡中的"跳转菜单"按钮，在弹出的"插入跳转菜单"对话框中可以对相关选项进行设置。

● **菜单项**

在 "菜单项" 列表中列出了所有存在的菜单。系统默认菜单项为 "项目 1"。

● **文本**

在该文本框中输入要在菜单列表中显示的文本。

● **选择时，转到 URL**

在 "选择时，转到 URL" 文本框中可以直接输入选择该选项时跳转到的网页地址，也可能单击 "浏览" 按钮，在弹出的 "选择文件" 对话框中选择要链接到的文件，

可以是一个 URL 的绝对地址，也可以是相对地址的文件。

● **打开 URL 于**

在 "打开 URL 于" 下拉列表中可以选择文件的打开位置，有 "主窗口" 和 "框架" 两个选项。如果选择 "主窗口" 选项，则在同一窗口中打开文件；如果选择 "框架" 选项，则在所选框架中打开文件。

● **菜单 ID**

该项可以为菜单项指定一个 ID 名称。

● **菜单之后插入前往按钮**

选中 "菜单之后插入前往按钮" 复选框，在页面中的 "跳转菜单" 后添加一个 "前往" 按钮。未选中该项时则在下拉列表中选择要跳转的项目后，即可直接进行跳转。

● **更改 URL 后选择第一个项目**

如果要使用菜单选择提示（如 "请选择网站类型："），请选中 "更改 URL 后选择第一个项目" 复选框。

➡ 实战 70+ 视频：制作友情链接栏目

跳转菜单从表单中的菜单发展而来，浏览者单击扩展按钮打开下拉菜单，在菜单中选择链接，即可链接到目标网页，下面通过实战练习介绍如何在网页中插入跳转菜单。

🏠 源文件：源文件 \ 第 7 章 \7-2-1.html

01 ▶ 执行 "文件 > 打开" 命令，打开页面 "源文件 \ 第 7 章 \7-2-1.html"。

📶 操作视频：视频 \ 第 7 章 \7-2-1.swf

02 ▶ 将光标移至页面中红色虚线的表单域中，单击 "插入" 面板上的 "表单" 选项卡中的 "跳转菜单" 按钮。

03 ▶ 弹出"插入跳转菜单"对话框，对相关选项进行设置。

05 ▶ 单击"确定"按钮，完成"插入跳转菜单"对话框的设置，在页面中插入跳转菜单。

07 ▶ 返回设计页面中，选中跳转菜单，在"属性"面板上的"类"下拉列表中选择 CSS 样式 link1 应用。

09 ▶ 将光标移至刚插入的跳转菜单后，使用相同的方法插入其他相应的跳转菜单。

04 ▶ 单击对话框上的"添加项"按钮 ➕，使用相同的设置方法，可以为其他的跳转菜单项进行设置。

```
.link1 {
    width: 130px;
    margin: 5px 10px 5px 10px;
}
```

06 ▶ 切换到该页面所链接的外部 CSS 样式表文件 7-2-1.css 中，创建名为 .link1 的 CSS 样式。

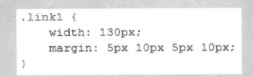

08 ▶ 单击"属性"面板上的"列表值"按钮，弹出"列表值"对话框，在该对话框中可以对相关参数进行修改。

10 ▶ 保存页面，在浏览器中预览页面，可以看到跳转菜单的效果。

提问：跳转菜单与选择（列表／菜单）有什么区别？

答：跳转菜单和选择（列表／菜单）在外观上是一致的，跳转菜单只是在下拉列表菜单的基础上定义了链接的属性，从而达到跳转链接的功能。

7.2.2　文件域

文件域是由一个文本框和一个"浏览"按钮组成。用户可以在该文本框内填写自己硬盘的文件路径，还可以单击文本框后的"浏览"按钮选择文件，通过表单进行上传，这是文件域最基本的功能。选中页面中插入的文件域，在"属性"面板中可以对文件域的相关属性进行设置。

- **文件域名称**

  在该文本框中可以为文件域设置一个名称，默认为 fileField。

- **字符宽度**

  该选项是用来设置文件域中文本字段的显示宽度。

- **最多字符数**

  该选项是用来设置文件域中最多可输入的字符数。

实战 71+ 视频：制作上传照片

在实际应用中文件域的作用很广，它不仅可以用来上传相应的文档，还可以用来上传图像、视频等。下面通过实战练习介绍如何在网页中插入文件域。

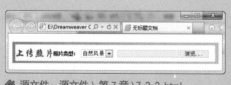

源文件：源文件 \ 第 7 章 \7-2-2.html

操作视频：视频 \ 第 7 章 \7-2-2.swf

`01 ▶`执行"文件 > 打开"命令，打开页面"源文件 \ 第 7 章 \7-2-2.html"。

`02 ▶`将光标移至名为 file 的 Div 中，将多余文字删除，单击插入面板上的"表单"选项卡中的"文件域"按钮。

03 ▶ 弹出"输入标签辅助功能属性"对话框，在该对话框中对相关选项进行设置。

```
#file2{
    margin-top: 3px;
    border: 1px #ccc solid;
    }
```

04 ▶ 单击"确定"按钮，即可在光标所在的位置插入文件域。

05 ▶ 切换到该页面所链接的外部 CSS 样式表文件 7-2-1.css 中，创建名为 #file2 的 CSS 规则。

06 ▶ 返回设计页面中，可以看到文件域的效果。

07 ▶ 执行"文件 > 保存"命令，保存页面。在浏览器中预览。

08 ▶ 单击页面中的"浏览"按钮，可以打开"选择要加载的文件"对话框，选择想要上传的文件。

提问：可以通过插入一个文本框和一个"浏览"按钮来实现文件域的功能吗？

答：不可以。文件域中的文本框和"浏览"按钮具有交互的功能，单击文本框后的浏览按钮，选择需要提交的文件即可在文本框中显示文件的路径，它们是相辅相成的，因此通过简单的插入文本框和"浏览"按钮是不可行的。

7.2.3 隐藏域与按钮

隐藏域在页面中用户是看不见的，它用于存储一些信息，以便于被处理表单的程序所使用，在页面中插入隐藏域的方法很简单，只要将光标移至需要插入隐藏域的地方，单击"插入"面板上的"表单"选项卡中的"隐藏域"按钮，即可在页面中插入隐藏域。

选中刚插入的隐藏域，可以在"属性"面板中对其进行相关属性的设置。

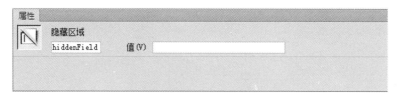

● 隐藏区域

该文本框中可以设置隐藏区域的名称，默认为 hiddenField。

● 值

用于设置为隐藏域指定的值，该值在提交表单时传递给服务器。

 提示   隐藏域是不被浏览器所显示的，但在 Dreamweaver 的设计视图中为了方便编辑，会在插入隐藏域的位置显示一个黄色的隐藏域图标。如果看不到该图标，可以执行"查看 > 可视化助理 > 不可见元素"命令。

按钮的作用是当用户单击时，会响应一个命令，常见的有提交表单按钮和重置表单按钮，用户在很多社交网站上申请账号时都会遇到这些常见按钮。选择插入到页面中的按钮，在"属性"面板中可以对按钮的相关属性进行设置。

● 按钮名称

在该文本框中可以为按钮设置一个名称，默认为 button。

● 值

该文本框中可以输入按钮显示的文本。

● 动作

该选项用来设置单击按钮时发送的操作，包括 3 个选项，分别是"提交表单"、"重设表单"和"无"。选择"提交表单"选项，表示单击该按钮将提交表单数据内容至表单域"动作"属性中指定的页面或脚本；选择"重设表单"选项，表示单击该按钮将清除表单中所有的元素内容；选择"无"选项，表示指定单击该按钮时所执行的操作，可以添加动作脚本，完成指定页面的打开。

 提示   对于表单而言，按钮是非常重要的，其能够控制对表单内容的操作，如"提交"或"重置"。如果要将表单内容发送到远端服务器上，可使用"提交"按钮；如果要清除现有的表单内容，可使用"重置"按钮。

➡ 实战 72+ 视频：制作用户注册页面

用户注册页面在许多网页中都有，一个注册页面中集成了各式各样的表单元素，每个表单元素都有自己特定的功能，创建一个完整的注册页面首先要求设计者有一个全局的概念，注重页面的整体效果，分析页面中不同的位置放置不同的表单元素，接下来通过制作一个用户注册页面来温故之前所学知识。

源文件：源文件 \ 第 7 章 \7-2-3. html

操作视频：视频 \ 第 7 章 \7-2-3. swf

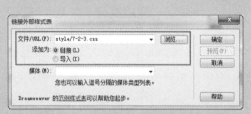

01 ▶ 执行"文件 > 新建"命令，新建一个 HTML 页面，将该页面保存为"源文件 \ 第 7 章 \7-2-3.html"。

02 ▶ 新建外部 CSS 样式表文件，将其保存为"源文件 \ 第 7 章 \style\7-2-3.css"。单击"CSS 样式"面板上的"附加样式表"按钮 ，在弹出的"链接外部样式表"对话框中进行相应的设置。

```
*{
    margin: 0px;
    padding: 0px;
    border: 0px;
}
body{
    font-family:"宋体";
    font-size:12px;
    line-height: 25px;
}
```

03 ▶ 切换到 7-2-3.css 文件中，创建一个名为 * 的通配符 CSS 规则和一个名为 body 的标签 CSS 规则。

04 ▶ 返回到设计页面中，可以看到页面的效果。

```
#box{
    width: 686px;
    height: 100%;
    overflow: hidden;
    margin: 0px auto;
}
```

05 ▶ 在页面中插入名为 box 的 Div，切换到 7-2-3.css 文件中，创建名为 #box 的 CSS 规则。

06 ▶ 返回到设计视图中，可以看到页面的效果。

07 ▶光标移至名为 box 的 Div 中，将多余文字删除，在该 Div 中插入一个名为 top 的 Div。

```
#menu{
    width: 686px;
    font-family: "宋体";
    font-size: 12px;
    color: #a53e91;
}
```

09 ▶在名为 top 的 Div 之后插入名为 menu 的 Div，切换到 7-2-3.css 文件中，创建名为 #menu 的 CSS 规则。

```
#main{
    margin-left:15px;
    border: 2px solid #ECECEC;
    background-image:url(../images/72302.gif);
    background-repeat: no-repeat;
    background-position: left top;
}
```

11 ▶在名为 menu 的 Div 之后插入名为 main 的 Div，切换到 7-2-3.css 文件中，创建名为 #main 的 CSS 规则。

13 ▶单击"插入"面板上的"表单"选项卡中的"表单"按钮，插入表单域。

```
#content01{
    width: 650px;
    margin: 0px auto;
    font-family: "宋体";
    font-size: 12px;
    color: #787878;
    border: 1px solid #EDEDED;
}
```

15 ▶返回设计视图中，将光标移至表单域中，在光标所在位置插入一个名为 content01 的 Div，切换到 7-2-3.css 文件中，创建名为 #content01 的 CSS 规则。

08 ▶光标移至名为 top 的 Div 中，删除多余文字，在该 Div 中插入 Flash 动画"源文件 \ 第 7 章 \images\7-2-3.swf"。

10 ▶返回到设计视图中，将光标移至名为 menu 的 Div 中，并将多余文字删除，输入相应的文字。

12 ▶返回到设计视图中，可以看到页面的效果。

```
#form1 {
    padding-left: 10px;
    padding-right: 10px;
}
```

14 ▶切换到 7-2-3.css 文件中，创建名为 #form1 的 CSS 规则。

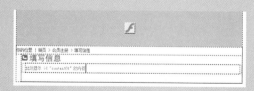

16 ▶返回到设计视图当中，可以看到页面中的效果。

17 ▶ 光标移至名为 content01 的 Div 中，将多余文字删除，输入相应的文字，单击"表单"选项卡中的"文本字段"按钮，弹出"输入标签辅助功能属性"对话框，对相关选项进行设置。

```
#text-field{
    height: 19px;
    width: 130px;
    margin-top: 5px;
    margin-left: 85px;
    border: 1px solid #d5d5d5;
}
```

18 ▶ 单击"确定"按钮，在页面中插入文本字段。

19 ▶ 切换到 7-2-3.css 文件中，创建名为 #text-field 的 CSS 规则。

20 ▶ 返回设计视图中，可以看到文本字段的效果。

21 ▶ 将光标移至刚插入的文本字段后，按 Enter 键插入段落，使用相同的方法，完成相似内容的制作，可以看到页面的效果。

```
#content01 li{
    padding-left: 5px;
    list-style-position: inside;
    list-style-image:url(../images/72301.gif);
}
```

22 ▶ 分别选中"密码"和"确认密码"后的文本字段，在"属性"面板上对其相关属性进行设置。

23 ▶ 拖动鼠标选中页面中相应的文本字段，单击"属性"面板上的"项目列表"按钮，创建项目列表，切换到 7-2-3.css 文件中，创建名为 #content01 li 的 CSS 规则。

24 ▶ 返回设计视图中，可以看到添加了项目列表样式的效果。

```
.font01{
    color:#000;
}
.border {
    border-bottom: 1px #EDEDED solid;
}
```

25 ▶ 切换 7-2-3.css 到文件中，分别创建名为 .font01 和 .border 的类 CSS 样式。

```
#content02{
    font-family: "宋体";
    font-size: 12px;
    width: 650px;
    color: #787878;
    margin: 0px auto;
    background-image:url(../images/72303.gif);
    background-repeat: no-repeat;
    background-position: left top;
}
```

27 ▶ 在名为 content01 的 Div 之后插入名为 content02 的 Div，切换到 7-2-3.css 文件中，创建名为 #content02 的 CSS 规则。

29 ▶ 根据前面的制作方法，完成相似内容的制作。将光标移至"证件种类"选项文字之后，单击"表单"选项卡中的"选择（列表 / 菜单）"按钮，弹出"输入标签辅助功能属性"对话框，对相关选项进行设置。

31 ▶ 单击选中刚插入的选择（列表 / 菜单），单击"属性"面板上的"列表值"按钮，弹出"列表值"对话框，添加相应的列表值。

26 ▶ 返回设计视图中，为相应的文字和段落应用 CSS 类样式。

28 ▶ 返回到设计视图中，可以看到页面所插入的 Div 效果。

30 ▶ 单击"确定"按钮，即可在页面中插入选择（列表 / 菜单）。

32 ▶ 单击"确定"按钮，可以看到页面中选择（列表 / 菜单）的效果。

```
#select{
    margin-top: 5px;
    margin-left: 74px;
    border-style: solid;
    border-width: 1px;
    border-color:#999;
}
```

33 ▶ 切换到 7-2-3.css 文件中，创建名为 #select 的 CSS 规则。

34 ▶ 返回设计视图中，可以看到页面中的选择（列表/菜单）的效果。

35 ▶ 使用相同的方法，完成相似内容的制作，添加相应的 Div 标签，应用相应的 CSS 样式。

```
#bottom{
    font-family: "宋体";
    font-size: 12px;
    color: #787878;
    margin: 20px auto;
    padding-left: 10px;
    border: 1px solid #EDEDED;
    background-image:url(../images/72301.gif);
    background-repeat: no-repeat;
    background-position:left center;
}
```

36 ▶ 在名为 content03 的 Div 之后插入名为 bottom 的 Div，切换到 7-2-3.css 文件中，创建名为 #bottom 的 CSS 规则。

37 ▶ 返回到设计视图中，可以看到页面中新插入的 Div 效果。

38 ▶ 输入相应的文本，单击"表单"选项卡中的"图像域"按钮，在弹出的对话框中选择相应的图像，单击"确定"按钮，弹出"输入标签辅助功能属性"对话框，对相关选项进行设置。

```
#image-field{
    margin-left: 180px;
    margin-top: 3px;
}
```

39 ▶ 单击"确定"按钮，插入图像域。

40 ▶ 切换到 7-2-3.css 文件中，创建名为 #image-field 的 CSS 规则。

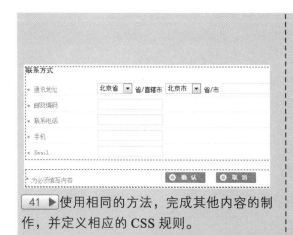

41 ▶ 使用相同的方法，完成其他内容的制作，并定义相应的 CSS 规则。

42 ▶ 完成用户注册页面的制作，执行"文件 > 保存"命令，保存页面，在浏览器中预览页面。

提问：在表单域中可以定义多个 Div 标签吗？

答：可以。表单域相当于一个特定的区域，所有的表单元素只有在表单域中才能起作用，它主要针对的是表单元素，至于表单域中插入的 Div 标签数量是没有限制的。

7.3　Spry 验证表单

前面已经对表单的元素进行了介绍，但是在真正的登录和注册页面中，当填写完信息后，程序都会校正表单内容的合法性，表单的验证可以通过行为来实现，使用行为验证表单的方法将在第 12 章中进行详细讲解，在本节中将向读者介绍如何通过 Spry 验证表单中的表单项。

7.3.1　Spry 验证文本域

Spry 验证文本域构件是一个文本域，该文本域用于在站点访问者输入文本时显示文本的状态（有效或无效）。Spry 验证文本域可以在用户输入文字信息时判断文本域的合法或非法状态。验证文本域可以检测多个状态，选中在页面中插入的 Spry 验证文本域，在"属性"面板中可以对相关参数进行设置。

● **Spry 文本域**

　　显示 Spry 文本域的名称。

● **类型**

　　在该下拉列表中可以选择一种验证的格式，大多数验证类型都会要求文本域采用标准格式，如果类型为电子邮箱地址，

那么用户必须在文本框内输入正确地邮箱格式才能通过验证。

● **预览状态**

　　在浏览器中加载页面或用户重置表单时的状态，默认情况下有 4 种状态，即"初始"、"必填"、"无效格式"和"有效"。

- **格式**

根据不同的类型，设置不同的格式。

- **最小字符数和最大字符数**

该选项可以设置文本字段的最小字符数和最大字符数，需要注意的是，它仅适用于"无"、"整数"、"电子邮箱地址"和 URL 验证类型。

- **最小值和最大值**

该选项可以设置文本字段的最小值和最大值，需要注意的是，它仅仅适用于"整数"、"时间"、"货币"和"实数/科学计数法"验证类型。

- **验证于**

设置在什么情况发生时检查表单，提

供了 3 种事件，如果选择 onBlur 选项，页面元素失去焦点的事件，通过 onBlur 事件将检查表单的行为附加到单独的文本字段中，以便在用户填写表单时验证这些字段；如果选择 onChange 选项，页面上表单元素的值被改变时的事件。与 onBlur 事件一样，当用户对文本字段进行操作时，都会触发检查表单行为。不同之处在于无论用户是否在字段中键入内容，onBlur 都会发生，而 onChange 仅在用户更改了字段的内容时才会发生；如果选择 onSubmit 选项，页面上表单被提交时的事件，也就是说，只有单击按钮将表单提交后，才会发生检查表单的行为。

7.3.2　Spry 验证密码域

Spry 验证密码构件是一个密码文本域，可用于强制执行密码规则（例如字符的数目和类型）。该构件根据用户的输入提供警告或错误消息，选中页面中插入的 Spry 验证密码域，在"属性"面板上可以对相关参数进行设置。

- **Spry 密码**

显示 Spry 验证密码的名称。

- **最小字符数/最大字符数**

指定有效的密码所能接受的最小与最大的字符数。

- **预览状态**

设置密码框的状态。在该下拉列表中包含了"初始"、"必填"和"有效"3 个选项，当选择不同的选项时，密码框的外观则会进行相应的改变。

- **验证时间**

设置在什么情况发生时检查表单。如果选择 onBlur 选项，表示用户单击密码框外侧；如果选择 onChange 选项，表

示在用户改变密码框中的内容；如果选择 onSubmit 选项，表示用户试图提交表单。

- **最小字母数/最大字母数**

设置有效的密码所需的最小字母数与最大字母数（a、b 和 c 等）。

- **最小数字数/最大数字数**

设置有效的密码所需的最小数字数与最大数字数（1、2 和 3 等）。

- **最小大写字母数/最大大写字母数**

设置有效的密码所需的最小大写字母数与最大大写字母数（A、B 和 C 等）。

- **最小特殊字符数/最大特殊字符数**

设置有效的密码所需的最小特殊字符数与最大特殊字符数（|、@ 和 # 等）。

实战 73+ 视频：使用 Spry 验证用户登录

Spry 验证功能非常强大，一般应用于注册和登录页面中，通过定义相应的 Spry 标签和属性，从而完成 Spry 整体构件的创建，下面通过实战练习介绍如何通过 Spry 控件对网页中的表单元素进行验证。

源文件：源文件 \ 第 7 章 \7-3-2.html

操作视频：视频 \ 第 7 章 \7-3-2.swf

01 ▶执行"文件 > 打开"命令，打开页面"源文件 \ 第 7 章 \7-3-2.html"。

02 ▶选中第一个文本字段，单击"插入"面板上的"表单"选项卡中的"Spry 验证文本域"按钮。

03 ▶保持该文本字段为选中状态，在"属性"面板中将该文本字段设置为必填项。

04 ▶设置完成后，可以看到该文本字段的效果。

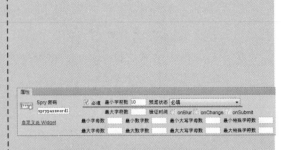

<u>05 ▶</u>选中第 2 个文本字段，单击"插入"面板上的"表单"选项卡中的"Spry 验证密码"按钮，添加 Spry 验证密码。

<u>06 ▶</u>保持该文本字段为选中状态，在"属性"面板上对相关属性进行设置。

<u>07 ▶</u>设置完成后，可以看到页面中文本字段的效果。

<u>08 ▶</u>执行"文件 > 保存"命令，保存页面，在浏览器中预览。

<u>09 ▶</u>接下来开始对表单进行验证，当用户不输入用户名和密码时，单击"登录"按钮。

<u>10 ▶</u>当在密码框中输入的密码个数小于 10 位的时候，单击"登录"按钮。

提 问

提问：怎样设置 Spry 的相关属性？

答：在页面中插入相应的 Spry 验证选项构件之后，选中相应的 Spry 构件，在"属性"面板上可以对 Spry 构件进行相应的设置，如果想在预览中看到所进行的属性设置，则必须在"属性"面板中的"预览状态"选项中选择"必填"选项，否则将看不到任何效果。

7.3.3　其他 Spry 验证选项

在网页设计中除了 Spry 验证文本域和 Spry 验证密码域较常用以外，还有很多的 Spry 表单用来验证表单中的表单项，比如 Spry 验证复选框、Spry 验证选择、Spry 验证确认和 Spry 验证单选按钮组，它们的属性设置都大同小异，这里就不多介绍了。正是由于它们的存在，使得表单页面更具人性化和交互性。

● **Spry 验证复选框**

Spry 验证复选框构件是 HTML 表单中的一个或一组复选框。可以向表单中的复选框组添加 Spry 验证复选框，该构件要求用户必须进行两项选择，如果用户没有达到两项选择，则会提示用户不符合最小的选择数。

● **Spry 验证选择**

Spry 验证选择构件是一个下拉菜单。例如可以插入一个包含状态列表的 Spry 验证选择构件，这些状态按不同的部分组合并用水平线分隔，如果用户选择了某条分隔线而不是某个状态，这时该 Spry 构件会提示选择无效。

● **Spry 验证确认**

Spry 验证确认构件是一个文本域或密码域，当用户输入的值与表单中类似域的值不匹配的时候，该 Spry 会提示用户输入无效，比如在注册页面中会要求用户输入密码，之后会出现一个验证确认框提示用户再次输入密码，如果用户输入的值与之前的密码值不一致的时候，则会提示用户输入错误，请重新输入。

● **Spry 验证单选按钮组**

Spry 验证单选按钮组构件是一组单选按钮。可以对页面中插入的单选按钮组进行验证，如果用户没有进行任何选择，该 Spry 构件会强制从组中选择一个单选按钮。

7.4　本章小结

表单最重要的作用是帮助因特网服务器收集用户的资料信息，这些信息有助于网站的优化，在互联网中有很多网页都需要表单，如何更好地使用自己的知识去完善美化页面是网站设计者最重要的任务。本章主要介绍了如何在网页中插入各种表单元素的使用和设置方法，读者需要熟练掌握本章内容，并能够制作出各种类型的表单页面。

第8章 制作框架页面

框架是一个出现比较早的 HTML 对象，框架的作用是把浏览器窗口划分为若干个区域，每个区域可以分别显示不同的网页。使用框架可以非常方便地完成导航工作，而且各个框架之间不存在干扰问题，所以在模板出现以前，框架技术一直普遍应用于页面导航，它可以使网站的结构更加清晰。

随着网页制作技术的发展，框架目前在网页中应用已经很少了，但是了解框架制作技术还是非常有必要的，本章将向读者详细介绍如何在 Dreamweaver CS6 中制作框架页面。

8.1 框架页面的制作

框架结构是一种使多个网页（两个或两个以上）通过多种类型区域的划分，最终显示在同一个窗口的网页结构。框架结构多用于较为固定的导航栏，与导航栏中相对应的较多变化的内容组合。

8.1.1 创建框架和框架集

框架结构是由框架和框架集组成的，创建框架和框架集首先要了解框架和框架集的含义区别，框架是浏览器窗口中的一个组成部分，它将浏览器窗口划分为多个部分进行显示，每个部分显示不同的网页元素，并可以显示与窗口内容无关的网页文件；框架集是将一个浏览器窗口运用几行几列的方式划分多个组成部分，每个部分显示不同的页面元素。框架多用于相对固定的导航栏，下图就是一个使用框架结构的网页，不同的部分显示不同的网页文件。

➡ 实战 74+ 视频：使用预设创建框架集

Dreamweaver CS6 中可以通过多种方法创建框架集，

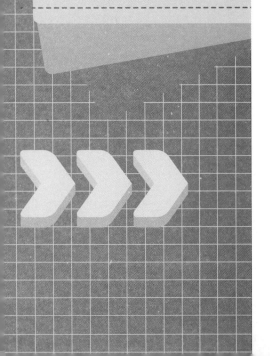

用户可以使用预设创建框架集，这种方法既快速又方便，还可以根据自己的需要手动创建框架集。下面就让我们通过实战练习学习如何使用预设创建框架集。

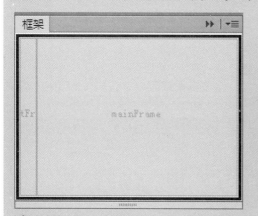

源文件：无

操作视频：视频 \ 第 8 章 \8-1-1. swf

01 ▶ 打 开 Dreamweaver CS6，执行"文件 > 新建"命令，弹出"新建文档"对话框。

02 ▶ 单击"确定"按钮，新建一个空白的 HTML 页面。

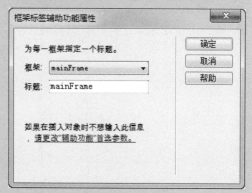

03 ▶ 执行"插入 >HTML> 框架"命令，在弹出菜单中包含了所有预定义的框架集。

04 ▶ 选择"左对齐"选项后，弹出"框架标签辅助功能属性"对话框。

在 Dreamweaver 中，当在"框架"下拉列表中选择了一种框架时，会弹出"框架标签辅助功能属性"对话框，在该对话框中可以为每个框架指定一个标题，如果要插入框架时不需要弹出该对话框，可以在"首选参数"对话框中，选择"分类"列表中的"辅助功能"进行设置。

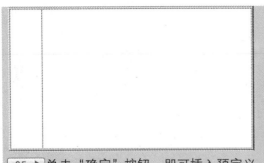

05 ▶ 单击"确定"按钮，即可插入预定义框架集。

06 ▶ 执行"窗口＞框架"命令，打开"框架"面板，可以在"框架"面板中看到刚插入的框架集。

提问：在 Dreamweaver CS6 中系统自带的框架结构不能满足要求怎么办？

答：当自带的框架结构不能满足需求的时候，用户还可以手动制作框架集，制作框架集的方法很简单，只需要将鼠标放在框架的水平或垂直边框上，当鼠标变成双向箭头时，单击鼠标不放即可拖曳出一条水平或垂直的框架边框，根据自己的需求可以制作出多样的框架集结构。

8.1.2 保存框架和框架集

当用户在创建框架时，就已经存在框架集和框架文件了，默认的框架集文件名称是 UntitleFrame-1 和 UntitleFrame-2 等；默认的框架文件名称是 Untitle-1 和 Untitle-2 等。当用户预览或关闭含有框架的文档时，需要对框架集文件和框架文件进行保存，保存的时候还可以根据自己的需要对文件进行重新命名。

➡ 实战 75+ 视频：保存框架集和框架页面

在 Dreamweaver 中有 3 个与框架有关的保存命令，分别是"保存框架页"命令，使用该命令保存的是框架文件；"框架集另存为"命令，使用该命令说明保存的是框架集文件；"保存全部"命令，使用该命令可以将页面中所有包含框架集和框架文件一起保存。

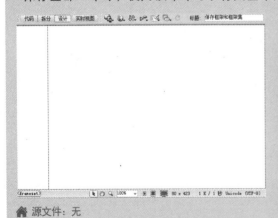
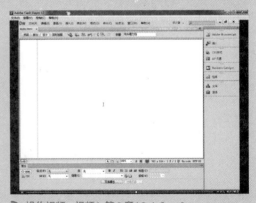

🏠 源文件：无

📡 操作视频：视频 \ 第 8 章 \8-1-2. swf

01 ▶ 在之前创建的框架集基础上可以对相关的框架集和框架页面进行保存。将鼠标移至左边的框架页面中，执行"文件 > 保存框架"命令。

02 ▶ 弹出"另存为"对话框，输入框架文件的名称和地址。

03 ▶ 单击"确定"按钮，保存该框架页面。使用同样的方法完成右边框架文件的保存，将鼠标移至框架集文件上。

04 ▶ 执行"文件 > 框架集另存为"命令。弹出"另存为"对话框，输入框架集的名称和地址。

完成相应的框架结构页面的制作后，在浏览器中预览页面效果之前，则需要对框架集文件以及在框架中显示的所有文档进行保存操作后，才能在浏览器中进行预览。

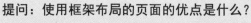

提问：使用框架布局的页面的优点是什么？

答：使用框架结构会给我们的网页带来许多的优点，例如方便访问和结构统一等，下面向读者介绍一下使用框架的优点。

① 风格统一：每个网站都有自己的风格，要想保持住这种风格，每个页面都要有一些相同的元素，这样就可以利用框架把这些相同的部分单独做成一个页面，作为框架结构中一个框架的内容给整个站点公用。通过这种方法，来达到网站整体风格统一的目的，同样在制作方面也会方便很多。

② 方便访问：一般公用框架的内容都做成网站各主要栏目的导航链接，当浏览器的滚动条滚动时，这些链接不随滚动条的滚动而上下移动，一直固定在浏览器窗口的某个位置，使访问者能随时单击跳转到另一个页面。

③ 便于修改：一般来讲，每隔一段时间，网站的设计就要做一定的更改。如果是公用部分的内容需要修改，那么只需修改这个公用网页，整个网站就同时更新了。

8.1.3　设置框架属性

创建完框架和框架集后，还可以通过"属性"面板对框架集和框架的一些属性值进行相应的设置。选中建立好的整个框架集，执行"窗口 > 属性"命令，打开"属性"面板。

- **框架集**

  此区域显示的是当前整个框架的构造。

- **边框**

  该选项用来设置框架是否有边框，在该选项的下拉菜单中包含了3个选项，如果选择"是"选项，则有边框；如果选择"否"选项，则无边框；如果选择"默认"选项，则由浏览器决定是否有边框。

  - **边框宽度**

    在该文本框内可以输入相应的数值设置边框的宽度。

  - **边框颜色**

    该属性用来设置框架中边框的颜色，用户可以自行键入颜色值进行设置，也可以单击颜色框，打开拾色器进行设置。

  - **值**

    可以在"属性"面板最右侧的框中选择需要设置的框架，选择后会在"值"文本框中出现该框架所对应的属性值。如果选择的框架是上下拆分，则显示"行"项的数值。如果选择的框架是左右拆分，则显示"列"项的数值。"值"选项对于"行"指的是高度，对于"列"指的是宽度。

- **单位**

  指浏览器分配给每个框架的空间大小，该属性的下拉列表中包含了3个选项，分别为"像素"、"百分比"和"相对"。

> 当选择"相对"选项后，"值"文本框中的数值将被清空，如果想设置一个数值，则需要重新输入。如果只将框架集中的一行或者一列设置为"相对"，则不需要重新输入数值，但是为了确保完全的跨浏览器兼容性，可以在"值"文本框中输入1，等同于不输入任何数值。

在"框架"面板中选择需要进行设置的框架，在"属性"面板中可以对框架的相关属性进行设置。

- **框架名称**

  该文本框可以为选中的框架命名。

- **源文件**

  该文本框中显示的是该框架中插入的框架页面的路径，页面保存之后使用的就是相对路径了。

- **边框**

  用来设置框架是否设置边框，该选项

下有 3 个选项，如果选择"是"选项，则有边框；如果选择"否"选项，则无边框；如果选择"默认"选项，则由浏览器决定是否有边框。

● **滚动**

该选项用来设置当页面中的内容过多时超出框架的范围是否出现滚动条，该选项下有 4 个选项，如果选择"是"选项，则该框架页面一直显示滚动条；如果选择"否"选项，则该框架页面始至终都不显示滚动条；如果选择"自动"选项，则当该框架页面中的内容超出框架的显示范围后显示滚动条；如果选择"默认"选项，

则效果与选择"自动"选项相同。

● **不能调整大小**

选中该复选框后，用户在浏览器中浏览的时候可以调整框架的大小，反之则不可以。

● **边框颜色**

用来设置边框的颜色，可以在文本框中输入颜色值，还可以在旁边的拾色器中选取需要的颜色。

● **边界高度和边界宽度**

用来设置上下左右边框和框架中内容之间空白区域的大小。

实战 76+ 视频：制作框架页面

了解了如何创建框架和保存框架以及对框架和框架集属性的设置后，接下来通过实战练习制作一个框架页面，使读者能够更好地掌握框架页面的制作方法。

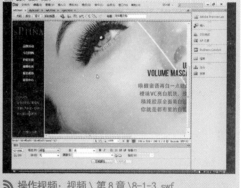

源文件：源文件 \ 第 8 章 \8-1-3.html　　操作视频：视频 \ 第 8 章 \8-1-3.swf

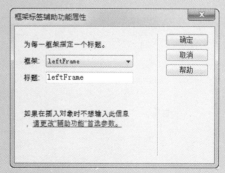

01 ▶执行"文件 > 新建"命令，弹出"新建文档"对话框，新建 HTML 页面。

02 ▶将光标放置在页面中，执行"插入 >HTML> 框架 > 左对齐"命令，弹出"框架标签辅助功能属性"对话框。

03 ▶单击"确定"按钮，即可在页面中插入框架集。

05 ▶单击"确定"按钮，将右侧框架页面保存为 right.html，最后选择整个框架集，将其保存为 8-1-3.html。

07 ▶执行"文件 > 新建"命令，弹出"新建文档"对话框，接着新建外部 CSS 样式表文件，将其保存为"源文件 \ 第 8 章 \style\style.css"。

```
*{
    margin: 0px;
    padding: 0px;
    border: 0px;
}
body{
    font-family: 宋体;
    font-size: 12px;
    color: #333;
    line-height:25px;
}
```

09 ▶单击"确定"按钮，切换到 style.css 文件中，创建名为 * 的通配符 CSS 规则和名为 body 的标签 CSS 规则。

04 ▶将光标放置在左边框架页面中，执行"文件 > 框架另存为"命令，弹出"另存为"对话框。

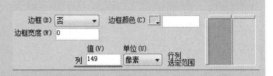

06 ▶选中页面中的整个框架集，在"属性"面板上选中左边框架页面，设置其"列"为149 像素。

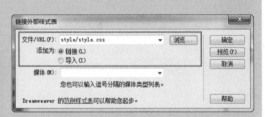

08 ▶在"文件"面板中双击打开 left.html 页面，单击"CSS 样式"面板上的"附加样式表"按钮，弹出"链接外部样式表"对话框，链接刚创建的外部 CSS 样式表文件。

```
#left{
    width: 149px;
    height:100%;
    overflow: hidden;
    background-image: url(../images/81301.gif);
    background-repeat: repeat-y;
}
```

10 ▶返回到 left 页面中，在页面中单击插入名为 left 的 Div，切换到 style.css 文件中，创建名为 #left 的 CSS 规则。

```
#logo{
    width: 149px;
    height:94px;
    border-bottom: 1px solid #292929;
}
```

11 ▶ 返回到 left.html 页面中，可以看到页面效果。将光标移至名为 left 的 Div 中，将多余文字删除。

12 ▶ 在该 Div 中插入名为 logo 的 Div，切换到 style.css 文件中，创建名为 #logo 的 CSS 规则。

```
#left-title{
    height: 100%;
    overflow: hidden;
    text-align: center;
    padding-top:5px;
}
```

13 ▶ 返回到 left.html 页面中，将光标移至名为 logo 的 Div 中，将多余文字删除，插入图像"源文件 \ 第 8 章 \images\81302.jpg"。

14 ▶ 在名为 logo 的 Div 后插入名为 left-title 的 Div，切换到 style.css 文件中，创建名为 #left-title 的 CSS 规则。

```
<div id="left-title">
  <ul>
    <li>品牌活动</li>
    <li>今日团购</li>
    <li>护肤彩妆</li>
    <li>健康保养</li>
    <li>服装配饰</li>
    <li>试用中心</li>
  </ul>
</div>
```

15 ▶ 返回到 left.html 页面中，将光标移至名为 left-title 的 Div 中，将多余文字删除，输入相应的段落文字。

16 ▶ 选中刚输入的段落文字，创建项目列表，切换到代码视图中，可以看到项目列表的相关代码。

```
#left-title li{
    list-style-type: none;
    font-family: 微软雅黑;
    line-height: 30px;
    font-weight: bold;
    color: #FFF;
    font-size: 13px;
    border-bottom: 1px solid #333;
}
```

17 ▶ 切换到 style.css 文件中，创建名为 #left-title li 的 CSS 规则。

18 ▶ 返回到 left.html 页面中，可以看到项目列表的效果。

```
.link:link{
    color: #fff;
    text-decoration: none;
}
.link:hover{
    color:#ee4e1e;
    text-decoration: none;
}
.link:active{
    color: #0FF;
    text-decoration: none;
}
.link:visited{
    color: #CCC;
    text-decoration: none;
}
```

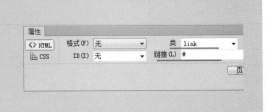

19 ▶ 切换到 style.css 文件中，分别创建名为 .link 的 4 种伪类样式。

```
#left-news{
    margin-top:50px;
    padding: 0px 20px;
    color: #BBBBBB;
}
```

20 ▶ 返回到 left 页面中，分别选中刚输入的文字，在"属性"面板中设置空链接并应用 .link 的伪类样式。

21 ▶ 在名为 left-title 的 Div 后插入名为 left-news 的 Div，切换到 style.css 文件中，创建名为 #left-news 的 CSS 规则。

```
.font01{
    display: block;
    border-bottom: solid 1px #333;
    font-weight:bold;
    color: #787877;
}
```

22 ▶ 返回 left.html 页面中，将光标移至名为 left-news 的 Div 中，将多余文字删除，输入相应的段落文字。

23 ▶ 切换到 style.css 文件中，创建名为 .font01 的类 CSS 样式。

24 ▶ 返回 left.html 页面中，为相应的文字应用 .font01 的类 CSS 样式。

```
#left-pic{
    margin-top:45px;
    padding: 0px 20px;
    margin-bottom: 30px;
}
```

25 ▶ 在名为 left-news 的 Div 后插入名为 left-pic 的 Div，切换到 style.css 文件中，创建名为 #left-pic 的 CSS 规则。

26 ▶ 返回 left.html 页面中，将光标移至名为 left-pic 的 Div 中，将多余文字删除，插入相应的图片。

```
#left-pic img {
    margin-top: 10px;
}
```

27 ▶ 切换到 style.css 文件中，创建名为 #left-pic img 的 CSS 规则。

28 ▶ 返回 left.html 页面中，可以看到该部分页面的效果。

29 ▶ 在"文件"面板中双击 right.html 页面，链接外部样式表文件。

30 ▶ 在页面中插入名为 right 的 Div。

```
#right{
    width: 1094px;
    height: 500px;
}
```

31 ▶ 切换到 style.css 文件中，创建名为 #right 的 CSS 样式。

32 ▶ 返回 right.html 页面中，将光标移至名为 right 的 Div 中，将多余文字删除，插入名为 top 的 Div。

```
#top{
    width: 100%;
    height:30px;
    background-color: #626262;
    line-height: 30px;
    color: #A7A7A7;
    text-align: center;
}
```

33 ▶ 切换到 style.css 文件中，创建名为 #top 的 CSS 样式。

34 ▶ 返回 right.html 页面中，将多余文字删除，插入相应的图片并输入文字。

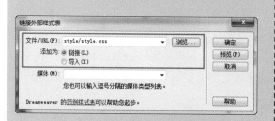

```
<div id="top"> <img src="images/91307.jpg"
width="18" height="18" />网站首页<span>|</span>面
部护理<span>|</span>身体护理<span>|</span>芳香护理
<span>|</span>品颜护理<span>|</span>品牌故事<span>|
</span>最新推荐<span>|</span>会员中心</div>
</div>
```

35 ▶ 切换到代码视图中，为刚输入的文字添加 <span></span> 标签。

```
#top span {
    margin-left: 12px;
    margin-right: 12px;
    color: #545454;
}
.home-pic {
    vertical-align: text-bottom;
    margin-right: 10px;
}
```

36 ▶ 切换到 style.css 文件中，分别创建名为 #top span 的 CSS 样式和 .home-pic 的类样式。

```
#main{
    widht:1094px;
    height: 100%;
    overflow: hidden;
}
```

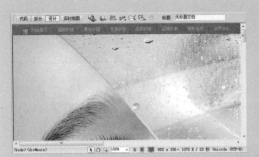

37 ▶ 返回 right.html 页面中，为页面中的图像应用 .home-pic 类样式。

38 ▶ 在名为 top 的 Div 后插入名为 main 的 Div，切换到 style.css 文件中，创建名为 #main 的 CSS 样式。

39 ▶ 返回 right.html 页面中，将光标移至名为 main 的 Div 中，将多余文字删除，插入相应的图像。

40 ▶ 完成所有框架页面的制作，切换到 8-1-3.html 框架集页面，可以看到整个框架集页面的效果。保存所有框架页面，在浏览器中预览框架集页面，可以看到整个框架页面的效果。

提问：使用框架布局页面的缺点是什么？

答：使用框架结构同样会给网页带来一些弊端，下面向读者介绍一下使用框架的缺点。

页面排版：对于不同框架中的每个页面元素的对齐要达到精确的程度有些困难。

网页下载速度：浏览使用框架结构的网站可能会稍微影响到网页的浏览速度。

兼容性：早期的浏览器和一些特定的浏览器有可能不支持框架结构。

8.2 IFrame 框架

IFrame 是一种特殊的框架结构，在 Dreamweaver CS6 中，IFrame 框架相比框架更容易控制网站的内容，由于 Dreamweaver 中并没有提供 IFrame 框架的可视化制作方案，因此需要手动添加一些页面的源代码。

8.2.1 在网页中插入 IFrame 框架

在页面中添加 IFrame 框架的方法很简单，只需要在页面中显示 IFrame 框架的位置插入 <IFrame> 标签，然后手动添加相应的设置代码即可，在不改变原来网页结构的基础上为网页添加更多的网页效果。

实战 77+ 视频：创建 IFrame 框架页面

在了解 IFrame 框架页面的意义后，接下来就让我们学习如何在页面中插入 IFrame 框架，并完成 IFrame 框架页面的创建。

源文件：源文件 \ 第 8 章 \8-2-1.html

操作视频：视频 \ 第 8 章 \8-2-1.swf

01 ▶ 执行"文件 > 打开"命令，打开页面"源文件 \ 第 8 章 \8-2-1.html"，将光标移至名为 main 的 Div 中，将多余文字删除。

02 ▶ 执行"插入 >HTML> 框架 >IFRAME"命令，在页面中插入一个浮动框架。这时页面会自动切换到拆分模式，并在代码中生成 <iframe></iframe> 标签。

```
<div id="main"><iframe name=
"main" src="82101.html" width="596"
height="460" frameborder="0"
scrolling="no"></iframe></div>
```

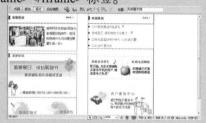

03 ▶ 在代码视图中的 <iframe> 标签中，输入相应的代码。

04 ▶ 这里所链接的 82101.html 页面是事先制作完成的页面。

05 ▶ 页面中插入 IFrame 框架的位置会变为灰色区域，而 82101.html 页面就会出现在 IFrame 框架内部。

06 ▶ 执行"文件 > 保存"命令，保存页面。在浏览器中预览整个框架页面，可以看到页面的效果。

其中<iframe></iframe>为 IFrame 框架的标签，src 属性设置 IFrame 框架中显示的页面，name 属性设置 IFrame 框架的名称，width 属性设置 IFrame 框架的宽度，height 属性设置 IFrame 框架的高度，scrolling 属性设置 IFrame 框架滚动条是否显示，frameborder 属性设置 IFrame 框架边框显示属性。

提问：浮动框架（IFrame）与框架（Frame）有什么区别？

答：Frame 标记即帧标记，IFrame 标记又叫浮动帧标记。它不同于 Frame 标记最大的特征，即这个标记所引用的 HTML 文件不是与另外的 HTML 文件相互独立显示，而是可以直接嵌入在一个 HTML 文件中，与这个 HTML 文件内容相互融合，成为一个整体，另外还可以在一个页面内显示同一内容，而不必重复写内容。

8.2.2　设置 IFrame 框架链接

设置 IFrame 框架页面的链接与普通链接的设置基本相同，不同的是设置打开的"目标"属性要与 IFrame 框架的名称相同。只有这样才能保证链接的页面在 IFrame 框架中打开。

➡ 实战 78+ 视频：完成 IFrame 框架页面制作

前面我们已经学习了如何在页面中插入 IFrame 框架并创建 IFrame 框架页面，接下来就让我们通过设置 IFrame 框架的相关属性，从而完成框架页面的制作。

🏠 源文件：源文件 \ 第 8 章 \8-2-1.html

📡 操作视频：视频 \ 第 8 章 \8-2-2.swf

01 ▶接上例为页面设置链接。选中页面底部的图像。

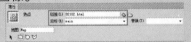

03 ▶选中刚绘制的热点区域，在"属性"面板上设置"链接"地址为 82102.html，在"目标"文本框中输入 main。

02 ▶单击"属性"面板上的"矩形热点工具"按钮，在图像中绘制矩形热点区域。

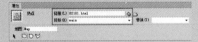

04 ▶使用相同的方法，在"网站首页"部分绘制热点区域，在"属性"面板上对其相关属性进行设置。

在这里链接的"目标"设置必须与 <iframe> 标签中 name="main" 的定义保持一致，设置为 main，这样才能够保证链接的页面在 IFrame 框架中打开。

05 ▶ 执行"文件>保存"命令，保存该页面，在浏览器中预览整个浮动框架页面。

06 ▶ 单击"最新活动"链接，在 IFrame框架中会显示 82102.html 页面的内容。

在 IFrame 框架中调用的各个二级页面内容的高度并不是统一的，当 IFrame 框架调用内容比较多页面比较长的页面时，IFrame 框架就会出现滚动条，如果想使 IFrame 框架无论调用的页面内容多少时，都不出现滚动条，可以在 <iframe> 标签中添加 IFrame 框架高度自适应代码即可，代码如下：onload="this.height=this.Document.body.scrollHeight"。

提问：在设置 IFrame 页面链接的时候，链接的"目标"设置有什么规定？
　　答：链接的目标设置必须与 <iframe> 标签中定义的框架名称保持一致，这样才能够保证链接的页面在 IFrame 框架中打开。

8.3　本章小结

　　本章主要向大家介绍了框架页面的创建和相关属性的设置，虽然框架页面在网页制作中越来越少用，但大家还是要学会掌握这种布局网页的方法，这对提升我们网页制作的意识与技巧有着重要的作用。随着互联网技术的进步和网页制作的多样性的发展，框架布局网页的方法将会被慢慢淘汰。

第 9 章 创建网页链接

网页链接是互联网的基础，通过页面链接的设置可以实现页面的跳转，功能的激活等。链接是网页页面中最重要的元素之一，是一个网站的灵魂与核心。链接将网站中的每个页面关联在一起，如果页面之间是彼此独立的，那么这样的网站将无法正常运行。本章主要向读者介绍了网页中的常用基础链接的创建，还可以通过定义链接的 CSS 样式，从而使页面更加美观、大方，增加链接的交互效果。

本章知识点

- ☑ 了解链接路径
- ☑ 创建内部链接
- ☑ 创建 URL 绝对地址链接
- ☑ 创建图像链接
- ☑ 创建特殊的网页链接

9.1 创建网页中的基础链接

在 Dreamweaver 中创建链接的方法很简单，只要选中要设置成链接的对象，然后在"属性"面板上的"链接"文本框中添加相应的链接地址即可，还可以拖动指向文件的指针图标指向链接的文件，同时还可以使用"浏览"按钮在本地的局域网中选择链接的文件。

每个页面都有自己的存放位置和路径，一个文件要链接到另一个文件之间的路径关系是创建链接的根本。链接路径主要分为相对路径、绝对路径和根路径。

9.1.1 相对路径

相对路径一般适合网站的内部链接，如果要链接到同一个目录中，则只需要输入要链接文档的名称；如果要链接到下一级目录中的文件，只需输入目录名，然后加"/"，再输入文件名；如果要链接到上一级目录中的文件，则先输入"../"，再输入目录名和文件名。

我们在 Dreamweaver 中制作网页使用的大多数路径都是相对路径，比如网页中所使用图像的链接地址，以及在 CSS 样式中定义背景图像时所用的链接地址。

```
body {
    font-size: 12px;
    color: #2E86B5;
    line-height: 25px;
    background-image:
url(../images/91101.jpg);
    background-repeat: no-repeat;
    background-position: center
top;
}
```

实战 79+ 视频：创建内部链接

　　内部链接就是链接站点内部的文件，在"链接"文本框中用户需要输入文档的相对路径，一般使用"指向文件"和"浏览文件"的方法创建。

源文件：源文件 \ 第 9 章 \9-1-1.html

操作视频：视频 \ 第 9 章 \9-1-1.swf

01 ▶ 执行"文件 > 打开"命令，打开页面"源文件 \ 第 9 章 \9-1-1.html"，可以看到页面的效果。

02 ▶ 拖动鼠标选中"品牌时装发布会模特"文字。

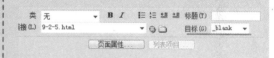

03 ▶ 在"属性"面板上的"链接"文本框中输入链接页面的地址 9-2-5.html，链接到站点中与当前页面同一文件夹下的文件。

04 ▶ 在"目标"下拉列表中选择一个链接的打开方式，在这里选择 _blank，也就是在新窗口中打开。

> **提示**
>
> 　　"目标"选项用来设置超链接的打开方式，在该下拉列表中包含 5 个选项。选择 _blank 选项，将链接的文件载入一个未命名的新浏览器窗口中；选择 _new 选项，将链接的文件载入一个新的浏览器窗口中，如果页面中的其他链接打开方式同样为 _new，则页面中其他链接将在第一个弹出的新窗口中打开而不会再弹出新窗口；选择 _parent 选项，将链接的文件载入含有该链接的框架的父框架集或父窗口中。如果包含的链接的框架不是嵌套的，链接文件则加载到整个浏览器窗口中；选择 _self 选项，将链接的文件载入该链接所在的同一框架或窗口中。该目标是默认的，所以通常不需要指定它；选择 _top 选项，将所链接的文件载入整个浏览器窗口中，会删除所有的框架。

05 ▶执行"文件 > 保存"命令，保存页面，在浏览器中预览页面效果。

06 ▶单击页面中设置了内部链接的文本字段，则在弹出的新窗口中打开所链接的页面。

提 示　　在 Dreamweaver CS6 中使用相对路径，改变了某个文件的存放位置，不需要手工修改链接路径，Dreamweaver CS6 会自动更改链接。

提 问　　提问：创建内部链接，主要有哪些方法？

　　答：创建内部链接，可以单击"属性"面板上的"链接"文本框后的"浏览文件"按钮 🗀，在弹出的"选择文件"对话框中选择需要链接到的文件。

　　还可以在"属性"面板上拖动"链接"文本框后的"指向文件"按钮 ⊕ 到"文件"面板上的相应网页文件，则链接将指向这个文件。

9.1.2　绝对路径与根路径

　　绝对路径为文件提供完整的路径，包括使用的协议（如 http、ftp 和 rtsp 等）。一般常见的绝对路径有 http://www.sohu.com/ 和 ftp://202.116.234.1/ 等。

　　尽管本地链接也可以使用绝对路径，但不建议采用这种方式，因为一旦将此站点移动到其他服务器，则所有本地绝对路径链接都将断开。如果希望链接其他站点上的内容，就必须使用绝对路径。

　　绝对路径也会出现在尚未保存的网页上，如果在没有保存的网页上插入图像或添加链接，Dreamweaver 会暂时使用绝对路径，网页保存后，Dreamweaver 会自动将绝对路径转换为相对路径。

　被链接文档的完整 URL 就是绝对路径，包括所使用的传输协议。从一个网站的网页链接到另一个网站的网页时，绝对路径是必须使用的，以保证一个网站的网址发生变化时被引用的另一个页面的链接还是有效的。

根路径同样适用于创建内部链接，多数情况下，不建议使用此种路径形式。只有当站点的规模非常大，放置于几个服务器上或一个服务器上，同时放置几个站点时才考虑使用根路径。

实战 80+ 视频：创建 URL 绝对地址链接

一般的网站都存在大量相关的 URL 绝对地址链接，创建 URL 绝对地址链接的方法很简单，只需要在"链接"文本框中直接输入要链接页面的 URL 绝对地址即可。

源文件：源文件 \ 第 9 章 \9-1-2. html

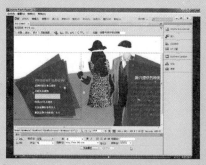

操作视频：视频 \ 第 9 章 \9-1-2. swf

01 ▶执行"文件 > 打开"命令，打开"源文件 \ 第 9 章 \9-1-2.html"，可看到页面效果。

02 ▶拖动鼠标选中"时尚品牌平面广告片影视"文字。

03 ▶在"属性"面板中的"链接"文本框中输入所要设置链接的地址 http://www.163.com，在"目标"下拉列表中选择 _blan。

04 ▶在 Dreamweaver CS6 设计视图中，可以看到设置了链接的文本效果。

设置了超链接的字体样式会发生变化，如果我们想要改变字体样式，可以通过 CSS 样式表的方式为字体添加相应的样式，以达到更加美观的效果。

提示

05 ▶ 执行"文件>保存"命令，保存页面，在浏览器中预览页面。

06 ▶ 单击刚创建 URL 绝对地址的文本，可以看到在新弹出的窗口所链接的页面。

提示

从一个网站的网页链接到另一个网站的网页时，绝对路径是必须使用的，以保证当一个网站的网址发生变化的时候，被引用的另一个页面的链接还是有效的。

提问

提问：采用绝对路径的优缺点是什么？

答：采用绝对路径的优点是路径与链接的源端点无关。只要网站的地址不变，无论文件在站点中如何移动，都可以正常实现跳转。采用绝对路径的缺点是这种方式的超链接不利于测试。如果在站点中使用绝对路径，要想测试链接是否有效，必须在 Internet 服务器端对超链接进行测试。

9.1.3 超级链接对话框

除了使用"属性"面板中的"链接"文本框设置链接外，还可以使用"超级链接"对话框为相应的对象设置链接，设置超链接的方法很简单，单击"插入"面板上的"常用"选项卡中的"超级链接"按钮，在弹出的"超级链接"对话框中进行相应的设置，即可完成超级链接的创建。

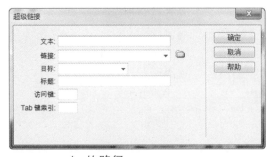

● 文本

　文本框用来设置超链接显示的文本。

● 链接

　链接文本框用来设置超链接要链接到

的路径。

● 目标

　该下拉列表用来设置超链接的打开方式，和"属性"面板上的用法相同。

● 标题

　该文本框用来设置超链接的标题。

● 访问键

　该文本框用来设置键盘等，可以输入一

个字母，在浏览器中预览页面后，单击键盘上的这个字母将选中这个超链接。

实战 81+ 视频：创建图像链接

图像链接和文本链接相似，但图像链接更具交互性，会给浏览者带来更直接的视觉吸引，在网页中图像链接也是被经常使用的链接媒体。

源文件：源文件 \ 第 9 章 \9-1-3.html

操作视频：视频 \ 第 9 章 \9-1-3.swf

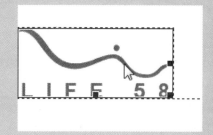

01 ▶ 执行"文件 > 打开"命令，打开页面"源文件 \ 第 9 章 \9-1-3.html"，可以看到页面的效果。

02 ▶ 选中页面中需要创建链接的图像。

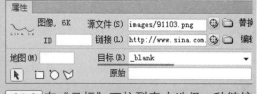

03 ▶ 在"属性"面板上的"链接"文本框中输入要链接的地址。

04 ▶ 在"目标"下拉列表中选择一种链接的打开方式，在这里设置打开方式为 _blank。

提示　在网页中为图像设置超链接时，图像会自动加上蓝色边框，如果需要去除链接图片链接的蓝色边框，只需要选中该图片，在"属性"面板上的"边框"文本框中设置图片的边框为 0 即可。

`05` ▶ 执行"文件 > 保存"命令,保存该 页面,在浏览器中预览页面。

`06` ▶ 单击刚创建链接的图像,在弹出的新 浏览器窗口中可以看到所链接的页面。

提问:创建超级链接的好处是什么?

答:超链接(Hyperlink)可以看做是一个"热点",它可以从当前 Web 页定义的位置跳转到其他位置,包括当前页的某个位置、Internet、本地硬盘 或局域网上的其他文件,甚至跳转到声音、图片等多媒体文件。浏览 Web 页 是超链接最普遍的一种应用,通过超链接还可以获得不同形态的服务,如文件 传输、资料查询、电子邮件和远程访问等。

9.2 网页中特殊链接的创建

经常浏览一些网页还会看见一些特别的链接方式,比如下载页面的下载链接,这些链接都被称为特殊链接。在 Dreamweaver 中除了可以实现页面之间的跳转外,还可以实现文件中的跳转、文件下载、E-mail 链接和图像映射等其他一些链接形式,本节将介绍如何创建这些特殊链接。

9.2.1 空链接与下载链接

有些客户端行为的动作,需要由超链接来调用,这时就需要用到空链接了。访问者单击网页中的空链接,将不会打开任何文件。

下载链接我们就比较熟悉了,在很多下载页面中都会遇到,当用户单击该链接时,则会下载某些相关的文件,链接到下载文件的方法和链接到网页的方法一样,只不过当被链接的文件是 exe 文件或 zip 文件时,这些文件将会被下载,这就是网上下载的方法。

➡ 实战 82+ 视频:为网站的内容创建空链接和下载链接

在了解了空链接和下载链接的意义后,下面就学习如何在网页中创建空链接和下载链接,这将进一步加深我们对于网页制作的兴趣。

🏠 源文件:源文件 \ 第 9 章 \9-2-1.html

📡 操作视频:视频 \ 第 9 章 \9-2-1.swf

01 ▶执行"文件 > 打开"命令，打开页面"源文件 \ 第 9 章 \9-2-1.html"。

02 ▶选中"游戏视频"图像。

03 ▶在"属性"面板上的"链接"文本框中输入空链接 #。

04 ▶执行"文件 > 保存"命令，保存页面，在浏览器中预览，单击刚刚设置的空链接的图像，将重新刷新当前的页面。

05 ▶返回 Dreamweaver 的设计视图中，在页面中选中"客户端下载"图像。

06 ▶单击"属性"面板上的"链接"文本框后的"浏览文件"按钮，弹出"选择文件"对话框，选择站点中需要下载的内容。

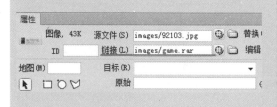

07 ▶单击"确定"按钮，在"属性"面板上的"链接"文本框中可以看到所要链接下载的文件名称。

08 ▶还可以使用另一种方法，选中页面中需要设置下载链接的图像，拖动"指向文件"按钮，到"文件"面板中的下载文件即可。

09 ▶ 执行"文件 > 保存"命令，保存页面，在浏览器中预览页面，单击页面中的"客户端下载"图像链接，弹出下载文件的提示。

10 ▶ 单击"保存"按钮，弹出"另存为"对话框，单击"保存"按钮，所链接的下载文件即可保存到该位置。

 提问：什么是空链接？

答：所谓空连接，就是没有目标端点的链接。利用空链接，可以激活文件中链接对应的对象和文本。当文本或对象被激活后，可以为之添加行为，比如当鼠标经过后变换图片，或者使某一 Div 显示。

9.2.2　脚本链接

脚本链接对多数人来说是比较陌生的词汇，脚本链接一般用于给予浏览者关于某个方面的额外信息，而不用离开当前页面。

➡ 实战 83+ 视频：创建脚本链接

脚本链接具有执行 JavaScript 代码或调用 JavaScript 函数的功能，脚本链接还可用于在访问者单击特定项时，执行计算、验证表单和完成其他处理任务，下面通过一个实例介绍在网页中创建脚本链接的方法。

⌂ 源文件：源文件 \ 第 9 章 \9-2-2. html

🔊 操作视频：视频 \ 第 9 章 \9-2-2. swf

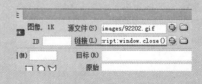

01 ▶ 执行"文件 > 打开"命令，打开页面"源文件 \ 第 9 章 \9-2-2.html"。

02 ▶ 选中页面底部的 close 图像，在"属性"面板上的"链接"文本框中输入 JavaScript 脚本链接代码 JavaScript:window.close()。

```
<div id="box">
    <div id="bottom">关闭该广告窗口<a href="JavaScript:window.close()"><img src=
"images/92202.gif" width="37" height="11" /></a></div>
</div>
```

03 ▶选中刚刚设置脚本链接的 close 图像，切换到代码视图中，可以看到加入脚本链接的代码。

04 ▶执行"文件 > 保存"命令，保存页面，在浏览器中预览页面。单击设置了脚本链接的图像，浏览器会弹出提示对话框，单击"是"按钮后就可以关闭窗口了。

 此处为该图像设置的是一个关闭窗口的 JavaScript 脚本代码，当用户单击该图像时，就会执行该 JavaScript 脚本代码，关闭窗口的 JavaScript 脚本代码的完整格式是 JavaScript:window.close()。

 提问：JavaScript 脚本链接中引号的使用需要注意什么？
　　答：在脚本链接中，由于 JavaScript 代码出现在一对双引号中，因此代码中原先的双引号应该相应改为单引号。

9.2.3　锚记链接

　　锚记链接是通过在页面中不同的位置设置链接，然后在页面的某个分项内容的标题上设置锚点，在浏览页面的时候，只需要单击页面中设置的锚点，即可跳转到相应的页面内容。这样设置的好处就是不用在浏览网页时频繁使用滚动条，从而使浏览变得更快捷。

➡ 实战 84+ 视频：创建锚记链接

　　通过锚记链接的创建，可以方便浏览者阅读页面文本的信息，在最短的时间里找到自己感兴趣的内容。下面就通过一个实例来了解页面中锚记链接的创建。

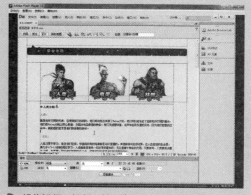

🏠 源文件：源文件 \ 第 9 章 \9-2-3.html　　📡 操作视频：视频 \ 第 9 章 \9-2-3.swf

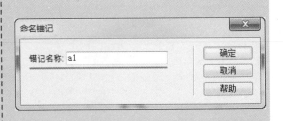

01 ▶ 执行"文件 > 打开"命令，打开页面"源文件 \ 第 9 章 \9-2-3.html"。可以看到页面效果。

02 ▶ 将光标移至"人类介绍"文字后，单击"插入"面板上的"命名记"按钮，弹出"命名锚记"对话框，在"锚记名称"文本框中输入锚记的名称。

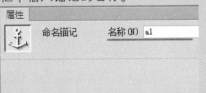

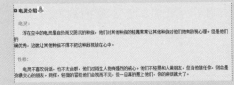

03 ▶ 单击"确定"按钮，在光标所在位置插入一个锚记标签。

04 ▶ 如果需要重新定义锚记的名称，可以在页面中选中锚记图标，在"属性"面板上对锚记名称重新定义。

提示　如果在 Dreamweaver CS6 设计视图中看不到插入的锚记标记，可以执行"查看 > 可视化助理 > 不可见元素"命令，勾选中该项，即可在 Dreamweaver CS6 设计视图中看到锚记标记。在页面中插入的锚记标记，在浏览器中浏览页面时是不可见的。

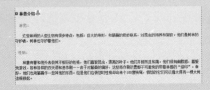

05 ▶ 将光标移至"电灵介绍"文字后，单击"插入"面板上的"命名锚记"按钮，弹出"命名锚记"对话框，设置"锚记名称"为 a2，单击"确定"按钮。

06 ▶ 使用相同的制作方法，在页面中其他需要插入锚记的位置插入锚记标签。

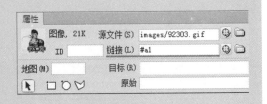

07 ▶ 选中页面头部需要链接到 a1 锚记的图像。

08 ▶ 在"属性"面板上的"链接"文本框中输入一个数字符号 # 和锚记的名称。

还可以采用前面介绍的指向页面的方法。选中页面中需要设置锚记链接的图像或文字，在"属性"面板上拖动"链接"文本框后的"指向文件"按钮 到页面中的锚记上，则链接将指向这个锚记。

09 ▶ 完成页面锚记链接的设置，执行"文件 > 保存"命令，保存页面，在浏览器中预览页面。

10 ▶ 单击页面中设置了锚记链接的元素，页面将自动跳转到该链接到的锚记名称的位置。

如果要链接到同一文件夹内其他文档页面中的锚记，可以在"链接"文本框中输入"文件名 # 锚记名"。例如需要链接到 9-2-4.html 页面中的 a1 锚记，可以设置"链接"为 9-2-4.html#a1。

提问：锚记的名称可以随意设置吗？

答：在为锚记命名时应该注意遵守以下规则：锚记名称可以是中文、英文和数字的组合，但锚记名称不能以数字开头，并且锚记名称中不能含有空格。

9.2.4　E-mail 链接

在很多的个人网站或者企业单位网站，经常会在网页的下方留有站长或公司的 E-mail 地址，如果希望联系站长或反馈某些信息时，都会通过该链接，给相关人员发送邮件，E-mail 链接不仅可以建立在文字上还可以建立在图像中。

➡ 实战 85+ 视频：创建 E-mail 链接

E-mail 链接最大的好处是提供了用户和网站管理人员沟通的渠道，通过 E-mail 链接的创建，用户只需要点击相应的链接对象，即可弹出邮件收发软件，通过邮件收发软件可以提出自己的建议与所要反应的内容。

🏠 源文件：源文件 \ 第 9 章 \ 9-2-4.html

🎬 操作视频：视频 \ 第 9 章 \ 9-2-4.swf

01 ▶执行"文件>打开"命令，打开页面"源文件\第9章\9-2-4.html"。

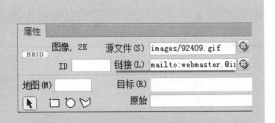

02 ▶选中页面底部的 BRID 图像，在"属性"面板上的"链接"文本框中输入语句 mailto: webmaster@intojoy.com。

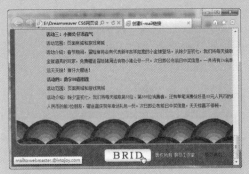

03 ▶执行"文件>保存"命令，保存页面，在浏览器中预览页面。

04 ▶单击 BRID 图像，弹出系统默认的邮件收发软件。

提示　　E-Mail 链接是指当用户在浏览器中单击该链接之后，不是打开一个网页文件，而是启动用户系统客户端的 E-Mail 软件（如 Outlook Express），并打开一个空白的新邮件，供用户撰写内容来与网站联系。

提示　　当我们设置 E-mail 链接的时候，可以为浏览者添加邮件的主题，具体方法是在输入电子邮件地址后面加入"?subject= 要输入的主题"的语句，本实例中主题可以写"胖鸟"，完整的语句为"webmaster@intojoy. com?subject= 胖鸟"。

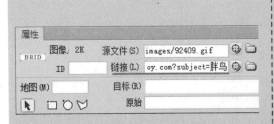

05 ▶选中刚刚设置 E-mail 链接的图像，在其后面输入"?subject= 胖鸟"。

06 ▶保存页面，在浏览器中预览页面，单击页面中的图像，弹出系统默认的邮件收发软件并自动填写邮件主题。

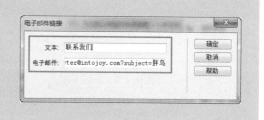

07 ▶ 拖动光标选中页面底部的"联系我们"文字，单击"插入"面板上的"电子邮件链接"按钮 ⊠ 。

08 ▶ 弹出"电子邮件链接"对话框，在"文本"文本框中输入链接的文字，在 E-Mail 文本框中输入需要链接的 E-Mail 地址。

09 ▶ 单击"确定"按钮，为页面中的"联系我们"文字设置了相应的 E-Mail 链接。执行"文件 > 保存"命令，保存页面，在浏览器中预览页面。

10 ▶ 单击"联系我们"文字，弹出系统默认的邮件收发软件。

提问：为什么 E-mail 主题在邮件收发软件中显示为乱码？

答：如果用户的 E-mail 主题出现乱码，主要是因为在 Dreamweaver CS6 中新建的页面默认编码为 UTF-8 格式，需要在"页面属性"对话框中，将页面编码修改为"简体中文 GB2312"，则在弹出的邮件收发软件中的 E-mail 主题就不会出现乱码的情况了。

9.2.5　热点链接

　　热点链接就是通过设置图像映射来实现的，将整幅图或者图像的某一部分作为图像链接的载体，实质上就是通过 HTML 中定义一定的区域，然后给这些区域添加链接，这些区域就被称为热点，添加链接的热点就被称为热点链接。

➡ 实战 86+ 视频：创建热点链接

　　添加热点链接的页面相比传统链接页面更具简洁性、多样性和实用性。创建热点链接的方法很简单，下面就通过一个具体的实例来熟悉页面中热点链接的创建。

🏠 源文件：源文件 \ 第 9 章 \9-2-5. html

🔊 操作视频：视频 \ 第 9 章 \9-2-5. swf

01 ▶ 执行"文件>打开"命令，打开页面"源文件\第9章\9-2-5.html"。

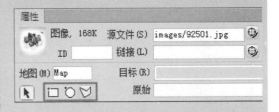

02 ▶ 选中页面中的图像，单击"属性"面板中的"多边形热点工具"按钮🡒。

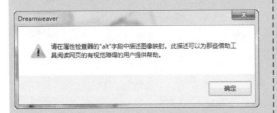

03 ▶ 将光标移至图像上需要添加热点链接的位置，按下鼠标左键，在图像上拖动鼠标绘制一个合适的多边形热点区域，松开鼠标弹出提示对话框。

04 ▶ 单击"确定"按钮，在图像上绘制一个多边形热点区域。

05 ▶ 单击"属性"面板上的"指针热点工具"按钮，选中刚刚绘制的多边形热点区域，可以调整多边形热点区域的位置，在"属性"面板上设置热点链接。

06 ▶ 使用相同的方法，完成其他热点区域的创建，并分别设置相应的链接和替换文本。

在浏览器中预览页面。

07 ▶ 完成页面中热点区域的创建和设置后，执行"文件 > 保存"命令，保存页面，

08 ▶ 单击图像中的热点区域，在新窗口可以打开相应的链接。

提问：在 Dreamweaver 中创建图像热点的工具有哪些？

答：在"属性"面板中单击"指针热点工具"按钮，可以在图像上移动热点的位置，改变热点的大小和形状。还可以在"属性"面板中单击"多边形热点工具"按钮和"椭圆形热点工具"按钮，以创建矩形和椭圆形的热点。

9.3　本章小结

在网站的世界中，网页链接就像是沟通这个大千世界的桥梁，没有网页链接，页面就会显得呆板、狭隘和交互性差，在页面设计中不仅要注重页面的整体效果，更应该注重页面的实用性。本章主要介绍了如何在网页中创建各种不同用途的超链接，希望读者能够熟悉掌握这些基本链接的创建，把书本上的知识转化为自己脑海里的知识，创建出更加多样、新颖的页面链接效果。

本章知识点

- ☑ 创建并保存模板
- ☑ 在模板中创建可编辑区域
- ☑ 创建基于模板的页面
- ☑ 创建库项目
- ☑ 应用库项目

第 10 章 使用模板和库提高网页制作效率

在网页中，模板和库是为提高设计者创建网站工作效率和网页更新的速度而存在的，在这一章主要介绍网页中模板和库的使用方法和技巧。模板是一种比较特殊的文档页面，可以用来设计制作大部分布局类似的页面，当再次用到类似的布局页面时，就可以直接拿来使用，从而避免了做一些无用功，大大提高网页设计者的工作效率。

10.1 创建模板

Dreamweaver 中的模板是一种特殊类型的文档，用于设计布局比较"固定"的页面。该功能的出现给网站设计制作者提供了很大的发挥空间，也给网站页面的管理方面减少了许多工作量，在设计模板的过程中，还需要指定模板的可编辑区域，以便在应用到网页时可以进行编辑操作。

10.1.1 3 种创建模板页面的方法

在 Dreamweaver CS6 中，可以通过将现有的网页文件另存为模板；也可以直接新建一个空白的模板，再在其中插入需要显示的文档内容。模板实际上也是一种文档，它的扩展名为 .dwt，存放在站点根目录下的 Templates 文件夹中，如果该 Templates 文件夹在站点中尚不存在，Dreamweaver 将在保存新建模板时自动将其创建。

● **从"新建文档"对话框创建模板页面**

执行"文件 > 新建"命令，弹出"新建文档"对话框，进行设置。设置完成后，单击"创建"按钮，即可创建一个空白的模板页面。

● **从"资源"面板创建模板页面**

执行"窗口 > 资源"命令，打开"资源"面板，单击"模板"按钮 ◻，切换到"模板"类别。单击面板右下角的"新建模板"按钮 ◻，或在面板的列表中单击鼠标右键，在弹出的快捷菜单中选择"新建模板"命令。

　　在新建的模板名称上单击鼠标右键，在弹出的快捷菜单中选择"重命名"命令，即可对其名称进行设置。

> **提示**　新建一个空模板后，如果要对其内容进行编辑，可以在"资源"面板的"模板"列表中双击该模板的名称，也可以单击面板右下角的"编辑"按钮☑️进行编辑。

● 从现有网页创建模板页面

　　执行"文件 > 打开"命令，打开需要创建为模板的网页，执行"文件 > 另存为模板"命令，或者单击"插入"面板"常用"选项卡中的"模板"按钮📄，在弹出的菜单中选择"创建模板"命令。在弹出的对话框中进行设置，即可将现有网页创建为模板页面。

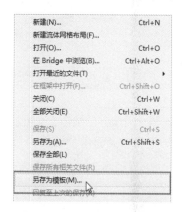 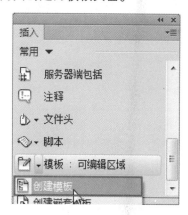

➡️ 实战 87+ 视频：创建模板页面

　　使用模板能够大大提高设计者的工作效率，当用户对一个模板进行修改后，所有使用了这个模板的网页内容都将会随之同步修改，这也是模板最强大的功能之一。接下来制作一个图书音像制品网站页面。

🏠 源文件：源文件 \Templates\10-1-1.dwt

📡 操作视频：视频 \ 第10章 \10-1-1.swf

01 ▶ 执行"文件 > 打开"命令，打开制作好的页面"源文件 \ 第10章 \10-1-1.html"。

02 ▶ 执行"文件 > 另存为模板"命令，或者单击"插入"面板中的"模板"按钮，在弹出的菜单中选择"创建模板"命令。

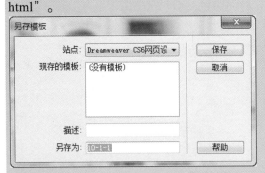

03 ▶ 弹出"另存模板"对话框，在"另存为"文本框中输入模板页面的名称。

04 ▶ 单击"保存"按钮，弹出提示对话框，提示是否更新页面中的链接。

05 ▶ 单击"否"按钮，手动将页面相关的文件夹复制到 Templates 文件夹中，完成另存为模板的操作，模板文件被保存在站点的 Templates 文件夹中。

06 ▶ 完成模板的创建后，可以看到刚刚打开的文件 10-1-1.html 的扩展名变为了 .dwt，该文件的扩展名也就是网页模板的扩展名。

> 在 Dreamweaver 中，不要将模板文件移动到 Templates 文件夹外，不要将其他非模板文件存放在 Templates 文件夹中，同样也不要将 Templates 文件夹移动到本地根目录外，因为这些操作都会引起模板路径错误。

提问：模板有哪些优点？

答：当设计制作大型的网站时，模板便可将其优点发挥得淋漓尽致，模板的优点如下。

（1）提高网页制作者的工作效率。由于模板与基于模板的页面之间保持着一种连接的状态，它们之间的共同内容能够保持完全一致，因此，当对模板的页面内容进行修改和调整后，那么所有基于该模板的页面都将随之进行改变。

（2）统一网站的整体风格和结构。作为一个模板，Dreamweaver 会自动锁定文档中的大部分区域，在基于模板的页面中，用户只能对可编辑区域和可选区域进行调整和修改，而对于锁定的区域则不能进行任何操作。

（3）避免在保存时覆盖其他文档的困扰。之前的版本中没有模板的功能，制作好页面之后经常需要另存为，否则不小心便会将前面的文档覆盖。

10.1.2 "另存模板"对话框

执行"文件 > 另存为模板"命令，弹出"另存模板"对话框，通过在该对话框中的设置，可以将所创建的模板文件保存到站点中。

● 站点

在该下拉列表中可以选择一个用来保存模板的站点。

● 现存的模板

在该列表框中列出了站点根目录下 Templates 文件夹中所有的模板文件，如果当前站点中还没有创建任何模板文件，则显示为（没有模板）。

● 描述

在该文本框中可以输入该模板文件的描述内容。

● 另存为

在该文本框中可以输入该模板的名称。

10.1.3 可编辑区域

在创建一个新的模板时，需要定义可编辑区域，可编辑区域主要是控制模板页面中的哪些区域编辑，哪些区域不可以编辑。

实战 88+ 视频：在模板页面中创建可编辑区域

前面已经完成了模板页面的创建，但是在模板页面中并没有定义任何的可编辑区域，这样模板页面基本等于没有什么功能，接下来将在模板页面中创建可编辑区域。

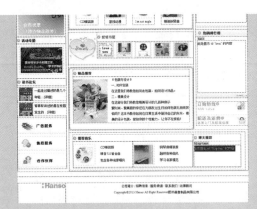

源文件：源文件 \ Templates \10-1-1.dwt

操作视频：视频 \ 第10章 \10-1-3.swf

01 ▶ 打开刚创建的模板页面 "源文件\Templates\10-1-1.dwt"，选中页面中名为 list 的 Div。

02 ▶ 单击 "插入" 面板中 "创建模板" 按钮旁的向下箭头，在弹出的菜单中选择 "可编辑区域" 命令。

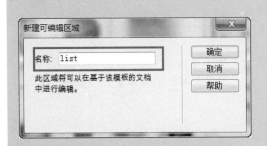

03 ▶ 弹出 "新建可编辑区域" 对话框，在 "名称" 文本框中输入该区域的名称。

04 ▶ 单击 "确定" 按钮，可编辑区域即被插入到模板页面中。

提示

可编辑区域在模板页面中由高亮显示的矩形边框围绕，区域左上角的选项卡会显示该区域的名称，在为可编辑区域命名时，不能使用某些特殊字符，如单引号 " " 等。

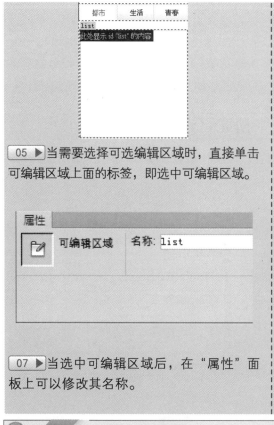

05 ▶ 当需要选择可选编辑区域时，直接单击可编辑区域上面的标签，即选中可编辑区域。

06 ▶ 还可以执行"修改＞模板"命令，从子菜单中选择可编辑区域的名称即可。

07 ▶ 当选中可编辑区域后，在"属性"面板上可以修改其名称。

08 ▶ 使用相同的制作方法，可以在模板页面中的其他需要插入可编辑区域的位置插入可编辑区域。

提问：如何删除模板中的可编辑区域？

答：如果需要删除某个可编辑区域和其内容时，可以选择需要删除的可编辑区域后，按键盘上的 Delete 键，即可将选中的可编辑区域删除。

10.1.4　可选区域

单击"创建模板"按钮中的倒三角按钮，在弹出的菜单中选择"可选区域"选项，弹出"新建可选区域"对话框，默认显示"基本"选项卡。单击"高级"选项卡，即可切换到高级选项设置。

● **名称**

在该文本框中可以输入该可选区域的名称。

● **默认显示**

选中该复选框后，则该可选区域在默认情况下将在基于模板的页面中显示。

● 使用参数

选择该选项后，可以选择要将所选内容链接到的现有参数，如果要链接可选区域参数，可以选择该单选按钮。

● 输入表达式

选择该选项后，在该文本框中可以输入表达式，如果要编写模板表达式来制作可选区域的显示，可以选择该单选按钮。

⇒ 实战 89+ 视频：在模板页面中创建可选区域

完成了可编辑区域的创建，接下来还可以在模板页面中创建可选区域，这样就可以控制基于该模板的页面中某些部分的显示与隐藏了。

🏠 源文件：源文件 \ Templates \10-1-1.dwt

📶 操作视频：视频 \ 第 10 章 \10-1-4. swf

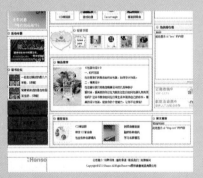

01 ▶ 在模板页面中选中名为 left-pic2 的 Div。

02 ▶ 单击"插入"面板中"创建模板"按钮旁的向下箭头，在弹出的菜单中选择"可选区域"命令。

03 ▶ 弹出"新建可选区域"对话框，通常采用默认设置。

04 ▶ 单击"确定"按钮，完成"新建可选区域"对话框的设置，在模板页面中定义可选区域。

提问：模板中的可选区域有什么特点？

答：在模板中定义了可选区域后，用户无法在基于该模板的页面中的这些区域中进行编辑，但可以根据自己的意愿选择是否在基于该模板的页面中显示或者隐藏这些区域。

10.1.5　可编辑可选区域

如果将模板页面中的某一部分定义为可编辑可选区域，则该部分的内容在基于该模板的页面中是可以进行编辑的，并且还可以控制该部分内容在基于模板的页面中是显示的。

➡ 实战 90+ 视频：在模板页面中创建可编辑可选区域

完成了可选区域的创建，还可以在模板页面中创建可编辑可选区域，这样可以在基于该模板的页面中，使该部分内容可以进行编辑，并使该部分内容可以在基于模板页面中显示或隐藏。

源文件：源文件 \ Templates \10-1-1.dwt

操作视频：视频 \ 第 10 章 \10-1-5.swf

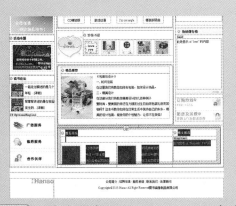

01 ▶ 继续在模板页面 10-1-1.dwt 中进行操作，在页面中选中名为 right-bottom 的 Div。

02 ▶ 单击"插入"面板中"创建模板"按钮右边的向下箭头，在弹出的菜单中选择"可编辑的可选区域"命令。

03 ▶ 弹出"新建可选区域"对话框，使用默认设置。

04 ▶ 单击"确定"按钮，完成"新建可选区域"对话框的设置，在页面中定义可编辑可选区域。

💡 提示

在页面中不论是定义可编辑区域还是可编辑可选区域，所弹出的对话框都为"新建可选区域"对话框，其中选项也是完全相同的。

❓ 提问

提问：如何删除模板中创建的可编辑的可选区域？

答：如果想要取消页面中可编辑的可选区域，可以将该可编辑的可选区域选中，执行"修改 > 模板 > 删除模板标记"命令，即可取消页面中的可编辑的可选区域。

 10.1.6 重复区域

在页面中创建重复区域，可以通过重复特定项目来控制页面的布局，例如目录项、说明布局以及重复数据行（如项目列表）。

重复区域可以使用重复区域和重复表格两种重复区域模板对象。其通常用于表格，但也可以为其他的页面元素创建重复区域。

创建重复区域可以根据需要在基于模板的页面中复制任意次数的模板部分。重复区域不是可编辑区域，如果需要使用重复区域中的内容可编辑，必须在重复区域内插入可编辑区域。

10.2 应用模板

在 Dreamweaver 中，创建新页面时，如果在"新建文档"对话框中单击"模板中的页"选项卡，便可以创建出基于选中的模板的网页。本节将介绍如何创建基于模板的页面以及如何对模板进行管理。

10.2.1 新建基于模板页面

创建基于模板的页面有很多种方法，例如可以使用"资源"面板，或者通过"新建文档"对话框，在这里主要介绍通过"新建文档"对话框的方法来创建基于模板的页面。

➡ **实战 91+ 视频：创建基于模板的页面**

作为一个模板，Dreamweaver 会自动锁定文档中的大部分区域。模板设计者可以定义基于模板的页面中哪些区域可以编辑，本实例中通过执行"文件 > 新建"命令，创建基于模板的页面，并在可编辑区域进行编辑。

源文件：源文件 \ 第 10 章 \10-2-1.html

操作视频：视频 \ 第 10 章 \10-2-1.swf

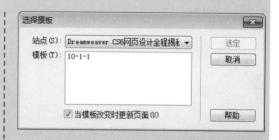

01 ▶ 执行"文件 > 新建"命令，弹出"新建文档"对话框，在左侧选择"模板中的页"选项，在"站点"右侧的列表中显示的是该站点中的模板。

02 ▶ 单击"创建"按钮，创建一个基于 10-1-1 模板的页面。还可以新建一个 HTML 页面，执行"修改 > 模板 > 应用模板到页"命令，弹出"选择模板"对话框。

提示　在"站点"下拉列表中可以选择需要应用模板的所在站点，在"模板"文本框中可以选择需要应用的模板。

03 ▶ 单击"确定"按钮，即可将选择的 10-1-1 模板应用到刚刚创建的 HTML 页面中，执行"文件 > 保存"命令，将页面保存为"源文件 \ 第 10 章 \10-2-1.html"。

04 ▶ 将光标移至名为 list 的可编辑区域中，将多余文字删除，插入图像并输入相应的文字内容。

提 示　如果将模板应用到页面中的其他方法，新建一个 HTML 文件，在"资源"页面中的"模板"类别中选中需要插入的模板，单击"应用"按钮，还可以将模板列表中的模板直接拖到网页中。

提 示　在 Dreamweaver 中基于模板的页面，在设计视图中页面的四周会出现黄色边框，并且在窗口右上角显示模板的名称。在该页面中只有编辑区域的内容能够被编辑，可编辑区域外的内容被锁定，无法编辑。

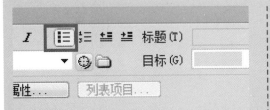

```
<div id="list">
  <ul>
    <li><img src="images/10135.gif" width="13" height="13" />牛年谁最牛</li>
    <li><img src="images/10136.gif" width="13" height="13" />投资与理财</li>
    <li><img src="images/10137.gif" width="13" height="13" />职场感想</li>
    <li><img src="images/10138.gif" width="13" height="13" />理财基金</li>
    <li><img src="images/10139.gif" width="13" height="13" />北漂的生活</li>
    <li><img src="images/10140.gif" width="13" height="13" />他的成功历程</li>
    <li><img src="images/10141.gif" width="13" height="13" />最新CD精装版上市</li>
    <li><img src="images/10142.gif" width="13" height="13" />七彩人生</li>
    <li><img src="images/10143.gif" width="13" height="13" />美丽有约</li>
    <li><img src="images/10144.gif" width="13" height="13" />阿杰的故事</li>
  </ul>
</div>
```

05 ▶ 选中刚输入的所有段落文字与图像，单击"属性"面板中的"项目列表"按钮，创建项目列表。

06 ▶ 切换到代码视图中，可以看到该部分的代码。

```css
#list li {
    list-style-type: none;
}
#list li img {
    margin-left: 10px;
    margin-right: 10px;
    vertical-align: middle;
}
```

07 ▶ 转换到 10-1-1.css 文件中，创建名为 #list li 和 #list li img 的 CSS 规则。

08 ▶ 返回设计视图，可以看到页面效果。

09 ▶ 将光标移至名为 best 的可编辑区域中，将多余文字删除，输入相应的段落文字。

10 ▶ 选中刚输入的所有段落文字，单击"属性"面板中的"项目列表"按钮，为文字创建项目列表。

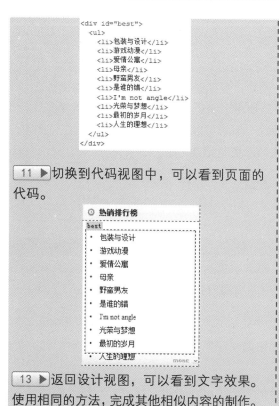

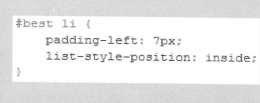

```
#best li {
    padding-left: 7px;
    list-style-position: inside;
}
```

11 ▶ 切换到代码视图中，可以看到页面的代码。

12 ▶ 转换到 10-1-1.css 文件中，创建名为 #best li 的 CSS 规则。

13 ▶ 返回设计视图，可以看到文字效果。使用相同的方法，完成其他相似内容的制作。

14 ▶ 完成基本模板页面的创建和页面中可编辑区域中内容的制作，保存页面，在浏览器中预览页面，可以看到页面的效果。

提问：如何将基于模板的页面与模板分离，成为独立的普通页面？

答：如果不希望对基于模板的页面进行更新，可以执行"修改 > 模板 > 从模板中分离"命令，模板生成的页面即可脱离模板，成为普通的网页，这时页面右上角的模板名称与页面中模板元素名称便会消失。

10.2.2　更新模板

完成模板的创建后，通过修改模板页面的方法可以快速更新基于该模板的页面，极大地方便了多页面的管理和修改。

执行"文件 > 打开"命令，打开制作好的模板页面"源文件\Templates\10-1-1.dwt"，在模板页面中进行修改，修改后执行"文件 > 保存"命令，弹出"更新模板文件"对话框。单击"更新"按钮，弹出"更新页面"对话框，会显示更新结果，单击"关闭"按钮，便可以完成页面的更新。

💡 提示　　　在"查看"下拉列表中可以选择"整个站点"、"文件使用"和"已选文件"3个选项。如果选择的是"整个站点"，要确认更新了哪个站点的模板生成网页；如果选择的是"文件使用"，要选择更新使用了哪个模板生成的网页。在"更新"选项中包含了"库项目"和"模板"两个选项，可以设置更新的类型。选中"显示记录"复选框后，则会在更新之后显示更新记录。

10.3　创建与应用库项目

在 Dreamweaver CS6 中，使用库功能能够将在多个网站页面中重复使用的网页元素存储为库项目，从而大大方便了网站工作者随时对页面进行调整和修改，省去了许多重复的操作。模板使用的是整个网页，库项目只是网中的局部内容。

10.3.1　创建库项目

制作结构或设计上完全不同的网页文件时，如果在网页上具有插入相同内容的部分，就可以将该部分使用库来进行制作后再使用。

例如在一个网页的主页上链接了数百个子页面的情况下，每个网页都有重复的部分，但每次创建网页时都从头开始进行制作，那就要反复数百次的相同操作。这种情况下，如果把经常反复出现的部分固定起来，并只输入需要更换的部分内容，就可以更容易地完成操作了。

➡ 实战 92+ 视频：将网站导航菜单创建为库项目

Dreamweaver 中的"库"面板是一种特殊的功能，库可以显示已创建便于放在网页上单独"资源"或"资源"副本的集合，这些资源又被称为库项目。

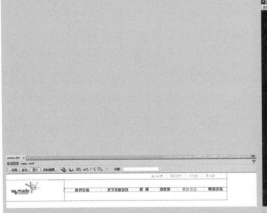
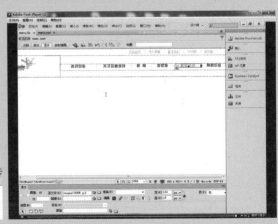

🏠 源文件：源文件 \Library\menu.lbi　　　🎬 操作视频：视频 \ 第10章 \10-3-1.swf

01 ▶执行"窗口 > 资源"命令，打开"资源"面板，单击左侧的"库"按钮，切换到"库"选项。

02 ▶在"库"选项的空白处单击鼠标右键，在弹出的快捷菜单中选择"新建库"命令，并将新建的库项目命令为 menu。

在创建库文件之后，Dreamweaver 会自动在当前站点的根目录下创建一个名为 Library 的文件夹，将库项目文件放置在该文件夹中。

03 ▶在新建的库项目上双击，即可在编辑窗口中打开该库项目。

04 ▶为了方便操作，将"源文件 \ 第 10 章"中的 images 文件夹复制到 Library 文件夹中，并新建一个 style 文件夹。

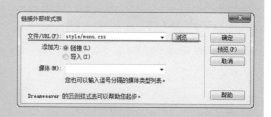

05 ▶执行"文件 > 新建"命令，弹出"新建文档"对话框，新建外部 CSS 样式表文件。将其保存为"源文件 \Library\style\menu.css"。

06 ▶返回库项目文件中，打开"CSS 样式"面板，再单击"附加样式表"按钮，弹出"链接外部样式表"对话框。

```
代码  拆分  设计  实时视图  ⌐□.
1   @charset "utf-8";
2   /* CSS Document */
3   body {
4       font-size: 12px;
5       color: #333;
6       line-height: 25px;
7       margin: 0px;
8   }
```

```
#menu {
    width: 920px;
    height: 101px;
}
```

07 ▶ 转换到 menu.css 文件中，创建名为 body 的标签 CSS 样式。

08 ▶ 返回设计视图，在页面中插入一个名为 menu 的 Div，转换到 menu.css 文件中，创建名为 #menu 的 CSS 样式。

```
#menu-top {
    text-align: right;
    color: #6C0;
    padding-right: 50px;
}
```

09 ▶ 返回到设计视图，可以看到页面的效果。

10 ▶ 将光标移至名为 menu 的 Div 中，将多余文字删除，插入名为 menu-top 的 Div，转换到 menu.css 文件中，创建名为 #menu-top 的 CSS 样式。

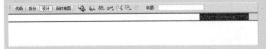

11 ▶ 返回到设计视图，可以看到页面的效果。

12 ▶ 将光标移至名为 menu-top 的 Div 中，将多余文字删除，输入相应的文字和竖线。

```
#menu-top span {
    margin-left: 15px;
    margin-right: 15px;
}
```

13 ▶ 切换到代码视图，在刚输入的文字中添加 <span> 标签。

14 ▶ 转换到 menu.css 文件中，创建名为 #menu-top span 的 CSS 样式。

```
#logo {
    width: 240px;
    height: 86px;
    float: left;
}
```

15 ▶ 返回到设计视图，可以看到页面的效果。

16 ▶ 在名为 menu-top 的 Div 后插入名为 logo 的 Div，转换到 menu.css 文件中，创建名为 #logo 的 CSS 样式。

17 ▶ 返回到设计视图，可以看到页面的效果。

```
#top-menu {
    width: 680px;
    height: 15px;
    margin-top: 35px;
    float: left;
}
```

18 ▶ 将光标移至名为 logo 的 Div 中，将多余文字删除，插入图像"源文件 \Library\images\10301.gif"。

19 ▶ 在名为 logo 的 Div 后插入名为 top-menu 的 Div，转换到 menu.css 文件中，创建名为 #top-menu 的 CSS 样式。

20 ▶ 返回到设计视图，可以看到页面的效果。

21 ▶ 将光标移至名为 top-menu 的 Div 中，将多余文字删除，依次插入相应的素材图像，完成库项目的制作。

22 ▶ 保存该库项目，单击"文档工具栏"上的"实时视图"按钮，可以看到页面效果。

提问：还有什么方法可以创建库项目？

答：在一个制作完成的页面中也可以直接将页面中的某一处内容转换为库文件。首先需要选中页面中需要转换为库文件的内容，然后执行"修改 > 库 > 增加对象到库"命令，便可以将选中的内容转换为库项目。

10.3.2　应用库项目

完成库项目的创建，接下来就可以将库项目插入到相应的网页中，这样在整个网站制作过程中，就可以节省很多时间。

➡ 实战 93+ 视频：应用网站版底库项目

完成了库项目的创建后，就可以在网站的各页面中无限次地应用库项目，应用库项目主要是通过在"资源"面板中进行操作来完成的。接下来通过实战练习讲解如何在网页中应用库项目。

源文件：源文件 \ 第 10 章 \10-3-2. html

操作视频：视频 \ 第 10 章 \10-3-2. swf

`01` ▶ 执行"文件 > 打开"命令，打开页面"源文件 \ 第 10 章 \10-3-2.html"，单击文档工具栏中的"实时视图"按钮。

`02` ▶ 返回设计视图中，将光标移至名为 top 的 Div 中，将多余文字删除。

`03` ▶ 打开"资源"面板，单击"库"按钮，选中刚创建的库项目，单击"插入"按钮 插入 。

`04` ▶ 即可在页面中光标所在位置插入所选择的库项目。保存页面，在浏览器中预览页面。

提示

　　制作完成后，需要将 Library 文件夹中的 images 和 style 文件中的内容与第 10 章中的 images 和 style 文件中的内容保持一致，从而确保页面在预览的时候正常显示。

提问：为什么应用到网页中的库项目显示效果变了？

答: 将库文件插入到页面中后，背景会显示为淡黄色，而且是不可编辑的。在预览页面时背景色按照实际设置的显示。

10.3.3 编辑库项目

如果需要对库项目进行修改，可以在"资源"面板中选中需要编辑的库项目，单击"资源"面板中的"编辑"按钮，即可对该库项目进行编辑操作。

实战 94+ 视频：自动更新网站导航

库项目是可以在多个页面中重复使用的存储页面的对象元素，并且更新库项目后，其链接的所有页面中的元素都会被更新。

🏠 源文件: 源文件 \ 第 10 章 \10-3-2. html

📶 操作视频: 视频 \ 第 10 章 \10-3-3. swf

01 ▶执行"窗口 > 资源"命令，打开"资源"面板，单击左侧的"库"按钮，切换到"库"选项。

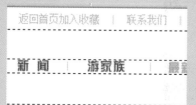

03 ▶在设计视图中进行编辑。

02 ▶选中 menu 库项目，单击"编辑"按钮。

04 ▶切换到代码视图中,添加相应的代码。

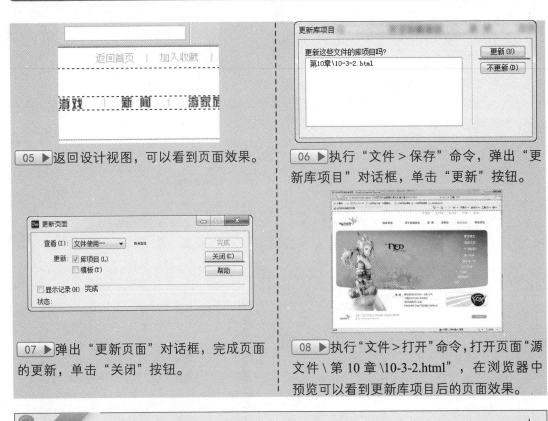

05 ▶ 返回设计视图，可以看到页面效果。

06 ▶ 执行"文件 > 保存"命令，弹出"更新库项目"对话框，单击"更新"按钮。

07 ▶ 弹出"更新页面"对话框，完成页面的更新，单击"关闭"按钮。

08 ▶ 执行"文件 > 打开"命令，打开页面"源文件 \ 第 10 章 \10-3-2.html"，在浏览器中预览可以看到更新库项目后的页面效果。

提问：如何将网页中应用的库项目与源文件分离？

答：如果需要将页面中的库项目与源文件分离，可以将该项目选中后，单击"属性"面板中的"从源文件中分离"按钮 从源文件中分离 ，库项目分离后即成为网页中的一部分，不再具有库项目的属性。

10.6 本章小结

　　本章主要向大家讲述了库和模板的创建以及在网页中的应用。使用模板和库可以极大地提高网页设计者的工作效率，从而节省许多宝贵的时间。完成本章的学习，读者需要熟练掌握 Dreamweaver 中库和模板的使用方法，能够通过库和模板提高网站的制作效率。

第 11 章 表格与 Spry 特效的应用

随着网络技术的发展，表格布局已经逐渐被 DIV+CSS 布局所取代，但表格在网页中依然起着很重要的作用，主要表现为处理表格式数据。Spry 构件为用户提供了一套 JavaScript 和 CSS 库，使用 Dreamweaver 可以轻松地在网页中创建更加丰富的交互效果。本章将介绍如何对网页中的表格进行处理，以及使用 Spry 构件在网页中实现各种常见的特效。

11.1 表格的基本操作

表格由行、列和单元格 3 个部分组成，使用表格可以排列页面中的文本、图像及各种对象。表格的行、列和单元格都可以复制及粘贴，并且在表格中还可以插入表格，一层层的表格嵌套使设计更加灵活。

11.1.1 "表格"对话框

将光标移至需要插入表格的位置，单击"插入"面板上的"表格"按钮 ，弹出"表格"对话框，在该对话框中可以设置表格的行数、列数、表格宽度、单元格间距、单元格边距和边框粗细等选项。

本章知识点

- ☑ 在网页中插入表格
- ☑ 选择表格和单元格
- ☑ 为数据排序与导入表格数据
- ☑ 了解 Spry 构件
- ☑ 制作网页常见 Spry 特效

○ **行数**
该选项用于设置插入表格的行数。

○ **列**
该选项用于设置插入表格的列数。

○ **表格宽度**
该选项用于设置插入表格的宽度，"宽度"的单位可以通过右边的下拉列表进行选择，有"像素"或"百分比"。"宽度单位"以像素定义的表格，大小是固定的，而以百分比定义的表格，会随着浏览器窗口大小的改变而改变。

● 边框粗细

该选项用于设置插入表格的边框宽度（以像素为单位）。

● 单元格边距

该选项用于设置插入的表格中单元格内容和单元格边框之间的像素数。

● 单元格间距

该选项用于设置插入的表格中相邻的表格单元格之间的像素数。

● 标题

该选项组中可以选择已定义的标题样式，有"无"、"左"、"顶部"和"两者"。

● 辅助功能

在该选项组定义与表格存储相关的参数，包括在"标题"文本框中定义表格标题，在"摘要"文本框中对表格进行注释。

➡ 实战 95+ 视频：插入表格

表格是网页的重要元素，也是比较常用的页面排版布局手段之一，虽然随着 CSS 布局的兴起，表格布局网页越来越少，但熟练掌握和运用表格的各种属性，还是非常有必要的。

🏠 源文件：源文件 \ 第 11 章 \11-1-1.html

📡 操作视频：视频 \ 第 11 章 \11-1-1.swf

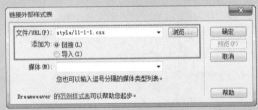

01 ▶ 执行"文件 > 新建"命令，新建一个空白的 HTML 页面。然后执行"文件 > 另存为"命令，将刚创建的页面保存为"源文件 \ 第 11 章 \11-1-1.html"。

02 ▶ 新建 CSS 外部样式文件，将其保存为"源文件 \ 第 11 章 \style\11-1-1.css"，返回 11-1-1.html 页面中，单击"CSS 样式"面板上的"附加样式表"按钮，链接刚创建的外部 CSS 样式表文件。

```
@charset "utf-8";
/* CSS Document */

body {
    font-size: 12px;
    line-height: 25px;
    color: #000;
}
table {
    background-color: #fffcef;
    margin: 50px auto 0px auto;
    border: 1px solid #9a7735;
}
```

03 ▶ 切换到 11-1-1.CSS 文件中，创建 body 标签和 table 标签的 CSS 样式。

04 ▶ 返回设计页面中，单击"插入"面板上的"表格"按钮，弹出"表格"对话框，对相关选项进行设置。

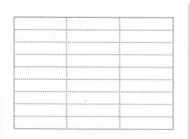

05 ▶ 单击"确定"按钮,即可在页面中插入表格。

07 ▶ 单击鼠标右键,在弹出的快捷菜单中选择"表格 > 合并单元格"命令。

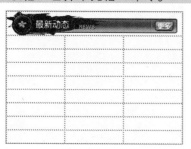

09 ▶ 单击"插入"面板上的"图像"按钮,在该单元格中插入图像"源文件 \ 第 11 章 \images\111101.png"。

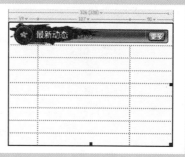

11 ▶ 将光标移至第 2 行第 1 列单元格中,插入图片并输入相应文字。

06 ▶ 拖动鼠标选中第一行的 3 个单元格。

08 ▶ 将第一行的 3 个单元格合并。

10 ▶ 将光标移至第 2 行第 1 列单元格中,设置"宽"为 59,将光标移至第 2 行第 2 列单元格中,设置"宽"为 187,将光标移至第 2 行第 3 列单元格,设置"宽"为 90。

```
.font01 {
    text-align: center;
}
table img {
    margin-right: 10px;
}
```

12 ▶ 切换到外部 CSS 样式文件中,创建名为 .font01 的类 CSS 样式和名为 table img 的 CSS 样式。

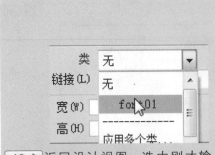

13 ▶ 返回设计视图，选中刚才输入的文字，在"属性"面板的"类"下拉列表中选择类 CSS 样式 font01 应用。

14 ▶ 可以看到应用 CSS 样式后的效果。

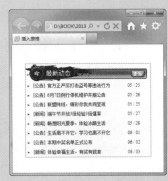

15 ▶ 使用相同的方法，完成其他内容的制作。

16 ▶ 执行"文件 > 保存"命令，保存页面，在浏览器中预览页面。

提问：表格的 HTML 标签是什么？

答：HTML 表格通过 <table> 标签定义。在 <table> 的打开和关闭标签之间，可以发现许多由 <tr> 标签指定的表格行。每一行由一个或者多个表格单元格组成。表格单元格可以是表格数据 <td>，或者表格标题 <th>，通常将表格标题认为是表达对应表格数据单元格的某种信息。

11.1.2 表格属性

表格是常用的页面元素，在页面中选中一个表格后，可以通过"属性"面板更改其属性。

● **行/列**

在"行"和"列"文本框中显示了当前所选表格的行数和列数，在文本框中输入数值，可修改所选中的表格的行或列。

● **宽**

显示当前选中表格的宽度，可以在该文本框中填入数值，修改选中的表格的宽度。紧跟其后的下拉列表框用来设置宽度的单位，有两个选项 % 和"像素"。

● **填充**

该选项用来设置单元格内部空白的大小，可填入数值，单位是像素。

间距

该选项用来设置单元格之间的距离，可以直接在该文本框中填入数值，单位是像素。

对齐

该下拉列表用来设置表格的对齐方式。"对齐"下拉列表有 4 个选项，分别是"默认"、"左对齐"、"居中对齐"和"右对齐"。在"对齐"下拉列表中选择"默认"，则表格将以浏览器默认的对齐方式对齐，默认的对齐方式一般为"左对齐"。

边框

该选项用来设置表格边框的宽度，可填入数值，单位是像素。

类

在该下拉列表中可以选择应用于该表格的 CSS 样式。

"清除列宽"按钮

单击该按钮，可以清除当前选中表格的宽度。

"将表格宽度转换成像素"按钮

单击该按钮，可以将当前选中表格的宽度单位转换为像素。

"将表格宽度转换成百分比"按钮

单击该按钮，可以将当前选中表格的宽度单位转换为百分比。

"清除行高"按钮

单击该按钮，可以清除当前选中表格的高度。

➡ 实战 96+ 视频：选择表格

表格是常用的页面元素，制作网页经常要借助表格进行排版，用好表格是页面设计的关键。借助表格，可以实现所设想的任何排版效果。另外灵活使用表格的背景、框线等属性可以得到更加美观的效果。

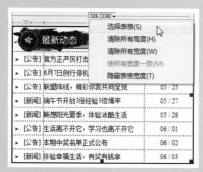

🏠 源文件：源文件 \ 第 11 章 \11-1-2.html

📡 操作视频：视频 \ 第 11 章 \11-1-2.swf

01 ▶ 执行"文件 > 打开"命令，打开"源文件 \ 第 11 章 \11-1-2.html"。

02 ▶ 将光标放置在单元格内，用鼠标单击表格上方，在弹出的菜单中选择"选择表格"命令，即可选中整个表格。

03 ▶ 还可以在表格中单击鼠标右键，在弹出的快捷菜单中选择"表格 > 选择表格"命令，同样可以选择表格。

04 ▶ 单击所要选择的表格左上角，在鼠标指针下方出现表格形状图标时单击，同样可以选择表格。

提问：为什么在网页中插入的表格会显示有边框？

答：如果在"表格"对话框中没有指定"边框粗细"、"单元格边距"和"单元格间距"的值，大多数浏览器会按"边框粗细"为2、"单元格边距"为1和"单元格间距"为2来显示表格。如果想确保浏览器中不显示表格中的边框、边距和间距，应将"边框粗细"、"单元格边距"和"单元格间距"都设置为0。

11.1.3 单元格属性

将鼠标光标移至表格的某个单元格内，可以在单元格"属性"面板中对此单元格的属性进行设置。

● **水平**

该选项用于设置单元格内元素的水平排版方式，在该下拉列表中包括"左对齐"、"右对齐"和"居中对齐"3个选项。

● **垂直**

该选项用于设置单元格内元素的垂直排版方式，在该下拉列表中包括"顶端对齐"、"底部对齐"、"基线对齐"和"居中对齐"4个选项。

● **宽 / 高**

用于设置单元格的宽度和高度，可以用像素百分比表示。

● **不换行**

选中该复选框，可以防止单元格中较长的文本自动换行。

● **标题**

选中该复选框可以为表格设置标题。

● **背景颜色**

该选项用于设置单元格的背景颜色。

● **"合并所选单元格"按钮□**

当在表格中选中两个或两个以上连续的单元格时，该按钮可用，否则无法使用，选择需要合并的单元格，单击该按钮，可以将选中的单元格合并。

● **"拆分单元格为行或列"按钮北**

单击该按钮，将弹出相应的对话框，可以将当前单元格拆分为多个单元格。

> 提示 在单元格的"属性"面板上还有一个 CSS 选项卡,单击转换到 CSS 选项卡中,在该选项卡中设置选项,与在 HTML 选项卡中设置选项相同,主要的区别在于,在 CSS 选项卡中设置的属性,会生成相应的 CSS 样式表应用于该单元格,而在 HTML 选项卡中设置的属性,会直接在该单元格标签中写入相关属性的设置。

实战 97+ 视频:选择单元格

单元格是表格的基本元素,如果需要对单元格进行操作,首先必须选中单元格,接下来向读者介绍选择单元格的方法。

 源文件:源文件 \ 第 11 章 \11-1-3.html

 操作视频:视频 \ 第 11 章 \11-1-3.swf

01 ▶ 执行"文件 > 打开"命令,打开"源文件 \ 第 11 章 \11-1-3.html"。

02 ▶ 将鼠标置于需要选择的单元格,在状态栏上的"标签选择器"中单击 <td.border01> 标签。

03 ▶ 如果需要选择整行,只需要将鼠标移至想要选择的行左边,当鼠标变成向右箭头形状时,单击鼠标左键即可选中整行。

04 ▶ 如果需要选择整列,只需要将鼠标移至想要选择的列的上方,当鼠标变成向下箭头形状时,单击鼠标左键即可选中整列。

05 ▶ 要选择连续的单元格，鼠标从一个单元格上方开始向要连续选择单元格的方向按下左键后拖动，即可连续选择单元格。

06 ▶ 要选择不连续的几个单元格，则需在单击所选单元格的同时，按住 Ctrl 键。

提问：如何调整单元格大小？

答：想要调整单元格大小，可以将光标移至需要调整大小的单元格中，在"属性"面板中对该单元格的"宽"和"高"属性进行设置。还可以直接拖动表格行或列的边框来调整单元格大小，如果需要更改某个列的宽度并保持其他列的大小不变，可以按住 Shift 键，然后拖动列的边框。

11.2　网页中表格应用技巧

针对表格中对数据的处理需要，Dreamweaver CS6 可以很方便地将表格内的数据进行排序、导入表格数据和导出数据等高级操作，通过这些技巧的应用，可以更加方便、快捷地对表格数据进行处理。

11.2.1　排序表格

如果需要对表格数据进行排序，则选中需要排序的表格，执行"命令 > 排序表格"命令，弹出"排序表格"对话框，在该对话框中可以对表格排序的规则进行设置。

的顺序选项。其中"按字母排序"可以按字母的方式进行排序；"按数字排序"可以按数字本身的大小作为排序的依据。在第二个下拉列表中，可以选择排序的方向，可以从字母 A~Z，从数字 0~9，即以"升序"排列；也可以从字母 Z~A，从数字 9~0，即以"降序"排列。

● **排序按**

在该下拉列表中选择排序需要最先依据的列，根据所选中的表格包含的列数不同，在该下拉列表中的选项设置也不相同。

● **顺序**

在第一个下拉列表中，可以选择排序

● **再按**

可以选择作为排序方式的次要依据，同样可以在"顺序"中选择排序方式和排序方向。

● **顺序**

可以在该选项中选择排序方式和排序方向。

○ 排序包含第一行

　　选中该复选框，可以从表格的第一行开始进行排序。

○ 排序标题行

　　选中该复选框，可以对标题行进行相应的排序。

○ 排序脚注行

　　选中该复选框，可以对脚注行进行相应的排序。

○ **完成排序后所有行颜色保存不变**

　　选中该复选框，排序时不仅移动行中的数据，行的属性也会随之移动。

➡ 实战 98+ 视频：对网页中的表格数据排序

　　网页中表格内部经常会有大量的数据，Dreamweaver CS6 可以方便地将表格内的数据进行排序。接下来通过实战练习介绍如何在 Dreamweaver 中对表格数据进行排序。

🏠 源文件：源文件 \ 第 11 章 \11-2-1.html　　📡 操作视频：视频 \ 第 11 章 \11-2-1.swf

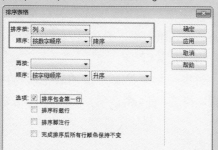

01 ▶执行"文件 > 打开"命令，打开"源文件 \ 第 11 章 \11-2-1.html"。

02 ▶在页面中选中需要排序的表格。

03 ▶执行"命令 > 排序表格"命令，弹出"排序表格"对话框，对相关选项进行设置。

04 ▶单击"确定"按钮，对选中的表格进行排序。

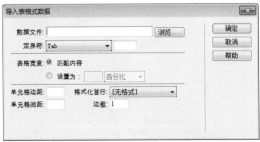

提问：如何删除表格中的单元行或单元列？

答：根据页面布局的需要，删除表格中的行或列时，只需要选中要删除行或列的单元格，然后单击鼠标右键，在弹出的快捷菜单中选择"表格 > 删除行（删除列）"命令即可。还可以通过选定要删除的行或列，按 Delete 键进行删除。需要注意的是，在使用 Delete 键删除时，可以删除多行或多列，但不能删除所有的行或列。

11.2.2　导入表格数据

如果要导入表格数据，可以执行"文件 > 导入 > 表格式数据"命令，弹出"导入表格式数据"对话框，在该对话框中进行设置。

● 数据文件

在该文本框中输入需要导入的数据文件的路径，或者单击文本框右侧的"浏览"按钮，弹出"打开"对话框，在其中选择需要导入的数据文件。

● 定界符

该下拉列表用来说明这个数据文件的各数据间的分隔方式，供 Dreamweaver 正确地分隔数据。在该下拉列表中有 5 个选项，分别为"Tab"、"逗点"、"分号"、"引号"和"其他"。

Tab：选择该选项，表示各数据间是用空格分隔的。

逗点：选择该选项，表示各数据间是用逗号分隔的。

分号：选择该选项，表示各数据间是用分号分隔的。

引号：选择该选项，表示各数据间是用引号分隔的。

其他：选择该选项，可以在下拉列表右侧的文本框中填入用来分隔数据的符号。

● 表格宽度

该选项用于设置导入数据后生成的表格的宽度，提供了"匹配内容"和"设置为"两个选项。"匹配内容"使每个列足够宽，以适应该列中最长的文本字符串。"设置为"以像素为单位指定固定的表格宽度，或按占浏览器窗口宽度的百分比指定表格宽度。

● 单元格边距

该选项用来设置生成的表格单元格内部空白的大小，可以直接输入数值，单位是像素。

● 单元格间距

该选项用来设置生成的表格单元格之间的距离，可以输入数值，单位是像素。

● 格式化首行

该选项用来设置生成的表格顶行内容的文本格式，有 4 个选项，分别为"无格式"、"粗体"、"斜体"和"加粗斜体"。

● 边框

该选项用于设置表格边框的宽度，可以输入数值，单位是像素。

➡ **实战 99+ 视频：将外部数据导入到网页中**

Dreamweaver 将在另一个应用程序（例如 Microsoft Excel）中创建并以分隔文本的格式（其中的项以制表符、逗号、冒号和分号或其他分隔符隔开）保存的表格式数据导入到 Dreamweaver 中并设置为表格的格式。

🏠 源文件：源文件 \ 第 11 章 \11-2-2.html

📶 操作视频：视频 \ 第 11 章 \11-2-2.swf

`01` ▶ 执行"文件 > 打开"命令，打开"源文件 \ 第 11 章 \11-2-2.html"。

`02` ▶ 打开需要导入的文本文件，可以看到该文件中的相关内容。

`03` ▶ 将光标移至页面中名为 text 的 Div 中，将多余文字删除，执行"文件 > 导入 > 表格式数据"命令。

`04` ▶ 弹出"导入表格式数据"对话框，对相关选项进行设置。

`05` ▶ 单击"确定"按钮，即可将所选择的文本文件中的数据导入页面中。

`06` ▶ 完成表格式数据的导入，执行"文件 > 保存"命令，在浏览器中预览页面。

提问：可以将网页中的表格数据导出为文本文件吗？

答：在 Dreamweaver CS6 中，可以将表格数据导出为一个文本文件。如果要导出表格数据，需要把鼠标指针放置在表格的任意单元格中，执行"文件 > 导出 > 表格"命令，弹出"导出表格"对话框，在该对话框中可以对相关选项进行设置，单击"确定"按钮，即可将网页中的表格数据导出为文本文件。

11.3　创建网页常见 Spry 特效

Spry 是一个 Dreamweaver CS6 中内置的 JavaScript 库，网页设计人员可以使用它构建效果丰富的网站。有了 Spry，就可以使用 HTML、CSS 和 JavaScript 将 XML 数据合并到 HTML 文档中，创建例如菜单栏和可折叠面板等构件，向网页中添加不同类型的效果。在 Dreamweaver CS6 中使用 Spry 构件比较简单，但要求用户具有 HTML、CSS 和 JavaScript 的相关基础知识。

在 Dreamweaver CS6 的"插入"面板中，Spry 选项卡中提供了 5 种 Spry 构件，分别是"Spry 菜单栏"、"Spry 选项卡式面板"、"Spry 折叠式"、"Spry 可折叠面板"和"Spry 工具提示"。

在 Dreamweaver 中插入 Spry 构件时，Dreamweaver 会自动将相关的文件链接到页面中，以便 Spry 构件中包含该页面的功能和样式。Spry 中的每个构件都与唯一的 CSS 样式和 JavaScript 文件相关联。在 JavaScript 脚本文件中实现了构件的相关功能，而在 CSS 样式表文件中设置了构件的外观样式。

插入的 Spry 构件相关联的 CSS 样式表和 JavaScript 脚本文件会根据该 Spry 构件命名，因此，用户很容易判断哪些文件是应用于哪些构件的。当在页面中插入 Spry 构件时，Dreamweaver 会自动在站点的根目录下创建一个名称为 SpryAssets 的目录，并将相应的 CSS 样式表文件和 JavaScript 脚本文件保存在该文件夹中。

11.3.1　Spry 菜单栏

使用 Spry 菜单栏可以在紧凑的空间中显示大量的导航信息，并且使浏览者能够清楚网站中的站点目录结构。当用户将鼠标移至某个菜单按钮时，将显示相应的子菜单。

将光标放置在页面中需要插入 Spry 菜单栏的位置，单击"插入"面板 Spry 选项卡中的"Spry 菜单栏"按钮，弹出"Spry 菜单栏"对话框。

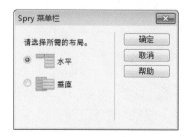

在"Spry 菜单栏"对话框中可以选择需要插入的两种菜单栏构件，选中其中一个选项，单击"确定"按钮，即可在页面中插入 Spry 菜单栏。

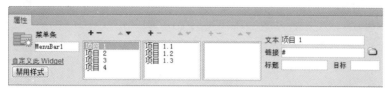

在页面中选中刚插入的 Spry 菜单栏，在"属性"面板上可以对其相关属性进行设置。

菜单条

显示选中的 Spry 菜单栏的名称。默认情况下，插入到页面中的菜单栏会以 MenuBar1、MenuBar2 的命名规则进行命名，通过该文本框可以为 Spry 菜单栏重新命名。

自定义此 Widget

单击该文字链接，将链接到 Adobe 官方网站的相关介绍页面。

禁用样式

单击该按钮后，即可禁用 Spry 菜单栏的 CSS 样式，并将其以普通列表的形式显示，使得网页设计者可以很方便地在 Dreamweaver CS6 的设计视图中查看菜单栏的 HTML 结构。

菜单项列表

菜单项列表包括"主菜单项列表"、"子菜单项列表"和"3 级菜单项列表"，在每个菜单项列表中可以对相应的菜单项进行添加和删除以及调整顺序等操作。

文本

为选中的菜单项设置名称。

链接

为选中的菜单项设置链接地址。

标题

为选中的菜单项设置提示文本上方的提示文字。

目标

设置链接的目标窗口。例如可以为菜单项分配一个目标属性，以便浏览者单击链接时，在新的浏览器窗口中打开所链接的页面。如果使用的是构架页面，则可以指定要在其中打开所链接页面的框架的名称。

实战 100+ 视频：制作网站导航菜单

在网页中，网站导航菜单是不可或缺的一部分，并且是其中使用频率最高的。因此，新颖独特的导航栏设计能够给网页增加不少吸引力，下面将通过练习介绍如何通过 Spry 菜单栏实现网页的导航菜单。

源文件：源文件 \ 第 11 章 \11-3-1.html

操作视频：视频 \ 第 11 章 \11-3-1.swf

01 ▶ 执行"文件 > 打开"命令，打开"源文件 \ 第 11 章 \11-3-1.html"。

02 ▶ 将光标移至名为 menu 的 Div 中，并将多余的文字删除，单击"插入"面板 Spry 选项卡中的"Spry 菜单栏"按钮，在页面中插入 Spry 菜单栏。

> **提示** 如果需要向页面中插入 Spry 构件，则该页面必须是一个已经存储的页面，否则会弹出提示对话框，提示用户必须先存储页面。

```
ul.MenuBarHorizontal a:hover,
ul.MenuBarHorizontal a:focus
{
    color: #F00;
}
```

```
ul.MenuBarHorizontal
a.MenuBarItemHover,
ul.MenuBarHorizontal
a.MenuBarItemSubmenuHover,
ul.MenuBarHorizontal
a.MenuBarSubmenuVisible
{
    background-color: #666;
    color: #F00;
}
```

03 ▶ 切换到 Spry 菜单栏的外部 CSS 样式表文件 SpryMenuBarHorizontal.css 文件中，找到 ul.MenuBarHorizontal a:hover 样式表，并对其进行相应的修改。

04 ▶ 找到 ul.MenuBarHorizontal 样式表，并对其进行相应的修改。

```
ul.MenuBarHorizontal a
{
    line-height:52px;
    background-color: #333;
    text-align: center;
    display: block;
    cursor: pointer;
    color: #FFF;
    text-decoration: none;
}
```

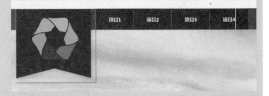

05 ▶ 找到 ul.MenuBarHorizontal a 样式表，并对其进行相应的修改。

06 ▶ 切换到设计视图中，可以看到导航菜单的效果。

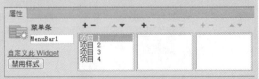

07 ▶ 选中刚插入的 Spry 菜单栏，在"属性"面板上"主菜单项列表"框中选中"项目 1"选项，可以在"子菜单项列表"框中看到该菜单项下的子菜单项。

08 ▶ 在"子菜单项列表"框中选中需要删除的项目，单击其上方的"删除菜单项"按钮，可以删除选中的子菜单项。

09 ▶ 在"主菜单项列表"框中选中"项目1"选项，在"文本"文本框中修改该菜单项的名称。

10 ▶ 使用相同的制作方法，修改其他各主菜单项的名称。

11 ▶ 单击"主菜单项列表"框上的"添加菜单项"按钮 ✚，可以添加相应的主菜单项。

12 ▶ 在"主菜单项列表"框中选中某个主菜单项，在"子菜单列表"框中可以添加相应的子菜单。

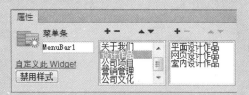

13 ▶ 使用相同的制作方法，完成 Spry 菜单栏中各菜单项的设置。

14 ▶ 切换到 Spry 菜单栏的外部 CSS 样式表文件 Spry MenuBarHorizontal.css 文件中，找到相应的 CSS 样式，将这两个 CSS 样式设置删除。

```
ul.MenuBarHorizontal a
{
     display: block;
     cursor: pointer;
     background-color: #EEE;
     padding: 0.5em 0.75em;
     color: #333;
     text-decoration: none;
}
```

```
ul.MenuBarHorizontal a
{
     display: block;
     font-weight: bold;
     background-color: #088bc2;
     border: 1px solid #FFF;
     cursor: pointer;
     background-color: #EEE;
     padding: 0.5em 0.75em;
     color: #FFF;
     text-decoration: none;
}
```

15 ▶ 找到 ul.MenuBarHorizontal a 样式表。

16 ▶ 对样式进行相应修改。

17 ▶ 返回到设计视图中，可以看到导航菜单的效果。

18 ▶ 执行"文件 > 保存"命令，在浏览器中预览，可以看到 Spry 菜单栏的效果。

在页面中插入 Spry 框架内容后，保存页面时，会弹出"复制相关文件"对话框，在该对话框中列出了 Spry 菜单中所用到的 JavaScript 脚本文件、外部 CSS 样式表文件和相关图像。

提问：如何禁用 Spry 菜单栏的样式？

答：当禁用菜单样式后，菜单项会以项目符号的列表形式显示在页面上，而不是显示为菜单栏中带样式的菜单项，从而可以使网页设计者在设计视图中更清楚地查看 Spry 构件的 HTML 构件。在设计窗口中选中需要禁用样式的 Spry 菜单栏构件，单击"属性"面板上的"禁用样式"按钮，即可禁用菜单栏构件样式，该按钮则会转变为"启用样式"按钮。

11.3.2　Spry 选项卡式面板

将光标放置在页面中需要插入 Spry 选项卡式面板的位置，执行"插入 >Spry>Spry 选项卡式面板"命令，或者单击"插入"面板上"Spry"选项卡中的"Spry 选项卡式面板"选项。

在页面中插入 Spry 选项卡式面板，选中刚插入的 Spry 选项卡式面板，在"属性"面板上即可对其相关属性进行设置。

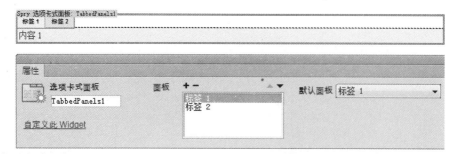

● **选项卡式面板**

显示该 Spry 选项卡式面板的名称。默认情况下，插入到页面中的选项卡式面板会以 TabbedPanels1、TabbedPanels2 的命名规则进行命名，可以通过该文本框为其重新命名。

● **自定义此 Widget**

单击该文字链接，将链接到 Adobe 官方网站的相关介绍页面。

● **面板**

设置面板的数量以及顺序。在该列表中显示了该 Spry 选项卡式面板的各面板，单击其上方的"添加面板"按钮╋和"删除面板"按钮━，即可添加或删除面板。

● **默认面板**

设置默认面板的标签。在该选项的下

拉菜单中列出了 Spry 选项卡式面板中的所有面板名称，选择某个面板名称，在预览页面时，默认情况下，所设置的面板将显示，其他即会被面板隐藏。

➡️ **实战 101+ 视频：制作网站新闻模块**

在 Dreamweaver CS6 中，选项卡式面板是一组面板，可以有效地将内容存储到紧凑的空间中。在页面中使用 Spry 选项卡式面板，浏览者可以通过单击不同标题的选项卡来查看或隐藏相关选项卡中的内容。

🏠 源文件：源文件 \ 第 11 章 \11-3-2.html

🔊 操作视频：视频 \ 第 11 章 \11-3-2.swf

01 ▶ 执行"文件 > 打开"命令，打开"源文件 \ 第 11 章 \11-3-2.html"。

02 ▶ 将光标移至名为 news 的 Div 中，将多余文字删除，单击"插入"面板上 Spry 选项卡中的"Spry 选项卡式面板"按钮，插入 Spry 选项卡式面板。

03 ▶ 选中刚插入的 Spry 选项卡式面板，在"属性"面板中为其添加标签。

04 ▶ 可以看到网页中 Spry 选项卡式面板的效果。

```
.TabbedPanelsTab {
    position: relative;
    top: 1px;
    float: left;
    padding: 4px 10px;
    margin: 0px 1px 0px 0px;
    font: bold 0.7em sans-serif;
    background-color: #DDD;
    list-style: none;
    border-left: solid 1px #CCC;
    border-bottom: solid 1px #999;
    border-top: solid 1px #999;
    border-right: solid 1px #999;
    -moz-user-select: none;
    -khtml-user-select: none;
    cursor: pointer;
}
```

```
.TabbedPanelsTab {
    width: 92px;
    height: 45px;
    line-height: 45px;
    font-weight: bold;
    color: #CAC6E9;
    text-align: center;
    position: relative;
    float: left;
    list-style: none;
    -moz-user-select: none;
    -khtml-user-select: none;
    cursor: pointer;
    background-image: url(113203.jpg);
    background-repeat: no-repeat;
}
```

05 ▶ 切换到 Spry 选项卡式面板的外部 CSS 样式表文件 SpryTabbedPanels.css 中，找到 .TabbedPanelsTab 样式表。

06 ▶ 对样式进行相应的修改。

 提示 .TabbedPanelsTab 样式表主要定义了选项卡式面板标签的默认状态；.TabbedPanelsTabSelected 样式表主要定义了选项卡面板中当前选中标签的状态；.TabbedPanelsContentGroup 样式表主要定义了选项卡式面板内容部分的外观。

```
.TabbedPanelsTabSelected {
    background-color: #EEE;
    border-bottom: 1px solid #EEE;
}
```

07 ▶ 回到设计视图，修改各标签中的文字内容。

08 ▶ 切换到 Spry 选项卡式面板的外部 CSS 样式表文件 SpryTabbedPanels.css 中，找到 .TabbedPanelsTabSelected 样式表。

```
.TabbedPanelsTabSelected {
    background-image: url(113204.jpg);
    background-repeat: no-repeat;
    color: #FFF;
}
```

```
.TabbedPanelsTabHover {
    background-color: #CCC;
}
```

09 ▶ 对 .TabbedPanelsTabSelected 样式进行相应的修改。

10 ▶ 再找到 .TabbedPanelsTabHover 样式表，将其删除。

```
.TabbedPanelsContentGroup {
    clear: both;
    border-left: solid 1px #CCC;
    border-bottom: solid 1px #CCC;
    border-top: solid 1px #999;
    border-right: solid 1px #999;
    background-color: #EEE;
}
```

11 ▶ 返回到设计视图，可以看到 Spry 选项卡式面板的效果。

12 ▶ 切换到 Spry 选项卡式面板的外部 CSS 样式表文件 SpryTabbedPanels.css 中，找到 .TabbedPanelsContentGroup 样式表。

```
.TabbedPanelsContentGroup {
    clear: both;
    height: 198px;
}
```

13 ▶ 对 .TabbedPanelsContentGroup 样式进行相应的修改。

14 ▶ 返回到设计视图中，可以看到页面的效果。

```
<div class="TabbedPanelsContentGroup">
    <div class="TabbedPanelsContent">
        <ul>
            <li>[公告] 跨服联赛激情之夜 嘉宾莅临CC当解说 </li>
            <li>[新闻] 全新灵晶附体首测 全新周末活动开启</li>
            <li>[新闻] 分享《天国传奇2》游戏音乐 拿珍稀坐骑</li>
            <li>[公告] 群星璀璨 跨服联赛人气MVP活动领奖公告 (第二场)</li>
            <li>[公告]《天国传奇2 Online》更新公告 (版本2.0.14) </li>
            <li>[公告] 群星璀璨 跨服联赛人气MVP活动领奖公告 (第一场) </li>
            <li>[公告]《天国传奇2 Online》更新公告 (版本2.0.13) </li>
        </ul>
    </div>
    <div class="TabbedPanelsContent">内容 2</div>
    <div class="TabbedPanelsContent">内容 3</div>
    <div class="TabbedPanelsContent">内容 4</div>
</div>
```

15 ▶ 将光标移至第 1 个标签的内容中，将"内容1"文字删除，输入相应的文字内容。

16 ▶ 切换到代码视图中，可以看到为文字添加列表标签。

```
#news li {
    list-style-position: inside;
}
```

17 ▶ 切换到 11-3-2.css 文件中，创建名为 #news li 的 CSS 样式。

18 ▶ 使用相同的方法，完成其他 3 个标签中内容的制作，执行"文件 > 保存"命令，在浏览器中测试 Spry 选项卡式面板的效果。

提问：插入到网页中的 Spry 选项卡式面板由哪几部分组成？

答：在 Dreamweaver CS6 中，Spry 选项卡式面板的 HTML 代码中包含一个含有所有面板的外部 Div 标签、一个标签列表、一个用来包含内容面板的 Div 标签以及各个面板对应的 Div 标签。另外，在文档头中和选项卡式面板的 HTML 标记之后还包括脚本标签。

11.3.3　Spry 折叠式面板

将光标放置在页面中需要插入 Spry 折叠式面板的位置，执行"插入 >Spry>Spry 折叠式"命令，或者单击"插入"面板上"Spry"选项卡中的"Spry 折叠式"选项。

此时即可在页面中插入 Spry 折叠式面板。选中刚插入的 Spry 折叠式面板，在"属性"面板上即可对其相关属性进行设置。

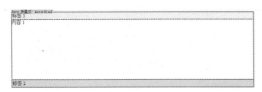

● **折叠式**

显示该折叠式面板的名称。默认情况下，插入到页面中的折叠式面板会以 Accordion1、Accordion2 的命名规则进行命名，可以通过该文本框为其重新命名。

● **自定义此 Widget**

单击该文字链接，即可链接到 Adobe 公司的官方网站，并且会弹出相关的介绍页面。

● **面板**

设置面板的数量以及顺序。单击其上方的"添加面板"按钮 ➕ 和"删除面板"按钮 ➖，即可添加或删除面板。

➡ 实战 102+ 视频：制作可自由伸缩的新闻公告

Spry 折叠式面板是一系列可以在收缩的空间内存储内容的面板。浏览者可以通过单击该面板上的选项卡来隐藏或显示放置在折叠式面板中的内容。当浏览者单击不同的选项卡时，折叠式面板会相应展开或收缩。

源文件：源文件 \ 第 11 章 \11-3-3.html

操作视频：视频 \ 第 11 章 \11-3-3.swf

`01` ▶ 执行"文件 > 打开"命令，打开"源文件 \ 第 11 章 \11-3-3.html"。

`02` ▶ 将光标移至名为 news 的 Div 中，将多余文字删除，单击"插入"面板上 Spry 选项卡中的"Spry 折叠式"按钮 ▣，插入 Spry 折叠式。

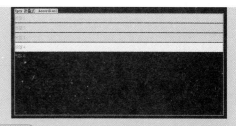

03 ▶ 选中刚插入的 Spry 折叠式，在"属性"面板中为其添加标签。

```
.Accordion {
    border-left: solid 1px gray;
    border-right: solid 1px black;
    border-bottom: solid 1px gray;
    overflow: hidden;
}
```

04 ▶ 在页面中可以看到 Spry 折叠式效果。

```
.Accordion {
    overflow: hidden;
}
```

05 ▶ 切换到 Spry 折叠式的外部 CSS 样式表文件 SpryAccordion.css 中，找到 .Accordion 样式表。

```
.AccordionPanelTab {
    background-color: #CCCCCC;
    border-top: solid 1px black;
    border-bottom: solid 1px gray;
    margin: 0px;
    padding: 2px;
    cursor: pointer;
    -moz-user-select: none;
    -khtml-user-select: none;
}
```

06 ▶ 对样式进行修改，可以看到修改后的 CSS 样式代码。

```
.AccordionPanel {
    margin: 0px;
    padding: 0px;
    background-image:url(113302.jpg);
    line-height:28px;
    margin:10px 3px 10px 7px;
    padding-left:10px;
    cursor:pointer;
    -moz-user-select:none;
    -khtml-user-select:none;
}
```

07 ▶ 再找到 .AccordionPanelTab 样式表。

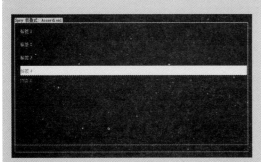

08 ▶ 对样式进行相应的修改，可以看到修改后的 CSS 样式代码。

```
.AccordionPanelContent {
    overflow: auto;
    margin: 0px;
    padding: 0px;
    height: 200px;
}
```

09 ▶ 返回设计视图，可以看到 Spry 折叠式的效果。

```
.AccordionPanelContent {
    width:600px;
    height:123px;
}
```

10 ▶ 切换到 Spry 折叠式面板的外部 CSS 样式表文件 SpryAccordion.css 中，找到 .AccordionPanelContent 样式表。

```
.AccordionFocused .AccordionPanelTab {
    background-color: #3399FF;
}
```

11 ▶ 对样式进行修改，可以看到修改后的 CSS 样式代码。

12 ▶ 找到 .AccordionFocused .AccordionPanelTab 样式表。

```
.AccordionFocused .AccordionPanelTab {
    background-color:#333;
}
```

13 ▶ 对样式进行修改，可以看到修改后的 CSS 样式代码。

```
.AccordionFocused .AccordionPanelOpen .AccordionPanelTab {
    background-color: #33CCFF;
}
```

14 ▶ 找到 .AccordionFocused .AccordionPanelOpen .AccordionPanelTab 样式表。

```
.AccordionFocused .AccordionPanelOpen .AccordionPanelTab {
    background-color:#F90;
}
```

15 ▶ 对样式进行修改，可以看到修改后的 CSS 样式代码。

16 ▶ 返回设计视图，修改各个标签文字的内容，可以看到 Spry 折叠式的效果。

```
#news img{
    float:left;
    margin-left:15px;
    margin-right:15px;
}
```

17 ▶ 将光标移至第 1 个标签内容中，将"内容 1"文字删除，插入图像"源文件 \ 第 11 章 \images\113304.jpg"，并输入文字。

18 ▶ 切换到 11-3-3.css 文件中，创建名为 #news img 的 CSS 规则。

19 ▶ 返回设计视图中，可以看到页面效果。

20 ▶ 使用相同的方法，完成其他标签中内容的制作。

21 ▶ 执行"文件 > 保存"命令，保存该页面，在浏览器中测试 Spry 折叠式效果。

11.3.4　Spry 可折叠

在页面的预览中，Spry 可折叠面板和 Spry 折叠式面板差不多，但是外观和交互的效果各有特色。

将光标放置在页面中需要插入 Spry 可折叠面板的位置，执行"插入 >Spry>Spry 可折叠面板"命令，或者单击"插入"面板上 Spry 选项卡中的"Spry 可折叠面板"按钮。

在页面中插入 Spry 可折叠面板，选中刚插入的 Spry 可折叠面板，在"属性"面板上即可对其相关属性进行设置。

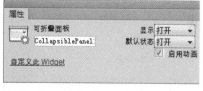

● **可折叠面板**

显示 Spry 可折叠面板的名称。默认情况下，插入到页面中的可折叠面板会以 CollapsiblePanel1、CollapsiblePanel2 的命名规则进行命名，可以通过该文本框为其重新命名。

● **自定义此 Widget**

单击该文字链接，将链接到 Adobe 官方网站的相关介绍页面。

● **显示**

设置 Spry 可折叠面板在设计视图中是打开还是关闭。在该下拉列表中包含

"打开"和"已关闭"两个选项，默认情况下，选择"打开"选项；如果选择"已关闭"选项，则该面板在设计视图中将是关闭的。

● **默认状态**

设置在浏览器中浏览该 Spry 可折叠面板时，可折叠面板的默认状态，在该下拉列表中包含"打开"和"已关闭"两个选项，默认情况下，选择"打开"选项。

● **启用动画**

选中该复选框后，在单击该面板选项卡时，该面板将缓缓地平滑打开和关闭；

如果取消选中该复选框，则在单击该面板
选项卡时，可折叠面板会迅速打开和关闭；

默认情况下，该复选框呈选中状态。

实战 103+ 视频：制作可折叠栏目

Spry 可折叠面板是一个面板，可以将页面信息存储在一定大小的空间中。在页面中，
浏览者可以通过单击 Spry 可折叠面板的选项卡来显示或隐藏面板中的内容。

源文件：源文件 \ 第 11 章 \11-3-4.html

操作视频：视频 \ 第 11 章 \11-3-4.swf

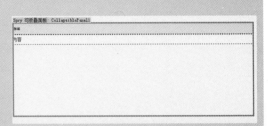

01 ▶ 执行"文件 > 打开"命令，打开"源
文件 \ 第 11 章 \11-3-4.html"。

02 ▶ 将光标移至名为 box 的 Div 中，将
多余文字删除，单击"插入"面板上 Spry
选项卡中的"Spry 可折叠面板"按钮，
插入 Spry 可折叠面板。

```
.CollapsiblePanel {
    margin: 0px;
    padding: 0px;
    border-left: solid 1px #CCC;
    border-right: solid 1px #999;
    border-top: solid 1px #999;
    border-bottom: solid 1px #CCC;
}
```

```
.CollapsiblePanel {
    margin:0px;
    padding:0px;
}
```

03 ▶ 切换到 Spry 可折叠面板的外部 CSS
样式表文件 SpryCollapsiblePanel.css 中，
找到 .CollapsiblePanel 样式表。

04 ▶ 对样式进行修改，可以看到修改后的
CSS 样式代码。

```
.CollapsiblePanelTab {
    font: bold 0.7em sans-serif;
    background-color: #DDD;
    border-bottom: solid 1px #CCC;
    margin: 0px;
    padding: 2px;
    cursor: pointer;
    -moz-user-select: none;
    -khtml-user-select: none;
}
```

```
.CollapsiblePanelTab {
    height:38px;
    background-image:url(113401.jpg);
    background-repeat:no-repeat;
    background-position:top center;
    font:bold 0.7em sans-serif;
    background-color:#F60;
    margin:0px;
    cursor:pointer;
    -moz-user-select:none;
    -khtml-user-select:none;
}
```

05 ▶ 再找到 .CollapsiblePanelTab 样式表。

06 ▶ 对样式进行修改，可以看到修改后的
CSS 样式代码。

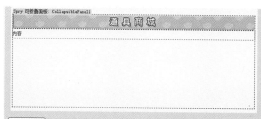

07 ▶ 返回设计视图，将标签中的文字删除，可以看到 Spry 可折叠面板效果。

```
#left{
    float:left;
    width:624px;
    height:188px;
    background-image:url(../images/113402.jpg);
    background-repeat:no-repeat;
}
```

08 ▶ 将光标移至"内容"标签中，将"内容"文字删除，插入名为 left 的 Div，切换到 11-3-4.css 文件中，创建名为 #left 的 CSS 规则。

```
#pic{
    width:139px;
    height:103px;
    margin-top:54px;
    margin-left:36px;
    padding-right:10px;
    padding-left:109px;
    background-image:url(../images/113403.jpg);
    background-repeat:no-repeat;
    background-position:left center;
    float: left;
}
```

09 ▶ 返回设计视图中，可以看到页面中标签的效果。

10 ▶ 将光标移至名为 left 的 Div 中，将多余文字删除，插入名为 pic 的 Div，切换到 11-3-4.css 文件中，创建名为 #pic 的 CSS 规则。

11 ▶ 返回设计视图中，可以看到页面效果。

12 ▶ 将光标移至名为 pic 的 Div 中，将多余文字删除，输入文字。

```
.font{
    font-size:14px;
    font-weight:bold;
}
```

13 ▶ 切换到 11-3-4.css 文件中，创建名为 .font 的类 CSS 样式。

14 ▶ 返回到设计视图，为相应的文字应用刚创建的名为 .font 的类 CSS 样式。

`15 ▶` 使用相同的方法，完成其他部分内容的制作。

`16 ▶` 执行"文件 > 保存"命令，保存该页面，在浏览器中测试 Spry 可折叠面板的效果。

提问：插入到网页中的 Spry 可折叠面板由哪几部分组成？

答：在 Dreamweaver CS6 中，Spry 可折叠面板的 HTML 中包含一个外部 Div 标签，其中包含内容 Div 标签和选项卡 Div 标签。另外，在文档头中和可折叠面板的 HTML 标记之后还包括脚本标签。

11.3.5　Spry 工具提示

在页面中插入 Spry 工具提示后，需要对其属性进行相应的设置，才能够使其更加符合用户的需要。

在页面中选中需要插入 Spry 工具提示的网页元素，执行"插入 >Spry>Spry 工具提示"命令，或者单击"插入"面板上 Spry 选项卡中的"Spry 工具提示"按钮。

此时即可在页面中插入 Spry 工具提示。选中刚插入的 Spry 工具提示，在"属性"面板上即可对其相关属性进行设置。

● **Spry 工具提示**

显示 Spry 工具提示的名称。默认情况下，插入到页面中的可折叠面板会以 sprytooltip1、sprytooltip2、sprytooltip3 的命名规则进行命名，可以通过该文本框为其重新命名。

● 自定义此 Widget

单击该文字链接，页面将链接到 Adobe 公司的官方网站并且弹出相关的介绍页面。

● 触发器

用于激活工具提示的元素。默认情况下，Dreamweaver 会插入 span 标签内的占位符句子作为触发器，也可以选择页面中具有唯一 ID 的任何元素作为触发器。

● 跟随鼠标

选择该选项后，当鼠标指针移至触发器元素上时，工具提示会跟随鼠标在一定的区域内进行移动。

● 鼠标移开时隐藏

选择该选项后，只要鼠标悬停在工具提示上（即使鼠标已离开触发器元素），工具提示会一直打开；如果取消勾选该选项，则当鼠标离开触发器区域时，工具提示元素会关闭。

● 水平偏移量

计算工具提示与鼠标的水平相对位置。偏移量值以像素为单位，默认偏移量为 20 像素。

● 垂直偏移量

计算工具提示与鼠标的垂直相对位置。偏移量值以像素为单位，默认偏移量为 20 像素。

● 显示延迟

工具提示进入触发器元素后在显示前的延迟（以毫秒为单位）。默认值为 0。

● 隐藏延迟

工具提示离开触发器元素后在消失前的延迟（以毫秒为单位）。默认值为 0。

● 效果

要在工具提示出现时使用的效果类型：遮帘效果类似于百叶窗，可向上移动和向下移动，以显示和隐藏工具提示；渐隐效果可淡入和淡出工具提示。默认值为 none。

➡ 实战 104+ 视频：制作商品展示页面

Spry 工具提示在网页中主要用于给浏览者提供额外的信息。当浏览者将鼠标移至网页中某个特定的元素上时，Spry 工具提示会显示其他的信息；当浏览者移开鼠标指针后，显示的内容便会消失。

🏠 源文件：源文件 \ 第 11 章 \11-3-5.html

📶 操作视频：视频 \ 第 11 章 \11-3-5.swf

01 ▶ 执行"文件>打开"命令，打开"源文件 \ 第 11 章 \11-3-5.html"。

02 ▶ 选中页面中需要添加 Spry 工具提示的图像。

03 ▶单击"插入"面板上 Spry 选项卡中的"Spry 工具提示"按钮 🔲，即可插入 Spry 工具提示。

```
.tooltipContent
{
    background-color: #FFFFCC;
}
```

05 ▶切换到 Spry 工具提示的外部 CSS 样式表文件 SpryTooltip.css 中，找到 tooltipContent 样式表。

07 ▶返回设计视图，可以看到 Spry 工具提示的效果。

09 ▶为其他图像添加 Spry 工具提示，执行"文件 > 保存"命令，保存该页面，在浏览器中测试 Spry 工具提示的效果。

04 ▶选中刚插入的 Spry 工具提示，在"属性"面板上对其相关属性进行设置。

```
.tooltipContent
{
    height:500px;
}
```

06 ▶对样式进行修改，可以看到修改后的 CSS 样式代码。

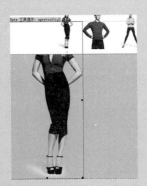

08 ▶将光标移至 Spry 工具提示标签中，将多余文字删除，插入图像"源文件 \ 第 11 章 \images\113504.png"。

10 ▶将鼠标移到不同的图上，通过 Spry 工具提示可以实现显示大图的效果。

提问：插入到网页中的 Spry 工具提示由哪几个部分组成？

答：Spry 工具提示包含 3 个元素，工具提示容器是指该元素包含在用户激活工具提示时要显示的消息或内容；激活工具提示的页面元素；构造函数脚本是指 Spry 创建工具提示功能的 JavaScript。

11.4　本章小结

　　虽然现在都是使用 DIV+CSS 布局方式制作网站页面，但是对于网页中的表格式数据，通过表格进行处理还是非常方便快捷的。本章的重点内容是通过 Dreamweaver CS6 中提供的各种 Spry 构件实现网页中常见的特效，读者需要熟练掌握 Spry 构件的使用方法，从而在网页中实现多种常见的网页效果。

第 12 章　AP Div 与行为在网页中的应用

AP Div 可以简单理解为浮动于网页上方的 Div，Dreamweaver 中的 AP Div 实际上是来自 CSS 中的定位技术，只不过 Dreamweaver 将其进行了可视化操作，既可以将 AP Div 前后放置，隐藏某些 AP Div 而显示其他 AP Div，还可以在屏幕上移动 AP Div。AP Div 在某些网页中经常用到，AP Div 不但可以让创作者有更大的发展空间，大大提升了创作者的工作效率，而且能够制作出很多效果非常丰富的页面，给网站页面增添了许多精彩的内容。

本章知识点

- ☑ 在网页中创建 AP Div
- ☑ 设置 AP Div 属性
- ☑ 为网页添加弹出广告
- ☑ 在网页中实现鼠标交互
- ☑ 使用行为实现网页特效

12.1　AP Div 的基础操作

在早期的 Dreamweaver 版本中将 AP Div 称为层，其概念与图像处理软件中层的概念基本类似，它们有一个共同点，那就是用户的工作从"二维"进入到了"三维"，是因为它们存在一个 z 轴的概念，即垂直于显示器平面方向。本节将向读者讲述如何在 Dreamweaver 中插入和选择 AP Div，以及如何对 AP Div 的属性进行设置。

12.1.1　"AP 元素"面板

在 Dreamweaver 中有多种创建 AP Div 的方法，可以插入、拖放，也可以绘制。为此 Dreamweaver 专门为 AP Div 设置了一个面板，在"AP 元素"面板中可以方便、快捷地对 AP Div 进行操作，以及对其相关属性进行设置。

可以执行"窗口 >AP 元素"命令或者按快捷键 F2，打开"AP 元素"面板。

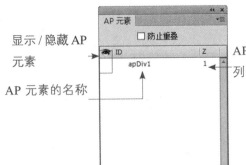

● 防止重叠

选中该复选框后，则绘制的 AP Div 不能重叠显示。

● **显示／隐藏 AP 元素**

用鼠标单击该眼睛标记，可以实现所有层的隐藏和显示。

● **AP 元素的 z 轴排列情况**

此处显示的是页面中 AP div 的 z 轴情况，z 轴数值越大，则排列在页面中的层级越高，即排列在前面。

● **AP 元素的名称**

在此处可以显示 AP 元素的名称。

➡ 实战 105+ 视频：使用 AP Div 排版

AP Div 同样可以用来对页面对象进行定位，例如定位图像和文本等。在早期的浏览器中并不支持 AP Div，但目前几乎所有用户所使用的浏览器都在 IE 4.0 以上，所以在兼容性方面也就不存在问题。

源文件：源文件 \ 第 12 章 \12-1-1.html

操作视频：视频 \ 第 12 章 \12-1-1.swf

01 ▶ 打开 Dreamweaver CS6 软件，执行"文件 > 打开"命令，打开页面"源文件 \ 第 12 章 \12-1-1.html"。

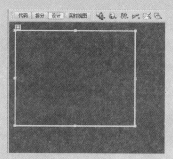

02 ▶ 单击"插入"面板上"布局"选项卡中的"绘制 AP Div"按钮，在页面中绘制一个 AP Div。

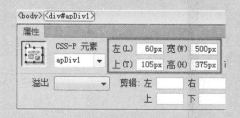

03 ▶ 选中刚绘制的 AP Div，在"属性"面板上对其进行设置。

04 ▶ 将光标移至绘制的 AP Div 中，插入素材图像"源文件 \ 第 12 章 \images\122001.gif"。

使用 AP Div 排版时，AP Div 不可以嵌套，不可以相互叠加。执行"窗口 >AP 元素"命令，打开"AP 元素"面板，选中"防止重叠"复选框，这样在绘制 AP Div 时就不会有叠加和嵌套的现象了。

05 ▶ 在刚插入图像的 AP Div 的右侧再绘制一个 AP Div。

06 ▶ 选中刚绘制的 AP Div，在"属性"面板上对其进行设置。

07 ▶ 将光标移至 AP Div 中，插入图像"源文件 \ 第 12 章 \images\12202.gif"。

08 ▶ 在页面上绘制其他 AP Div，并分别在相应的 AP Div 中插入图像。保存页面，在浏览器中预览页面。

使用 AP Div 排版页面的方法只适合于排版并不复杂的页面，如欢迎页面等。对于复杂的图文混排页面，最好还是采用传统的页面排版制作方法。

提问：如何在网页中插入 AP Div？

答：在网页中插入 AP Div 有多种方法，最常用的是使用菜单命令和使用工具绘制。

执行"插入 > 布局对象 >AP Div"命令，Dreamweaver 会插入一个"宽度"为 200px、"高度"为 115px、位置与编辑区首坐标相同的 AP Div。如果需要对这个设置进行修改，可以通过修改 AP Div 的默认属性来进行，在"首选参数"对话框左侧的"分类"列表中选择"AP 元素"选项，在右侧进行设置，可以修改默认插入 AP Div 的属性。

单击"插入"面板上"布局"选项卡中的"绘制 AP Div"按钮，文档窗口中的鼠标光标变成十字光标 +，此时按住鼠标左键进行拖动后释放，可以绘制任意大小的 AP Div。

12.1.2　设置 AP Div 属性

与其他对象一样，AP Div 也有自己的"属性"面板，在"属性"面板中可以分别对每个 AP Div 或几个 AP Div 进行单独设定，AP Div 的"属性"面板如下。

● **CSS-P 元素**

该文本框用来设置所选 AP Div 的名称，在网页中插入 AP Div 会自动按顺序命名为 apDiv1、apDiv2。

● **左 / 上**

用来设置 AP Div 的左边界到浏览器左边框和上边界到浏览器上边框的距离，可输入数值，单位是像素。

● **宽 / 高**

用来设置 AP Div 的宽度和高度，可输入数值，单位是像素。

● **z 轴**

该文本框来设置 AP Div 的 z 轴，可输入数值，这个数值可以是负值。当 AP Div 重叠时，"Z 轴"值大的 AP Div 将在最上面显轴值小的 AP 该文本框，用来设置 AP Div 的背景图像，可填入背景图像路径，也可以单击该选项后的按钮，然后在弹出的"选择图像源文件"对话框中选择需要的图像。

● **溢出**

在该下拉列表中设置当 AP Div 的内容超过 AP Div 的指定大小时，对 AP Div 内容的显示方法，有 4 个选项：visible、hidden、scroll 和 auto。

visible：选择该选项，则当 AP Div 的内容超过指定大小时，AP Div 的边界会自动延伸以容纳这些内容。

Hidden：选择该选项，则当 AP Div 内容超过指定大小时，将隐藏超出部分的内容。

Scroll：选择该选项，则浏览器将在 AP Div 添加滚动条。

Auto：选择该选项，则当 AP Div 的内容超过指定大小时，浏览器才显示 AP Div 的滚动条。

● **剪辑**

用来设置 AP Div 可见区域，AP Div 经过"剪辑"后，只有指定的矩形区域才是可见的，其后有"左"、"右"、"上"和"下" 4 个文本框。

左：该文本框用来设置这个可见区域的左边界距 AP Div 左边界的距离。

右：该文本框用来设置这个可见区域的右边界距 AP Div 右边界的距离。

上：该文本框用来设置这个可见区域的上边界距 AP Div 上边界的距离。

下：该文本框用来设置这个可见区域的下边界距 AP Div 下边界的距离。

● **可见性**

该下拉列表用来设置 AP Div 的可视属性。

● **背景颜色**

用于设置 AP Div 的背景颜色。

➡ **实战 106+ 视频：使用 AP Div 溢出制作多行文本框**

当 AP Div 中的内容超过 AP Div 的指定大小时，可以使用 AP Div 的"溢出"属性控制如何在浏览器中显示 AP Div。

🏠 源文件：源文件 \ 第 12 章 \12-1-2.html

01 ▶ 打开 Dreamweaver CS6 软件，执行"文件 > 打开"命令，打开页面"源文件 \ 第 12 章 \12-1-2.html"。

03 ▶ 选中刚绘制的 AP Div，在"属性"面板上对其相关属性进行设置。

```
.font01{
    text-align:center;
    font-size:24px;
    font-weight:bold;
    color:#930;
    font-family:"宋体";
    }
```

05 ▶ 转换到 12-1-2.css 文件中，创建名为 .font01 的类 CSS 样式。

📡 操作视频：视频 \ 第 12 章 \12-1-2. swf

02 ▶ 单击"插入"面板上"布局"选项卡中的"绘制 AP Div"按钮 ，在页面中单击并拖动鼠标绘制一个 AP Div。

04 ▶ 将光标移至该 AP Div 中，输入相应的文字。

06 ▶ 返回设计视图，选中相应的文字，在"属性"面板上的"类"下拉列表中选择刚定义的 CSS 样式 font01 应用。

07 ▶ 选中该 AP Div，在"属性"面板中设置"溢出"属性为 auto。

08 ▶ 执行"文件 > 保存"命令，保存页面，在浏览器中预览页面，可以看到 AP Div 溢出排版的效果。

提问：如何选择 AP Div ?

答：插入 AP Div 之后，可以对 AP Div 的属性进行设置。首先应该选中 AP Div，选择 AP Div 的方法有 2 种。

第 1 种：将鼠标移动到 AP Div 边框上，鼠标光标变为✥状，然后单击鼠标选择该 AP Div 是最常用的一种方法。选择后，AP Div 的左上角有一个小方框，在 AP Div 边框上会出现 8 个拖放手柄。在选择 AP Div 的同时按住 Shift 键，可以一次选中多个连续的 AP Div。

第 2 种：利用"AP 元素"面板选择 AP Div，也是一种简便的方法。选中 AP Div 后，用鼠标直接拖放 AP Div 的缩放手柄即可改变 AP Div 的尺寸。

12.2　使用行为实现网页特效

行为是 Dreamweaver 中强大的功能，它提高了网站的可交互性。行为是事件与动作的结合，一般的行为都要由事件来激活动作。如今，在优秀的网站页面中，不仅包含文本和图像，还有很多交互式的效果，而这些效果都可以通过行为来实现，使得网页形式更加多样化，且具有独特的风格。

12.2.1　交换图像

"交换图像"行为的效果与鼠标经过图像的效果一样，该行为通过更改 <img> 标签中的 src 属性将一个图像与另一个图像进行交换。

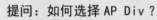

➡ 实战 107+ 视频：制作翻转图像

在优秀的网站页面中，不仅包含文字和图像，还有很多交互式的效果，而"交换图像"行为是比较常见的一种效果，这种效果可以通过 Dreamweaver 中的行为来实现，下面就通过实战练习介绍如何制作翻转图像。

源文件：源文件 \ 第 12 章 \12-2-1.html

操作视频：视频 \ 第 12 章 \12-2-1.swf

01 ▶ 打开 Dreamweaver CS6 软件，执行"文件 > 打开"命令，打开页面"源文件 \ 第 12 章 \12-2-1.html"。

02 ▶ 选中页面中需要添加"交换图像"行为的图像。

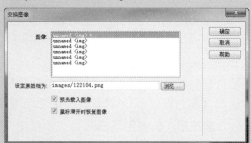

03 ▶ 单击"标签检查器"面板中的"添加行为"按钮 ，从弹出的菜单中选择"交换图像"命令，弹出"交换图像"对话框，在其中进行设置。

04 ▶ 单击"确定"按钮，完成"交换图像"对话框设置，在"行为"窗口自动添加相应的行为。

05 ▶ 使用相同的方法，完成其他交换图像的操作，保存页面，在浏览器中预览页面，当鼠标移至添加了"交换图像"行为的图像上时，可以看到交换图像的效果。

提问：什么是行为？行为的作用是什么？

答：行为是由事件和该事件触发的动作组成的。动作是由预先编写好的 JavaScript 代码组成的，这些代码可以执行特定的任务，如播放声音、弹出窗口等，设计时可以将行为放置在网页文档中，以允许浏览者与网页本身进行交互，从而以多种方式更改页面或触发某任务的执行。在 Dreamweaver CS5.5 的"标签检查器"面板中，可以先为页面对象指定一个动作，然后设置触发该动作的事件，从而完成一个行为的添加。

12.2.2　弹出信息

"弹出信息"行为会在某触发事件发生时，弹出一个对话框，提示用户一些信息，这个对话框只有一个按钮，即"确定"按钮。

➡ 实战 108+ 视频：为网页添加弹出信息

无论大型网站或是小型网站，经常会弹出一个对话框，提示用户一些信息，本实例就为网页添加"弹出信息"行为，了解添加行为的方法。

🏠 源文件：源文件 \ 第 12 章 \12-2-2.html

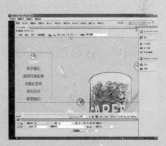

📶 操作视频：视频 \ 第 12 章 \12-2-2.swf

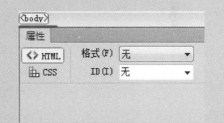

`01` ▶ 打开页面"源文件 \ 第 12 章 \12-2-2.html"。

`02` ▶ 在标签选择器中选中 <body> 标签。

`03` ▶ 单击"标签检查器"面板中的"添加行为"按钮 ➕⌄，在弹出的菜单中选择"弹出信息"命令，在弹出的对话框中进行设置。

`04` ▶ 单击"确定"按钮，在"行为"窗口中将触发该行为事件修改为 onLoad。

05 ▶ 切换到代码视图，在 <body> 标签中可以看到刚刚添加的弹出信息行为。

06 ▶ 保存页面，在浏览器中预览页面，可以看到弹出信息行为的效果。

提问：什么是事件？

答：事件实际上是浏览器生成的消息，指示该页面在浏览时执行某种操作，例如，当浏览者将鼠标指针移动到某个链接上时，浏览器为该链接生成一个 onMouseOver 事件（鼠标经过），然后浏览器查看是否存在为链接在该事件时浏览器应该调用的 JavaScript 代码。而每个页面元素所能发生的事件不尽相同，例如页面文档本身能发生的 onLoad（页面被打开时的事件）和 onUnload（页面被关闭时的事件）。

12.2.3 打开浏览器窗口

使用"打开浏览器窗口"行为可以在打开一个页面时，同时在一个新的窗口中打开指定的 URL。可以指定新窗口的属性（包括其大小）、特性（它是否可以调整大小、是否具有菜单条等）和名称。例如可以使用此行为在访问者单击缩略图时，在一个单独的窗口中打开一个较大的图像；使用此行为，可以使新窗口与该图像恰好一样大。

在"打开浏览器窗口"对话框中可以对所要打开的浏览器窗口的相关属性进行设置。

● **要显示的 URL**

设置在新打开的浏览器窗口中显示的页面，可以是相对路径的地址，也可以是绝对路径的地址。

● **窗口宽度／窗口高度**

"窗口宽度"和"窗口高度"可以用来设置弹出的浏览器窗口的大小。

● **属性**

在"属性"选项区中可以选择是否在弹出的窗口中显示"导航工具栏"、"地址工具栏"、"状态栏"和"菜单条"。"需要时使用滚动条"用来指定在内容超出可视区域时显示滚动条。"调整大小手柄"用来指定用户应该能够调整窗口的大小。

● **窗口名称**

"窗口名称"用来设置新浏览器窗口的名称。

实战 109+ 视频：为网页添加弹出广告

为网页添加弹出广告，即在用户打开一个页面时，同时在一个新的窗口中打开指定的广告页面，这种行为近年来颇受众多商家的青睐。下面通过实战进一步向大家讲解该行为的效果。

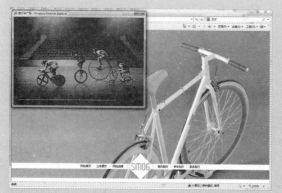

源文件：源文件 \ 第 12 章 \12-2-3.html

操作视频：视频 \ 第 12 章 \12-2-3.swf

01 ▶ 打开页面"源文件 \ 第 12 章 \12-2-3.html"。

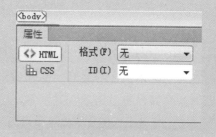

02 ▶ 在标签选择器中选中 <body> 标签。

03 ▶ 单击"标签检查器"面板中的"添加行为"按钮 ➕，从弹出的菜单中选择"打开浏览器窗口"命令，在弹出的对话框中进行相关选项的设置。

04 ▶ 单击"确定"按钮，在"行为"窗口中将触发该行为的事件修改为 onLoad。保存页面，在浏览器中预览页面，当页面打开时，会自动弹出设置好的浏览器窗口。

提问：onLoad 事件的作用是什么？

答：onLoad 是触发行为的一种事件，表示当浏览器载入页面时触发该行为，例如在本实例中指的是当浏览器载入该网页时触发"设置状态栏文本"的行为。

12.2.4 拖动 AP 元素

使用"拖动 AP 元素"行为的时候，可以规定浏览者用鼠标拖动对象的方向，浏览者要将对象拖动到的那个目标，如果这个对象处于目标周围一定的坐标范围内，还可以自动依附到目标上。当对象到达目标时，可以规定将要发生的事情。

单击"标签检查器"面板中的"添加行为"按钮 **+.**，在弹出的菜单中选择"拖动 AP 元素"选项，即可弹出"拖动 AP 元素"对话框，在该对话框中可以对相关选项进行设置。

● **AP 元素**

在该下拉列表中可以选择允许用户拖动的 AP Div。

● **移动**

在该下拉列表中包括"限制"或"不限制"两个选项。"不限制"选项适用于拼板游戏和其他拖放游戏；"限制"选项则适合用于滑块控制和可移动的布景。

● **放下目标**

在该选项后的"左"和"上"文本框中可以设置一个绝对位置，当用户将 AP Div 拖动到该位置时，自动放下 AP Div。

● **靠齐距离**

该选项用于设置当拖动的元素靠近对象多少距离就可以放下目标。

➡ 实战 110+ 视频：实现网页中可拖动元素

在某些电子商务网站上，经常会看到把商品用鼠标直接拖动到购物车中的情形。在某些在线游戏网站上，还会玩一些拼图游戏等。这样的效果与使用"拖动 AP 元素"行为所实现的效果非常相似。下面通过一个实战练习讲解如何在网页中实现可拖动的页面元素。

🏠 源文件：源文件 \ 第 12 章 \12-2-4.html

📹 操作视频：视频 \ 第 12 章 \12-2-4.swf

01 ▶ 打开 Dreamweaver CS6 软件，执行"文件 > 打开"命令，打开页面"源文件 \ 第 12 章 \12-2-4.html"。

02 ▶ 在标签选择器中选中 <body> 标签。

03 ▶ 单击"标签检查器"面板上的"添加行为"按钮 **+**，在弹出的菜单中选择"拖动 AP 元素"命令，在弹出的对话框中对相关选项进行设置。

04 ▶ 单击"高级"选项卡，切换到高级设置，在该面板中可以设置拖动 AP 元素的控制点、调用的 JavaScript 程序等，在这里使用默认设置。

05 ▶ 单击"确定"按钮，完成"拖动 AP 元素"对话框的设置。将"行为"面板中的鼠标事件设置为 onMouseDown。

06 ▶ 使用相同的方法，为页面中其他相应的元素添加"拖动 AP 元素"行为。

07 ▶ 执行"文件 > 保存"命令，保存页面，在浏览器中预览页面，用鼠标拖动 AP Div，可以随意对其进行拖动。

提问：为网页添加行为的基本步骤是怎样的？

答：在为网页添加行为的任何时候，都要遵循以下 3 个步骤：选择对象；添加动作；设置触发事件。

12.2.5 改变属性

单击"添加行为"按钮 **+**，在弹出的菜单中选择"改变属性"命令，即可弹出"改变属性"的对话框，在该对话框中可以对相关选项进行设置。

● **元素类型**

在该下拉列表中可以选择需要修改属性的元素。

● **元素 ID**

用来显示网页中所有该类型元素的名称，在该下拉列表中可以选择需要修改属性的 AP Div 的名称。

● **属性**

用来设置改变元素的哪种属性，可以直接在"选择"后面的下拉列表中进行选择，如果需要更改的属性没有出现在下拉列表中，可以在"输入"选项中手动输入属性。

● **新的值**

在该文本框中可以为选择的属性赋予新的值。

➡ 实战 111+ 视频：在网页中实现鼠标交互

在 Dreamweaver 中，改变 AP Div 属性是指当某个鼠标事件发生之后，通过这个动作可以改变 AP Div 的背景颜色等属性，以至于达到动态的页面效果。下面通过实战练习介绍如何通过"改变属性"行为实现网页中的鼠标交互效果。

🏠 源文件：源文件 \ 第 12 章 \12-2-5. html

01 ▶ 打开 Dreamweaver CS6 软件，执行"文件 > 打开"命令，打开页面"源文件 \ 第 12 章 \12-2-5.html"。

🔊 操作视频：视频 \ 第 12 章 \12-2-5. swf

02 ▶ 选择页面中需要添加"改变属性"行为的图片。

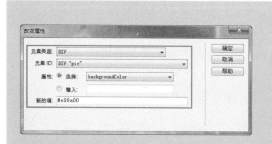

03 ▶单击"标签检查器"面板上的"添加行为"按钮,在弹出的菜单中选择"改变属性"命令,在弹出的对话框中对其进行设置。

04 ▶在"行为"面板中可以看到刚添加的"改变属性"行为,设置激活该行为的事件为 onMouseOver。

05 ▶使用相同的方法,选中图像,再次添加"改变属性"行为,在弹出的"改变属性"对话框中进行设置。

06 ▶单击"确定"按钮,在"行为"面板中设置激活该行为的事件为 onMouseOut。

07 ▶执行"文件 > 保存"命令,保存页面,在浏览器中预览页面,可以看到改变 AP Div 属性的效果。

提问： "改变属性"行为主要起到的作用是什么？

答：使用"改变属性"行为可以改变对象的属性值。例如当某个鼠标事件发生之后,对于这个动作的影响,动态地改变表格背景、AP Div 的背景等属性,以求获得相对动态的页面效果。

12.2.6　添加效果

效果通常用于在一段时间内高亮显示信息,创建动画过渡或者以可视方式修改页面元素。可以将效果直接应用于 HTML 元素,而不需要其他自定义标签。Dreamweaver CS6 中的"效果"行为可以增强页面的视觉功能，可以将它们应用于 HTML 页面上的几乎所有的元素。

> 如果需要为某个元素应用效果，首先必须选中该元素，或者该元素必须具有一个 ID 名。如果需要向当前未选定的 Div 标签应用高亮显示效果，该 Div 必须具有一个有效的 ID 值，如果该元素还没有有效的 ID 值，可以在"属性"面板上为该元素定义 ID 值。

通过运用"效果"行为可以修改元素的不透明度、缩放比例、位置和样式属性（如背景颜色），可以组合两个或多个属性来创建有趣的视觉效果。

由于这些效果是基于 Spry，因此在用户单击应用了效果的元素时，仅会动态更新该元素，而不会刷新整个 HTML 页面。在 Dreamweaver CS6 中为页面元素添加"效果"行为时，单击"行为"窗口上的"添加行为"按钮 ➕，弹出 Dreamweaver CS6 默认的"效果"行为菜单，在弹出的菜单中可以选择"效果>遮帘"命令，弹出"遮帘"对话框。

增大/收缩
使元素变大或变小。

挤压
使元素从页面的左上角消失。

显示/渐隐
使元素显示或渐隐。

晃动
模拟从左向右晃动元素。

滑动
上下移动元素。

遮帘
模拟百叶窗，向上或向下滚动百叶窗来隐藏或显示元素。

高亮颜色
更改元素的背景颜色。

目标元素
在该下拉列表中选择需要添加遮帘效果的元素 ID，如果已经选择了元素，可以选择"<当前选定内容>"选项。

效果持续时间
在该文本框中可以设置该效果所持续的时间，以毫秒为单位。

效果
在该下拉列表中可以选择需要添加的效果，有两个选项，分别是"向上遮帘"或"向下遮帘"。

向上遮帘自
在该文本框中，可以百分比或像素值形式定义遮帘的起始滚动点，该值是从元素的顶部开始计算的。

向下遮帘到
在该文本框中，可以百分比或像素值形式定义遮帘的终止滚动点，该值是从元素的顶部开始计算的。

切换效果
选中该复选框，则所添加的效果是可逆的，连续单击即可上下滚动。

➡ 实战 112+ 视频：添加网页过渡效果

在许多网站中，经常能够看到一些通过比较吸引人的画面效果来显示信息，在

Dreamweaver CS6 中可以运用"效果"行为来实现，运用"效果"行为可以修改元素的不透明度、缩放比例、位置和样式属性等。下面通过实战练习介绍通过添加"效果"行为实现网页过渡效果。

源文件：源文件 \ 第 12 章 \12-2-6. html

操作视频：视频 \ 第 12 章 \12-2-6. swf

01 ▶ 打开 Dreamweaver CS6 软件，执行"文件 > 打开"命令，打开页面"源文件 \ 第 12 章 \12-2-6.html"。

02 ▶ 选择页面中的 GO 图像，单击"行为"窗口上的"添加行为"按钮 ，在弹出的菜单中选择"效果 > 遮帘"命令，在弹出的"遮帘"对话框中进行设置。

03 ▶ 单击"确定"按钮，为元素添加"遮帘"效果，在"行为"窗口中将触发事件修改为 onClick。

04 ▶ 切换到代码视图中，可以看到页面中自动添加了相应的 JavaScript 脚本代码。

05 ▶ 执行"文件 > 保存"命令，弹出"复制相关文件"对话框，单击"确定"按钮，保存该文件。

06 ▶ 在浏览器中预览该页面，单击页面中设置了遮帘效果的元素，即可浏览效果。

提问：添加效果行为时自动创建的外部 JS 文件是必须的吗？

答：当用户为文件添加某种效果行为时，系统会自动创建一个外部的 JS 文件，并放置在站点根目录下的 SpryAssets 文件夹中，如果站点根目录中没有该文件夹，会自动创建该文件夹，并且在页面代码中添加相应的代码。其中的一行代码用来标示 SpryEffects.js 文件，该文件是包括这些效果所必需的，一定不能删除，否则这些效果将不起作用。

12.2.7　显示 / 隐藏元素

"显示 - 隐藏元素"行为可以根据鼠标事件显示或隐藏页面中的 AP Div，很好地改善了与用户之间的交互，这个行为一般用于给用户提示一些信息。当用户将鼠标指针滑过栏目图像时，可以显示一个 AP Div 给出的有关该栏目的说明或内容等详细信息。

⇒ 实战 113+ 视频：控制网页元素的显示

在一些游戏网站中我们经常看到当玩家的鼠标指针滑过栏目图像时，都会出现一些图像的说明或内容等详细信息。这就是显示 / 隐藏元素的行为，通过这种行为可以更好地改善网页的页面效果。

🏠 源文件：源文件 \ 第 12 章 \12-2-7.html

📃 操作视频：视频 \ 第 12 章 \12-2-7.swf

01 ▶ 打开 Dreamweaver CS6 软件，执行"文件>打开"命令，打开页面"源文件\第12章\12-2-7.html"。

```
<body>
<div id="box">
  <div id="title">欢迎来到小威工作室</div>
  <div id="pic"><img src="images/122703.png" width=
"166" height="205" /><img src="images/122702.png"
width="166" height="205" /><img src=
"images/122704.png" width="166" height="205" /></div>
  <div id="text">我是小威工程师，有什么可以帮助您？</div>
  <div id="text02">我是小红经理，，有什么可以帮助您？</div>
  <div id="text03">我是山姆大叔，有什么可以帮助您？</div>
</div>
</body>
</html>
```

02 ▶ 切换到代码视图中，可以看到整个页面的代码，以及各 Div 的 ID 名称。

03 ▶ 返回设计视图，选中需要添加"显示-隐藏元素"行为的图像。

04 ▶ 单击"行为"面板中的"添加行为"按钮 ✚，，在弹出的菜单中选择"显示-隐藏元素"命令，并在弹出的对话框中进行设置。

05 ▶ 单击"确定"按钮，在"行为"面板中设置事件为 onMouseOver。

06 ▶ 再次选择页面中的图像，单击"添加行为"按钮，在弹出的菜单中选择"显示-隐藏元素"命令，并在弹出的对话框中进行设置。

07 ▶ 单击"确定"按钮，在"行为"面板中设置事件为 onMouseOut。

08 ▶ 为页面中其他两个图像添加"显示-隐藏元素"行为，保存页面，在浏览器中预览页面。

提问："显示－隐藏元素"行为通常在网页中用于实现什么效果？

答：显示隐藏 AP Div 效果可以根据鼠标事件显示或隐藏页面中的 AP Div，这很好地改善了与用户之间的交互，这个动作一般为用户提示一些信息。

12.2.8 检查插件

利用 Flash、Shockwave 和 QuickTime 等软件制作页面的时候，如果访问者的计算机中没有安装相应的插件，就没有办法得到预期的效果。检查插件会自动监测浏览器是否已经安装了相应的软件，然后转到不同的页面中去。

在页面中选择相应的页面内容，单击"行为"窗口中的"添加行为"按钮，在弹出的菜单中选择"检查插件"命令，弹出"检查插件"对话框，在该对话框中可以对相关选项进行设置。

● **插件**

可以在该下拉列表中选择插件类型，包括 Flash、Shockwave、LiveAudio、QuickTime 和 Windows Media Player。

● **输入**

可以直接在文本框中输入要检查的插件类型。

● **如果有，转到 URL**

可以在该文本框中直接输入，当检查到浏览者浏览器中安装了该插件时，跳转到的 URL 地址，也可以单击"浏览"按钮选择目标文档。

● **否则，转到 URL**

在该文本框中可以直接输入，当检查到浏览者浏览器中未安装该插件时，跳转到的 URL 地址，也可以单击"浏览"按钮选择目标文档。

● **如果无法检测，则始终转到第一个 URL**

选中该复选框时，如果浏览器不支持对该插件的检查特性，则直接跳转到上面设置的第一个 URL 地址上。大多数情况下，浏览器会提示下载并安装该插件。

➡ 实战 114+ 视频：判断浏览器插件

在网页中加入 Flash 和 Shockwave 等元素可以使页面内容更加丰富，避免了页面过于死板、单调等缺陷，但是如果访问者的计算机中没有安装相应的插件，就没有办法得到预期的效果，所以检查插件就显得至关重要了。下面介绍如何检查浏览器中是否已经安装了相应的软件。

🏠 源文件：源文件 \ 第 12 章 \12-2-8. html　　　📶 操作视频：视频 \ 第 12 章 \12-2-8. swf

`01` ▶ 打开 Dreamweaver CS6 软件，执行"文件 > 打开"命令，打开页面"源文件 \ 第 12 章 \12-2-8.html"。

`02` ▶ 选中页面顶部的"立即检查"文字，在"属性"面板的"链接"文本框中输入 #，为文字设置空链接。

`03` ▶ 单击"行为"窗口中的"添加行为"按钮 ➕，在弹出的菜单中选择"检查插件"命令，并在弹出的对话框中进行设置。

`04` ▶ 单击"确定"按钮，在"行为"窗口中将触发事件修改为 onClick。

`05` ▶ 执行"文件 > 保存"命令，保存页面，在浏览器中预览页面，效果如图 14-74 所示。单击"检查插件"链接后，页面跳转到 true.html，表示检测到了 Flash 插件。

12.2.9 检查表单

在网上浏览时，经常会填写这样或那样的表单，提交表单后，一般都会有程序自动校验表单的内容是否合法。使用"检查表单"行为配合 onBlur 事件，可以在用户填写完表单的每一项之后，立刻检验该项是否合理。也可以使用"检查表单"行为配合 onSubmit 事件，当用户单击提交按钮后，一次校验所有填写内容的合法性。

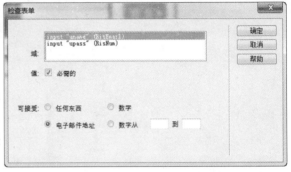

打开带有表单元素的网页页面，单击"标签检查器"面板中的"添加行为"按钮 ➕，在弹出的菜单中选择"检查表单"命令，弹出"检查表单"对话框，在该对话框中可以对相关的参数进行设置。

- **域**

  在"域"列表框中选择需要检查的文本域。

- **值**

  在"值"选项中选择浏览者是否必须填写此项，选中"必须的"复选框，则设置此选项为必填项目。

- **可接受**

  在"可接受"选项组中设置用户填写内容的要求。选中"任何东西"单选按钮，则对用户填写的内容不作限制。选中"电子邮件地址"单选按钮，在浏览器中会检查用户填写的内容中是否有"@"符号。选中"数字"单选按钮，则要求用户填写的内容只能是数字。选中"数字从…到…"单选按钮，将对用户填写的数字范围作出规定。

➡ 实战 115+ 视频：使用行为实现表单验证

在登录一些账号时都会发现，在自己不小心把用户名或账号输错的时候，经常会出现提示信息。在 Dreamweaver CS6 中，通过添加"检查表单"行为就可以轻松实现检查表单的功能。

🏠 源文件：源文件 \ 第 12 章 \12-2-9.html   📡 操作视频：视频 \ 第 12 章 \12-2-9.swf

01 ▶ 打开 Dreamweaver CS6 软件，执行"文件 > 打开"命令，打开页面"源文件 \ 第12 章 \12-2-9.html"。

02 ▶ 在标签选择器中选中 <form#form1> 标签，"检查表单"行为主要是针对 <form> 标签添加的。

03 ▶ 单击"标签检查器"面板中的"添加行为"按钮 ✚，在弹出的菜单中选择"检查表单"命令，并在弹出的对话框中进行设置。

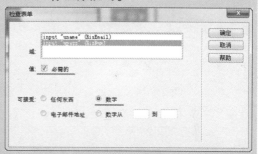

04 ▶ 选择 upass，设置其值是必须的，并且 upass 的值必须是数字。

05 ▶ 单击"确定"按钮，在"行为"窗口中将触发事件修改为 onSubmit，意思是当浏览者单击表单的提交按钮时，行为会检查表单的有效性。

06 ▶ 执行"文件 > 保存"命令，保存页面。在浏览器中预览页面，当用户输入信息，直接单击提交表单按钮后，浏览器会弹出警告对话框。

提示

　　验证功能虽然实现了，但是美中不足的是，提示对话框中的文本都是系统默认使用的英文，有些用户可能会觉得没有中文看着简单。不过没有关系，可以通过修改源代码来解决它。

07 ▶ 切换到代码视图中，找到弹出警告对话框中的提示英文字段。

08 ▶ 将英文的提示内容替换为相应的中文。

09 ▶ 在浏览器中预览页面，测试验证表单的行为，可以看到提示对话框中的提示文字内容已经变成了中文。

在客户端处理表单信息，无疑用到脚本程序。好在有些简单常用的有效性验证用户可以通过行为完成，不需要自己编写脚本。如果需要进一步的特殊验证，那么用户必须自己编写代码。

提问：如果不使用"检查表单"行为，还有什么方法可以对表单元素进行验证？

答：在 Dreamweaver 中提供了多种对表单元素进行检查验证的方法，除了可以使用"检查表单"行为进行验证外，还可以使用 Spry 验证表单的功能对表单元素进行验证，关于 Spry 验证表单已经在第 7 章中进行了介绍。

12.2.10　设置文本

通过设置文本的行为可以为选中的对象替换文本，该行为中包含了 4 个选项，分别是"设置容器的文本"、"设置文本域文字"、"设置框架文本"和"设置状态栏文本"。

➡ 实战 116+ 视频：添加浏览器状态栏文本

设置状态栏文本是网页中非常常见的一种效果，可以在浏览器左下方的状态栏上显示相应的信息，起到提示性的作用。

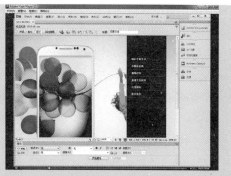

🏠 源文件：源文件 \ 第 12 章 \12-2-10.html　　　🔊 操作视频：视频 \ 第 12 章 \12-2-10.swf

`01` ▶ 打开 Dreamweaver CS6 软件，执行
"文件 > 打开"命令，打开页面"源文件 \ 第
12 章 \12-2-10.html"。

`02` ▶ 在标签选择器中选中 <body> 标签。

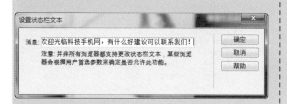

`03` ▶ 单击"行为"窗口上的"添加行为"
按钮 +，在弹出的菜单中选择"设置文本 >
设置状态栏文本"命令，并在弹出的对话框
中进行设置。

`04` ▶ 单击"确定"按钮，在"行为"窗口
中将触发事件修改为 onLoad，保存页面，
在浏览器中预览页面。

　提问："设置状态栏文本"可以实现什么样的效果？
　　答：使用该行为可以使页面在浏览器左下方的状态栏上显示一些文本信
　　息，像一般的提示链接内容、显示欢迎信息、跑马灯等经典技巧，都可以通
　　过这个行为的设置来实现。

12.2.11　调用 JavaScript

　　"调用 JavaScript"行为是指当某个鼠标事件发生的时候，可以指定调用某个

JavaScript 函数。在页面中选中某个对象，单击"标签检查器"面板中的"添加行为"按钮 ，在弹出的菜单中选择"调用 JavaScript"命令，弹出"调用 JavaScript"对话框。

在 JavaScript 文本框中输入需要执行的 JavaScript 或者需要调用的函数名称，单击"确定"按钮，完成"调用 JavaScript"对话框的设置。在"行为"面板中即生成所添加的"调用 JavaScript"行为，可以根据实际需要，对激活该行为的事件进行修改。

➡ 实战 117+ 视频：实现 JavaScript 特效

在浏览一些网站时经常会跳出一些介绍本网站的主题或一些欢迎之类的信息，这种行为称为"调用 JavaScript"行为，即当某个鼠标事件发生时，可以指定调用某个 JavaScript 函数。

🏠 源文件：源文件 \ 第 12 章 \12-2-11. html

📡 操作视频：视频 \ 第 12 章 \12-2-11. swf

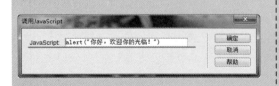

01 ▶ 打开 Dreamweaver CS6 软件，执行"文件 > 打开"命令，打开页面"源文件 \ 第 12 章 \12-2-11.html"。

02 ▶ 在标签选择器中选中 <body> 标签。

03 ▶ 单击"行为"窗口上的"添加行为"按钮 ，在弹出的菜单中选择"调用 JavaScript"命令，并在弹出的对话框中进行设置。

04 ▶ 单击"确定"按钮，在"行为"窗口中将触发事件修改为 onLoad。保存页面，在浏览器中预览页面。

提问：什么是动作？

答：动作只有在某个事件发生时才被执行。可以设置当鼠标移动到某超链接上时，执行一个动作使浏览器状态栏出现一行文字。

12.2.12　转到 URL

通常网页上的链接只有单击才能够打开，使用"转到 URL"行为后，可以使用不同事件打开链接，同时该行为还可以实现一些特殊的打开链接方式。例如在网页中一次性打开多个链接，当鼠标经过对象上方的时候打开链接等。

在页面中选中某个对象，单击"标签检查器"面板上的"添加行为"按钮 ➕，在弹出的菜单中选择"转到 URL"命令，弹出"转到 URL"对话框。

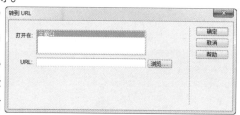

在"转到 URL"对话框中的"打开在"列表框中选择打开链接的窗口。在 URL 文本框中输入链接文件的地址，也可以单击"浏览"按钮，在本地硬盘中找到链接的文件。

单击"确定"按钮，完成"转到 URL"对话框的设置，在"行为"面板上可以设置合适的激活该行为的事件。

➡ 实战 118+ 视频：网页跳转

在网页中通过单击一个图像或一段文字，打开另一个新的页面，这种行为不仅丰富了网页内容，同时使浏览者的工作和学习更加方便和快捷，使用"转到 URL"行为可以丰富打开链接的事件及效果。

🏠 源文件：源文件 \ 第 12 章 \12-2-12. html

🔊 操作视频：视频 \ 第 12 章 \12-2-12. swf

01 ▶ 打开页面"源文件 \ 第 12 章 \12-2-12. html"。

02 ▶ 选择页面中需要添加"转到 URL"行为的图像。

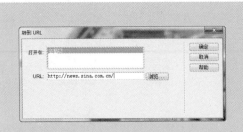

03 ▶ 单击"标签检查器"面板上的"添加行为"按钮 +，在弹出的菜单中选择"转到 URL"命令，并在弹出的对话框中进行设置。

04 ▶ 单击"确定"按钮，添加"转到 URL"行为，并修改该行为的事件为 onMouseOver。

05 ▶ 执行"文件 > 保存"命令，保存页面，在浏览器中预览页面，当鼠标移至 GO 图像上时，就可以打开相关的链接地址了。

提问：只可以为整个页面添加行为吗？

答：不是，行为可以附加到整个网页文档中，还可以附加到链接、表单、图像和其他网页元素中，也可以为每个事件指定多个动作，动作会按照"标签检查器"面板中的显示顺序发生。

12.3 本章小结

本章主要讲解了行为的使用方法，它是一种可视化的操作，可以创建程序语言实现的网页动感效果，而这些效果都是在客户端实现的。Dreamweaver CS6 中所插入的客户端行为，实际上是 Dreamweaver CS6 自动给网页添加了一些 JavaScript 代码，行为的功能不仅局限在已有的功能上，还可以通过第三方开发的插件，在 Dreamweaver 中添加新的行为，创建更为丰富的效果。

第 13 章　测试与上传网站

　　Dreamweaver CS6 的功能不仅体现在网页制作上，它更是一个管理网站的工具，而且与普通的 FTP 上传软件相比，该软件对网站的管理更加科学、全面。在完成了站点中网站页面的制作之后，就可以将网站页面上传到 Internet 服务器上，这样就可以让世界各地的朋友浏览到你的网站页面了，通过 Dreamweaver 就可以轻松完成这项工作。本章将详细介绍如何使用 Dreamweaver CS6 对网站页面进行测试，并将网站上传到 Internet。

13.1　测试网站页面

　　测试站点的内容有很多，例如不同浏览器能否浏览网站、不同显示分辨率的显示器能否显示网站、站点中有没有断开的链接等内容，都需要进行测试。对于大型的站点，测试系统程序，检查其功能是否能正常实现更是关键的工作，接下来的工作就是前台界面的测试，检查是否有文字与图片丢失、链接是否成功等。其中最为关键的是检查网站在不同的浏览器与显示分辨率下的显示，要确保网站在常用的浏览器及其设置的显示分辨率下能够正常显示。

13.1.1　浏览器兼容性

　　经常上网的用户应该非常了解，不同浏览器浏览同一个网页显示的效果可能并不相同，所以在制作网页的过程中要时刻注意网页的兼容性，如果制作出的网站有很多用户浏览，而根本无法保证这些用户都使用同一版本的浏览器，最好还是能够针对一两种主要的浏览器进行网站开发，这样虽然其他浏览器浏览网页时产生错误的情况不可避免，但可以使其尽可能少发生错误。

　　有时要使网页在几个版本的浏览器中都能够正常显示，也许是不可能的，所能做的就只有找一个平衡点了。不过还有另外一种解决问题的方法，在浏览者进入浏览页面之前，首先判断浏览者使用的是何种版本的浏览器，对于不同版本的浏览器调入不同的页面。但是这种方法也存在一个缺点，就是工作量要提高近一倍之多，相当于制作了两个或多个站点。

本章知识点

- ☑ 检查浏览器兼容性

- ☑ 检查网站链接

- ☑ 验证网页是否符合 W3C 规范

- ☑ 申请网站域名和空间

- ☑ 使用 Dreamweaver 上传网站

实战 119+ 视频：检查网页在不同浏览器中的兼容性

对于用户来说，不同的浏览器浏览同一个网站时，页面的显示效果可能会有所不同甚至出现错误，针对这一情况，Dreamweaver CS6 提供了网页检测功能，可以检测出在不同浏览器中网页的浏览器兼容性问题，便于网页设计者解决问题。

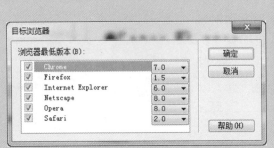

🏠 源文件：无

📡 操作视频：视频 \ 第 13 章 \13-1-1.swf

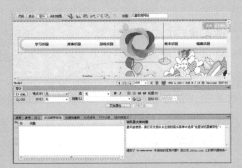

01 ▶ 执行"文件 > 打开"命令，打开页面"源文件 \ 第 14 章 \14-1.html"，以该页面为例讲解检查浏览器兼容性。

02 ▶ 执行"窗口 > 结果 > 浏览器兼容性"命令，打开"浏览器兼容性"面板。

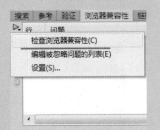

03 ▶ 单击"浏览器兼容性"面板左上方的绿色三角按钮，在弹出的菜单中选择"检查浏览器兼容性"命令。

04 ▶ Dreamweaver 会自动对当前文件进行目标浏览器的检查，并显示出检查结果。

在"浏览器兼容性"面板左侧的列表中选择某一个问题，在该面板右侧的"浏览器支持问题"列表中将显示该问题的详细解释，用户可以根据提示对问题做出相应的修改。

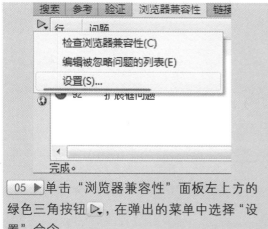 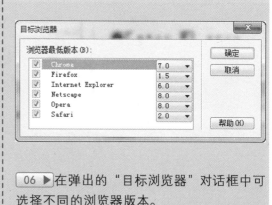

05 ▶ 单击"浏览器兼容性"面板左上方的绿色三角按钮 ▷，在弹出的菜单中选择"设置"命令。

06 ▶ 在弹出的"目标浏览器"对话框中可选择不同的浏览器版本。

提问：网页中的哪些元素会出现浏览器兼容性问题？

答：通常情况下，网页中文字、图像等元素在不同的浏览器中的兼容性不会存在什么问题，而例如 CSS 样式、Div 和行为等，在不同的浏览器中会存在比较大的差异，因此在制作网页的过程中需要注意这些因素。

13.1.2　链接检查

一个网站中包含有多个网站页面，各页面之间必须相互创建链接才能够使网站成为一个有机的整体。网站页面中的大多数元素包括图像、Flash 动画、视频和 CSS 样式等，都是通过链接的形式链接到网页中显示的。所以链接在网站中起着非常重要的作用，完成网站的制作，在对网站进行上传之前，很有必要对网站的链接进行检查。

➡ 实战 120+ 视频：检查网页中的链接

检查链接是站点测试的一个重要项目，可以使用 Dreamweaver 检查一个页面或者部分站点，甚至整个站点是否存在断开的链接。接下来通过实战练习介绍如何使用 Dreamweaver 检查网页中的链接。

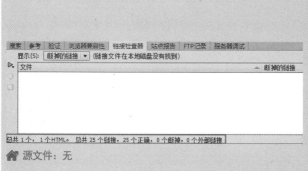 

操作视频：视频 \ 第 13 章 \13-1-2. swf

 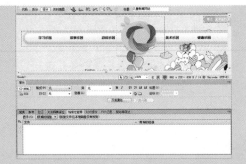

01 ▶ 执行"文件 > 打开"命令，打开页面"源文件\第14章\14-1.html"，以该页面为例讲解检查链接。

02 ▶ 执行"窗口 > 结果 > 链接检查器"命令，打开"链接检查器"面板。

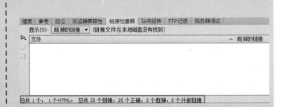

03 ▶ 单击"链接检查器"面板左上方的绿色三角按钮 ▷，在弹出的菜单中可以选择检测不同的链接情况。

04 ▶ 如果选择"检查当前文档中的链接"命令，检查完成后，即可在"链接检查器"面板中显示出检查的结果。

 提示 通过对该页面的链接检查，可以发现当前检查的页面中并不存在断掉的链接，如果检查到该页面中存在断掉的链接，将会显示在当前面板中，用户可以直接对其进行修改。

提问 提问：如何检查网页中的外部链接？

答：在"浏览器兼容性"面板上的"显示"下拉列表中除了默认的"断掉的链接"选项外，还有"外部链接"和"独立文件"两个选项。如果选择"外部链接"选项，可以检查文档中的外部链接是否有效。如果选择"孤立文件"选项，则可以检查站点中是否存在独立文件。所谓独立文件，就是没有任何链接引用的文件，该选项只在检查整个站点链接的操作中才有效。

13.1.3 W3C 验证

W3C 验证是在 Dreamweaver CS5.5 中才新加入的功能，这也是为了迎合 Web 标准对网页的需求，在 Dreamweaver 中通过 W3C 验证功能的使用，可以验证当前的页面或者站点是否符合 W3C 的要求。

➡ 实战 121+ 视频：验证网页是否符合 W3C 规范

常说 Web 标准，如何判断所制作的页面是否符合 Web 标准的要求呢？通过

Dreamweaver 中提供的 W3C 验证功能，可以轻松地对所制作的网页进行验证，接下来通过实战练习介绍如何验证网页是否符合 W3C 规范。

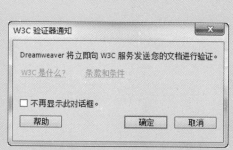

源文件：无

操作视频：视频 \ 第 13 章 \13-1-3. swf

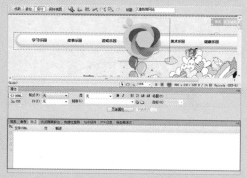

01 ▶ 执行"文件 > 打开"命令，打开需要进行验证的页面。

02 ▶ 执行"窗口 > 结果 > 验证"命令，打开"验证"面板。

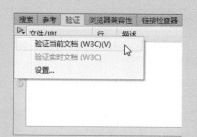

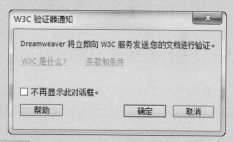

03 ▶ 单击"验证"面板左上方的绿色三角按钮，在弹出的菜单中选择"验证当前文档（W3C）"命令。

04 ▶ 即可弹出"W3C 验证器通知"对话框，单击"确定"按钮，即可向提交页面进行 W3C 验证。

```
    <div id="top-link"><img src="images/1404.gif"
width="46" height="25" /><img src=
"images/1405.gif" width="52" height=
"25" /><img src="images/1406.gif" width="62" height="25" />
<img src="images/1407.gif" width="56" height="25"
/></div>
```

05 ▶ 验证完成后，显示验证结果，通过观察验证结果发现，这几个错误都是网页中插入的图片，没有设置替换文本。

06 ▶ 双击第 1 条错误信息，Dreamweaver 会自动切换到代码视图中的错误位置。

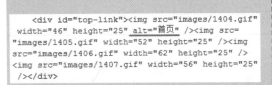

07 ▶ 在代码视图中为图片添加相应的替换文本。

08 ▶ 使用相同的方法，对其他错误进行修改。修改完成后，对页面进行 W3C 验证，此时显示页面中完全符合 W3C 规范。

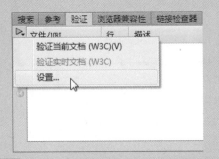

09 ▶ 单击"验证"面板左上方的绿色三角按钮 ，在弹出的菜单中选择"设置"命令。

10 ▶ 弹出"首选参数"对话框，在该对话框中可以设置需要验证的文件类型。

提问： 除了通过"验证"面板对网页进行 W3C 验证外，还有什么其他的方法？

答： 在 Dreamweaver CS6 中，除了可以在"验证"面板上对网页进行 W3C 验证外，还可以单击文档工具栏上的"W3C 验证"按钮 进行 W3C 验证，其验证的方法与使用"验证"面板完全相同。

13.2 上传网站页面

将制作好的网站进行上传是网站制作的最后一个步骤，制作好的网站只有上传到 Internet 服务器上之后，才能在互联网上进行浏览。在 Dreamweaver 中，可以对制作好的网站进行上传和下载操作，但在进行这些操作之前，需要对该站点进行测试，确定没有问题之后方可继续操作。

13.2.1 申请域名和空间

域名是一种网络商标，是企业或组织在 Internet 上的唯一标示。如今域名已经成为网站品牌形象识别的重要组成部分，只要在浏览器的地址栏中输入需要访问的网站的域名，那么全世界接入 Internet 的人就可以准确无误地访问网站的内容。

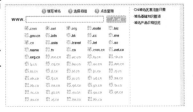

域名是由英文字母、数字和中横线组成的，由小数点"."将其分隔为几个组成部分，当域名注册后，其他的个人或者团体都不能在网上再注册相同的域名。

打开 IE 浏览器，在地址栏中输入 http://www.cnwg.cn，

按 Enter 键进入该网站，单击导航栏上的"域名注册"栏目，可以看到相关的域名注册查询信息。

在相应的文本框中输入自己想要的域名进行查询，直到找到适合自己的并且还未被注册的域名。

在起域名的时候，需要注意以下一些事项：组成域名的单词数量少于 3 个为佳；域名的意义一定要简单明了；尽量给人留下良好的印象；查看在搜索引擎中是否有好的排名或多的连接数。

有了属于自己的域名后，还需要一个用来存放网站文件的空间，这个空间在 Internet 上就是服务器，有两种方式供用户选择，分别为虚拟主机方式和独立的服务器，用户可以根据网站的内容设置以及发展前景进行适当的选择。

虚拟主机是使用特殊的软、硬件技术，将每台计算机分成一台"虚拟"的主机，打开 IE 浏览器，在地址栏中输入 http://www.cnwg.cn，进入该网站，单击导航栏上的"虚拟主机"栏目，可以看到各种虚拟主机产品的相关信息。

一般的企业多采用虚拟主机的方式，但对于一些经济实力雄厚并且业务量较大的企业，则可以购置自己独立的服务器。

实战 122+ 视频：使用 Dreamweaver 上传网站文件

使用 Dreamweaver 可以上传和下载网页文件，在上传网站时，首先必须在 Dreamweaver 的站点中为本站点设置远程服务器信息，然后才可以进行上传。下面通过实战练习介绍如何使用 Dreamweaver 上传网站文件。

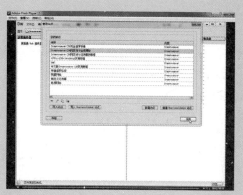

源文件：无

操作视频：视频 \ 第 13 章 \13-2-1.swf

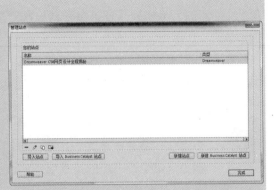

01 ▶ 单击"文件"面板上的"展开以显示本地或远端站点"按钮 🔲，打开 Dreamweaver 的站点"文件"面板。

02 ▶ 执行"站点 > 管理站点"命令，弹出"管理站点"对话框。

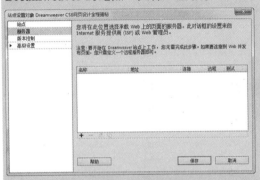

03 ▶ 选中需要定义远程服务器的站点，单击"编辑"按钮，弹出"站点设置对象"对话框，选择"服务器"选项。

04 ▶ 单击"添加新服务器"按钮，弹出服务器设置窗口。

05 ▶ 在服务器设置窗口中输入远程 FTP 地址、用户名和密码。

06 ▶ 单击"测试"按钮，测试远程服务器是否连接成功，如果连接成功，会弹出提示对话框，显示远程服务器连接成功。

> 💡 提示　如果在设置站点的远程服务器时，没有选中"保存"复选框，保存 FTP 密码，则当用户连接到远程服务器时，会弹出对话框提示用户输入 FTP 密码，并且可以选中"保存密码"复选框，以便下次连接时不用再次输入密码。

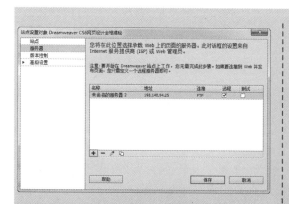

07 ▶单击"确定"按钮，再单击"保存"按钮，保存远程服务器设置信息。

08 ▶单击"保存"按钮，完成"站点设置对象"对话框的设置，单击"完成"按钮，返回"文件"面板。

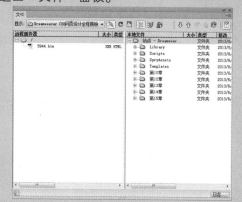

09 ▶单击工具栏中的"连接到远程服务器"按钮 ，弹出"后台文件活动"对话框，连接到远程服务器。

10 ▶成功连接到远程服务器之后，在"文件"面板的左侧窗口中将显示远程服务器目录。

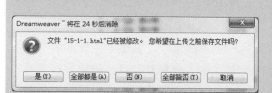

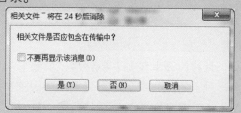

11 ▶在"文件"面板右侧选中要上传的文件或文件夹，然后单击"向远程服务器上传文件"按钮 ，即可上传选中的文件或文件夹。若选中的文件经编辑尚未保存，将会出现提示用户是否保存文件对话框。

12 ▶选择"是"或"否"后关闭对话框。如果选中的文件中引用了其他位置的内容，会弹出"相关文件"对话框，提示用户选择是否要将这些引用内容上传。

提示

有些 FTP 服务器不允许使用中文名称的文件或文件夹，因此在这里临时将其改成英文的名称。

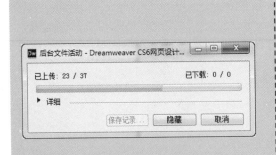

13 ▶单击"是"按钮，即可弹出"后台文件活动"对话框，Dreamweaver 会自动将选中的文件或文件夹上传到远程服务器。

14 ▶根据链接的速度不同，可能需要经过一段时间才能完成上传，然后在远程站点中会出现刚刚上传的文件。

在将文件从本地计算机中传到服务器上时，Dreamweaver 会使本地站点和远端站点保持相同的结构，如果需要的目录在 Internet 服务器上不存在，则在传输文件前，Dreamweaver 会自动创建它。

无论是上传文件还是下载文件时，Dreamweaver 都会自动记录各种 FTP操作，遇到问题时可以随时打开"FTP 记录"窗口查看 FTP 记录，执行"窗口 > 结果 >FTP 记录"命令，打开"FTP 记录"面板查看 FTP 记录。

提问：如何从远程服务器下载文件？
答：在"文件"面板左侧的远程站点列表中选中要下载的文件或文件夹，单击"从远程服务器获取文件"按钮 ⬇，即可将远程服务器上的文件下载到本地计算机中。

13.2.2　网站维护

当将网站上传到互联网后，就需要定时对其进行相应的维护。随着站点规模的不断扩大，对于站点的维护也将变得更加困难，这时便需要许多人分别对站点的模块进行维护，这也是涉及了合作与协调的问题。针对这种情况，必须设置流程化的操作过程，以确保同一时刻只能有一个维护人员对网页进行操作。

➡ 实战 123+ 视频：使用其他工具上传网站文件

除了可以使用 Dreamweaver 上传和下载网站以外，还可以使用其他一些上传工具上传网站，例如常用的 CutFTP 和 FlashFXP 等。下面以 FlashFXP 为例介绍如何使用 FlashFXP上传或下载网站文件。

源文件：无

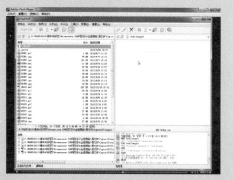

操作视频：视频 \ 第 13 章 \13-2-2. swf

01 ▶双击 FlashFXP 图标，运行该软件，显示 FlashFXP 软件界面。

02 ▶单击"连接"按钮 ，在弹出的菜单中选择"快速连接"选项，弹出"快速连接"对话框。

03 ▶在"快速连接"对话框中分别输入远程服务器的地址、用户名和密码。

04 ▶单击"连接"按钮，连接远程服务器的状态。

提示

在"快速连接"对话框中，通常只需要填写"服务器"、"用户名"和"密码"3项即可，如果以前连接过该远程服务器，则可以在"历史"下拉列表中选择。

05 ▶ 在软件窗口右上角可以看到远程服务器上的文件以及文件夹，在远程站点窗口中新建名为 web 的文件夹。

06 ▶ 在软件界面左上角的本地窗口中浏览到本地站点文件夹的位置。

07 ▶ 在右上角的远程服务器窗口中双击 web 文件夹，进入该文件夹，在左上角的窗口中选择需要上传的文件，将选中的文件拖入右上角的远程服务器窗口中，即可开始上传选中的文件。

08 ▶ 完成选中文件的上传，在右上角的远程服务器窗口中可以看到已经上传的文件，完成网站文件的上传。

提示　在远程服务器窗口中还可以对远程服务器上的网站文件进行操作，选中需要进行操作的文件或文件夹，单击鼠标右键，在弹出的快捷键菜单中选择相应的命令，对文件或文件夹进行"传送"、"删除"、"重命名"、"复制"和"移动"等操作。

提问：为什么需要对网站进行推广和维护工作？

答：网站的维护和推广是一个网站保持新鲜与活力必不可少的工作，将网站上传到互联网后，便需要定期对其进行相应的维护。网站成功上传之后，便进入了维护阶段。只有定期对网页中的内容进行维护和更新，才能够使页面摆脱一成不变的模样，从而有效地吸引浏览者的目光。

13.3　本章小结

本章详细介绍了网站的测试以及上传工作。利用 Dreamweaver 可以轻松地完成网站的上传、更新，以及对站点中链接的测试工作，找出其中断开和错误的链接并进行修复，以确保站点结构无误。完成本章内容的学习，读者需要能够掌握常用的网站测试以及维护方法，并能够使用 Dreamweaver 上传和下载网站。

第14章 制作儿童类网站页面

在设计制作儿童类的网站页面过程中，页面的布局尤为重要，除了页面的色调、风格等因素决定了页面的整体美观性之外，布局也会直接影响页面的视觉效果。同时使用一些卡通动画及图片进行搭配，尽量使整体页面的氛围营造一种生命的活力与朝气，这样才能够真切地表现出儿童世界的欢乐与纯真。

14.1 设计分析

随着社会的发展，越来越多的关于儿童方面的网站受到家长们的关注与青睐，本实例网站页面以暖色调为主，营造了一个温馨、舒适的视觉效果，并且本网站结构整体简约、大方，很大程度上抓住了浏览者倾向简约、舒适的心理。

14.2 色彩分析

儿童类网站在整体的色彩搭配上以米黄色、黄色为主色调，并且整体页面色彩非常丰富，给人一种轻松、舒适的视觉感受，页面中间的儿童卡通插画很好地体现了网站的主题，更加突显了网站本身的表达诉求。整个页面的色彩可以启发儿童天真的幻想和对未来的憧憬。

14.3 制作步骤

为了能够快速吸引受众的视线，该网站页面采用了居中布局的结构，页面中主要采用了儿童比较感兴趣的插画和文字作为页面的主要构成元素，通过图文的巧妙组合给人一种亲近感，使整个页面洋溢着和谐、快乐的气息。

源文件：源文件 \ 第 14 章 \14-1. html   操作视频：视频 \ 第 14 章 \14-1. swf

本章知识点

☑ 了解儿童网站设计

☑ 掌握在网页中插入 Div

☑ 使用 CSS 样式对页面进行控制

☑ 掌握网页中表单的制作

☑ 掌握 DIV+CSS 布局制作页面

01 ▶ 执行"文件 > 新建"命令，弹出"新建文档"对话框，新建一个空白文档，将该页面保存为"源文件 \ 第 14 章\14-1.html"。

02 ▶ 使用相同的方法，新建一个 CSS 样式表文件，并将其保存为"源文件 \ 第 14 章 \style\14-1.css"。

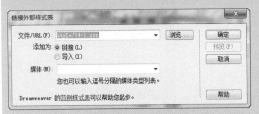

03 ▶ 单击"CSS 样式"面板上的"附加样式表"按钮，弹出"链接外部样式表"对话框，链接刚创建的外部 CSS 样式表文件，单击"确定"按钮。

```
* {
    margin: 0px;
    padding: 0px;
    border: 0px;
}
body {
    font-size: 12px;
    color: #777777;
    line-height: 20px;
    background-image: url(../images/1401.gif);
    background-repeat: repeat;
}
```

04 ▶ 切换到 14-1.css 文件中，创建名为 * 的通配符 CSS 样式和名为 body 的标签 CSS 样式。

```
#top-line {
    width: 100%;
    height: 3px;
    background-image:url(../images/1402.gif);
    background-repeat: repeat-x;
}
```

05 ▶ 返回到设计视图，可以看到页面的背景效果。

06 ▶ 将光标移至页面中，插入名为 top-line 的 Div，切换到 14-1-1.css 文件中，创建名为 #top-line 的 CSS 样式。

```
#box {
    width: 1040px;
    height: 100%;
    overflow: hidden;
    margin: 0px auto 0px auto;
}
```

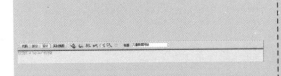

07 ▶ 返回设计视图，可以看到页面效果。将多余文字删除，在名为 top-line 的 Div 后插入名为 box 的 Div。

08 ▶ 切换到 14-1.css 文件中，创建名为 #box 的 CSS 样式。

```
#top-bg {
    width: 1040px;
    height: 537px;
    background-image: url(../images/1403.jpg);
    background-repeat: no-repeat;
    background-position: 42px top;
}
```

09 ▶ 返回设计视图，可以看到页面效果。将光标移至名为 box 的 Div 中，将多余的文字删除，插入名为 top-bg 的 Div。

10 ▶ 切换到 14-1.css 文件中，创建名为 #top-bg 的 CSS 样式。

```
#top-link {
    width: 216px;
    height: 25px;
    margin-top: 7px;
    margin-left: 783px;
}
```

11 ▶ 返回设计视图，可以看到页面效果。将光标移至名为 top-bg 的 Div 中，将多余的文字删除，插入名为 top-link 的 Div。

12 ▶ 切换到 14-1.css 文件中，创建名为 #top-link 的 CSS 样式。

13 ▶ 返回设计视图，可以看到页面效果。将光标移至名为 top-link 的 Div 中，将多余的文字删除。

```
#menu {
    width: 936px;
    height: 36px;
    background-image: url(../images/1408.png);
    background-repeat: no-repeat;
    margin: 34px auto 0px auto;
    padding: 8px 30px 18px 30px;
}
```

14 ▶ 插入图像"源文件\第14章\images\1404.gif"，使用相同的方法插入其他图像。

15 ▶ 在名为 top-link 的 Div 后插入名为 menu 的 Div，切换到 14-1.css 文件中，创建名为 #menu 的 CSS 样式。

16 ▶ 返回到计视图，可以看到页面效果。

17 ▶ 将光标移至名为 menu 的 Div 中，将多余文字删除，输入段落文字。

18 ▶ 选中刚输入的段落文字，在"属性"面板中单击"项目列表"按钮。

```
#menu li {
    list-style-type: none;
    float: left;
    width: 133px;
    text-align: center;
    font-family: 微软雅黑;
    font-weight: bold;
    font-size: 14px;
    line-height: 36px;
    color: #000;
}
```

19 ▶ 切换到 14-1.css 文件中，创建名为 #menu li 的 CSS 样式。

```
#logo {
    position: relative;
    width: 199px;
    height: 160px;
    top: -120px;
    margin-left: auto;
    margin-right: auto;
}
```

21 ▶ 在名为 menu 的 Div 后插入名为 logo 的 Div，切换到 14-1.css 文件中，创建名为 #logo 的 CSS 样式。

23 ▶ 将光标移至名为 logo 的 Div 中，将多余文字删除，插入图像"源文件 \ 第 14 章 \images\1409.png"。

25 ▶ 返回设计视图，可以看到页面效果。将光标移至名为 main-bg 的 Div 中，将多余文字删除，插入名为 rank 的 Div。

20 ▶ 返回设计视图，可以看到页面效果。

22 ▶ 返回设计视图，可以看到页面效果。

```
#main-bg {
    width: 940px;
    height: 619px;
    background-image: url(../images/1413.gif);
    background-repeat: no-repeat;
    padding-top: 16px;
    padding-left: 50px;
    padding-right: 50px;
}
```

24 ▶ 在名为 top-bg 的 Div 后插入名为 main-bg 的 Div，切换到 14-1.css 文件中，创建名为 #main-bg 的 CSS 样式。

```
#rank{
    float:left;
    width:307px;
    height:190px;
}
```

26 ▶ 切换到 14-1.css 文件中，创建名为 #rank 的 CSS 样式。

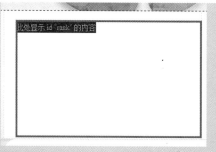

```
#rank-title {
    height: 25px;
    background-image: url(../images/1414.gif);
    background-repeat: no-repeat;
    background-position: left 10px;
    padding-top: 15px;
    text-align:right;
}
```

27 ▶ 返回设计视图，可以看到页面效果。将光标移至名为 rank 的 Div 中，将多余文字删除，插入名为 rank-title 的 Div。

28 ▶ 切换到 14-1.css 文件中，创建名为 # rank-title 的 CSS 样式。

```
#rank-text{
    width:307px;
    height:141px;
}
```

29 ▶ 返回设计视图，可以看到页面效果。将光标移至名为 rank-title 的 Div 中，将多余文字删除，在该 Div 之后插入名为 rank-text 的 Div。

30 ▶ 切换到 14-1.css 文件中，创建名为 # rank-text 的 CSS 样式。

本周热点

爱孩子要智爱不要溺爱2013.6.1父爱对孩子智力的影响比母爱更大2013.6.6让宝宝怎样爱上白开水2013.6.9可以让孩子更耐寒的食品2013.6.12

31 ▶ 返回设计视图，可以看到页面效果。

32 ▶ 将光标移至名为 rank-text 的 Div 中，将多余文字删除，并输入文字。

```
<div id="rank-text">
    <dl>
        <dt>爱孩子要智爱不要溺爱</dt>
        <dd>2013.6.1</dd>
        <dt>父爱对孩子智力的影响比母爱更大</dt>
        <dd>2013.6.6</dd>
        <dt>让宝宝怎样爱上白开水</dt>
        <dd>2013.6.9</dd>
        <dt>可以让孩子更耐寒的食品</dt>
        <dd>2013.6.12</dd>
    </dl>
</div>
```

```
#rank-text dt{
    float:left;
    width:230px;
    border-bottom:#bde0da dashed 1px;
    padding-left:25px;
    line-height:30px;
    background-image: url(../images/1415.gif);
    background-repeat: no-repeat;
    background-position: 5px center;
}
#rank-text dd{
    float:left;
    width:52px;
    border-bottom:#bde0da dashed 1px;
    line-height:30px;
}
```

33 ▶ 切换到代码视图中，为文字添加列表标签。

34 ▶ 切换到 14-1.css 文件中，创建名为 #rank-text dt 和 #rank-text dd 的 CSS 样式。

本周**热点**

➡ 爱孩子要智爱不要溺爱	2013.6.1
➡ 父爱对孩子智力的影响比母爱更大	2013.6.6
➡ 让宝宝怎样爱上白开水	2013.6.9
➡ 可以让孩子更耐寒的食品	2013.6.12

```
#business{
    float:left;
    width:287px;
    height:190px;
    margin-left: 20px;
}
```

35 ▶ 返回设计视图，可以看到页面效果。

36 ▶ 在名为 rank 的 Div 后插入名为 business 的 Div，切换到 14-1.css 文件中，创建名为 #business 的 CSS 样式。

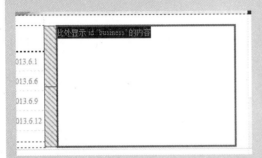

37 ▶ 返回到设计视图中，可以看到页面的效果。

38 ▶ 使用相同的制作方法，可以完成该 Div 中内容的制作。

```
#right{
    float:left;
    width:304px;
    height:190px;
    margin-left:22px;
}
```

39 ▶ 在名为 business 的 Div 后插入名为 right 的 Div，切换到 14-1.css 文件中，创建名为 #right 的 CSS 样式。

40 ▶ 返回到设计视图，可以看到页面效果。

```
#login{
    width:268px;
    height:115px;
    padding:0px 7px 0px 29px;
}
```

41 ▶ 将光标移至名为 right 的 Div 中，将多余文字删除，插入名为 login 的 Div，切换到 14-1.css 文件中，创建名为 #login 的 CSS 样式。

42 ▶ 返回到设计视图中，可以看到页面的效果。

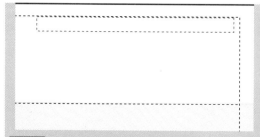

43 ▶ 将光标移至名为 login 的 Div 中，将多余文字删除，单击"插入"面板上"表单"选项卡中的"表单"按钮，插入红色虚线表单区域。

44 ▶ 将光标移至表单区域中，单击"插入"面板上"表单"选项卡中的"文本字段"按钮，在弹出的对话框中对相关选项进行设置。

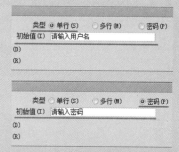

45 ▶ 设置完成后，单击"确定"按钮，插入文本字段。

46 ▶ 将光标移至刚插入的文本字段后，按快捷键 Shift+Enter，插入换行符，使用相同的方法，插入另一个文本框，在"属性"面板上分别对其相关属性进行设置。

```
#uname,#upass{
    height:30px;
    width:142px;
    background-image: url(../images/1421.gif);
    background-repeat: no-repeat;
    padding-left: 15px;
    padding-right: 15px;
    line-height: 30px;
    color: #A3A687;
    margin-top: 5px;
    margin-bottom: 5px;
}
```

47 ▶ 切换到 14-1.css 文件中，创建名为 #uname,#upass 的 CSS 样式。

48 ▶ 返回设计视图中，可以看到文本字段的效果。

49 ▶ 将光标移至第一个文本字段前，单击"表单"选项卡中的"图像域"按钮，在弹出的"选择图像源文件"对话框中选择相应的图像。

50 ▶ 单击"确定"按钮，在弹出的对话框中进行设置。

```
#button {
    float: right;
    margin-top: 2px;
}
```

51 ▶ 单击"确定"按钮，在页面中插入图像域。

52 ▶ 切换到 14-1.css 文件中，创建名为 #button 的 CSS 样式。

53 ▶ 返回设计视图中，可以看到页面效果。将光标移至第 2 个文本字段后，按快捷键 Shift+Enter，插入换行符。

54 ▶ 单击"插入"面板上"表单"选项卡中的"复选框"按钮，在弹出的对话框中进行设置。

55 ▶ 单击"确定"按钮，插入复选框。

56 ▶ 在复选框后插入图像并输入文字。

```
.img01{
    margin-left:50px;
    margin-right:5px;
}
.img02{
    margin-left:7px;
    margin-right:5px;
}
```

57 ▶ 切换到 14-1.css 文件中，创建名为 .img01、.img02 的类 CSS 样式。

58 ▶ 返回到设计视图，分别为图片应用类 CSS 样式。

```
#pic03{
    padding-top:15px;
    text-align: center
}
```

59 ▶ 在名为 login 的 Div 后插入名为 pic03 的 Div，切换到 14-1.css 文件中，创建名为 #pic03 的 CSS 样式。

60 ▶ 返回到设计视图中，可以看到页面的效果。

324

```
#pic03 img {
    margin-left:  8px;
    margin-right: 8px;
}
```

61 ▶ 将光标移至名为 pic03 的 Div 中，将多余文字删除，并插入图像。

62 ▶ 切换到 14-1.css 文件中，创建名为 #pic03 img 的 CSS 样式。

63 ▶ 返回到设计视图中，可以看到页面的效果。

64 ▶ 使用相同的方法，可以完成其他部分内容的制作。

```
#bottom {
    width:   860px;
    height:  90px;
    margin:  10px auto;
    color:   #9B9890;
    line-height: 25px;
}
```

65 ▶ 在名为 main-bg 的 Div 后插入名为 bottom 的 Div，切换到 14-1.css 文件中，创建名为 #bottom 的 CSS 样式。

66 ▶ 回到设计视图，可以看到页面效果。

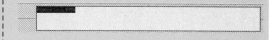

```
.font01 {
    font-weight: bold;
    line-height: 40px;
    color: #6D6A64;
}
```

67 ▶ 将光标移至名为 bottom 的 Div 中，将多余文字删除，输入文字。

68 ▶ 切换到 14-1.css 文件中，创建名为 .font01 的类 CSS 样式。

69 ▶ 返回到设计视图，选中相应的文字，为其应用名为 font01 的类 CSS 样式。

70 ▶ 完成页面制作，执行"文件 > 保存"命令，保存该页面，在浏览器中预览页面。

14.4　本章小结

　　通过对本实例的制作，读者需要掌握使用 DIV+CSS 对页面的构成元素进行精确合理的控制方法，掌握在网页中图像与文字之间的搭配，能够综合应用各种类型的 CSS 样式对网页元素进行外观表现控制和定位，希望对读者在以后的学习与工作中有所帮助。

第 15 章　制作游戏类网站页面

休闲游戏给人的感觉是兴奋、自由和愉快的，所以休闲旅游网站的设计大部分都是明朗而富有活力的。休闲游戏网站都是为了能表现游戏的乐趣和有效地提供信息而制作的网页。

游戏类网站的页面与其他类型的网站页面相比，在 Flash 动画与交互性方面可能会比较复杂一些，游戏类网站的页面不但要起到宣传的作用，还要在视觉效果上能够充分地吸引浏览者的眼球。

15.1　设计分析

为了在视觉效果上能够更充分地吸引浏览者的眼球，本网站页面采用了华丽图片作为网页的背景，并在网页中运用了 Flash 动画，充分渲染出游戏的特点，给浏览者留下深刻的印象，达到宣传和推广游戏的效果。

15.2　色彩分析

本实例遵循了大部分游戏网站页面的设计风格，背景和边框运用比较淡的颜色，与页面主体内容的鲜亮色彩形成鲜明对比，既达到突出主体的效果，又不至于完全脱离背景，很好地把握了颜色之间的搭配，使得整个页面显得欢快、清新。

本章知识点

- ☑ 游戏网站设计
- ☑ 网页背景的控制
- ☑ 网页中新闻列表的制作
- ☑ 在网页中插入 FLV 视频
- ☑ DIV+CSS 布局制作网站

15.3　制作步骤

本实例首先完成的是页面顶部的 Flash 导航，而中间主体部分分为三部分，从左到右依次进行制作，主体内容主要包括了表单元素的插入、项目列表标签的添加和定义、Div 标签边框的设置，以及背景图像的定位。

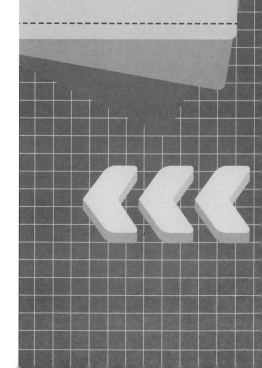

🏠 源文件：源文件 \ 第 15 章 \15-1.html 　📡 操作视频：视频 \ 第 15 章 \15-1.swf

01 ▶ 执行"文件 > 新建"命令，弹出"新建文档"对话框，新建一个空白文档，将该页面保存为"源文件 \ 第 15 章 \15-1.html"。

02 ▶ 使用相同的方法，新建一个 CSS 样式表文件，并将其保存为"源文件 \ 第 15 章 \style\15-1.css"。

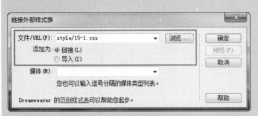

```
*{
    margin:0px;
    padding:0px;
    border:0px;
}
body{
    font-family:"宋体";
    font-size:12px;
    color:#999;
    background-image:url(../images/15001.gif);
    background-repeat:repeat-x;
    background-color:#FDFEE4;
}
```

03 ▶ 单击"CSS 样式"面板上的"附加样式表"按钮，弹出"链接外部样式表"对话框，链接刚创建的外部 CSS 样式表文件。

04 ▶ 切换到 15-1.css 文件中，创建名为 * 的通配符 CSS 样式和名为 body 的标签 CSS 样式。

```
#bg{
    width:100%;
    height:100%;
    overflow:hidden;
    background-image:url(../images/15001.jpg);
    background-repeat:no-repeat;
    background-position:center top;
}
```

05 ▶ 返回到设计视图，可以看到页面的背景效果。

06 ▶ 将光标移至页面中，插入名为 bg 的 Div，切换到 15-1.css 文件中，创建名为 #bg 的 CSS 样式。

```
#box{
    width:980px;
    height:100%;
    overflow:hidden;
    margin:0px auto;
}
```

07 ▶ 返回到设计视图中，可以看到页面的效果。

08 ▶ 将光标移至名为 bg 的 Div 中，将多余文字删除，插入名为 box 的 Div，切换到 15-1.css 文件中，创建名为 #box 的 CSS 样式。

```
#top{
    width:956px;
    height:155px;
    background-image:url(../images/15002.jpg);
    background-repeat:no-repeat;
    background-position:center -1px;
    padding-bottom:29px;
    padding-left:24px;
}
```

09 ▶ 返回到设计视图中，可以看到页面的效果。

10 ▶ 将光标移至名为 box 的 Div 中，将多余文字删除，插入名为 top 的 Div，切换到 15-1.css 文件中，创建名为 #top 的 CSS 样式。

```
#logo{
    width:159px;
    height:70px;
    margin-left:30px;
    padding-top:25px;
}
```

11 ▶ 返回到设计视图中，可以看到页面的效果。

12 ▶ 将光标移至名为 top 的 Div 中，将多余文字删除，插入名为 logo 的 Div，切换到 15-1.css 文件中，创建名为 #logo 的 CSS 样式。

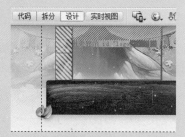

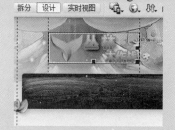

13 ▶ 返回到设计视图中，可以看到页面的效果。

14 ▶ 将光标移至名为 logo 的 Div 中，将多余文字删除，插入图像"源文件\第15章\images\15003.png"。

```
#menu{
    width:956px;
    height:60px;
}
```

15 ▶ 在名为 logo 的 Div 后插入名为 menu 的 Div，切换到 15-1.css 文件中，创建名为 #menu 的 CSS 样式。

16 ▶ 返回到设计视图中，可以看到页面的效果。

17 ▶ 将光标移至名为 menu 的 Div 中，将多余文字删除，单击"插入"面板上"图像"按钮旁的三角形按钮，在弹出的菜单中选择"鼠标经过图像"命令。

18 ▶ 弹出"插入鼠标经过图像"对话框，对相关选项进行设置。

19 ▶ 单击"确定"按钮，插入鼠标经过图像。

20 ▶ 使用相同的方法，完成其他鼠标经过图像的制作。

```
#top img{
    margin-right:2px;
}
```

21 ▶ 切换到 15-1.css 文件中，创建名为 #top img 的 CSS 样式。

22 ▶ 返回到设计视图，可以看到页面效果。

```
#main{
    width:964px;
    height:100%;
    overflow:hidden;
    background-repeat:repeat-x;
    margin:0px auto;
}
```

23 ▶ 在名为 top 的 Div 后插入名为 main 的 Div，切换到 15-1.css 文件中，创建名为 #main 的 CSS 样式。

24 ▶ 返回到设计视图，可以看到页面效果。

```
#left{
    float:left;
    width:648px;
    height:100%;
    overflow:hidden;
    margin-bottom:20px;
}
```

25 ▶ 将光标移至名为 main 的 Div 中，将多余文字删除，插入名为 left 的 Div，切换到 15-1.css 文件中，创建名为 #left 的 CSS 样式。

26 ▶ 返回到设计视图，可以看到页面效果。

```
#flash{
    width:648px;
    height:365px;
    background-image:url(../images/15011.gif);
    background-repeat:no-repeat;
    background-position:center bottom;
}
```

27 ▶ 将光标移至名为 left 的 Div 中，将多余文字删除，插入名为 flash 的 Div，切换到 15-1.css 文件中，创建名为 #flash 的 CSS 样式。

28 ▶ 返回到设计视图中，可以看到页面的效果。

29 ▶ 将光标移至名为 flash 的 Div 中，将多余文字删除，插入 flash 动画 "源文件 \ 第 15 章 \images\15010.swf。

30 ▶ 选中刚插入的 flash 动画，在 "属性" 面板上对其相关属性进行设置。

```
#rank{
    float:left;
    width:314px;
    height:218px;
    background-image:url(../images/15012.gif);
    background-repeat:no-repeat;
    background-position:center 15px;
    padding-top:50px
}
```

31 ▶ 在名为 flash 的 Div 后插入名为 rank 的 Div，切换到 15-1.css 文件中，创建名为 #rank 的 CSS 样式。

32 ▶ 返回到设计视图，可以看到页面效果。

```
#rank_title{
    width:314px;
    height:30px;
    color:#5d463f;
    font-weight:bold;
    line-height:30px;
    border-bottom:#bde0da solid 1px;
}
```

33 ▶ 将光标移至名为 rank 的 Div 中，将多余文字删除，插入图像 "源文件 \ 第 15 章 \images\15013.jpg。

34 ▶ 将光标移至图像后，插入名为 rank_title 的 Div，切换到 15-1.css 文件中，创建名为 # rank_title 的 CSS 样式。

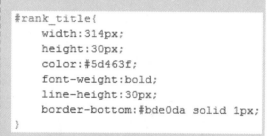

35 ▶ 返回到设计视图，可以看到页面效果。

36 ▶ 将光标移至名为 rank_title 的 Div 中，将多余文字删除，输入文字。

```
.a{
    color:#360;
    margin-left:5px;
    margin-right:5px;
    font-weight:normal;
}
.b{
    color:#360;
    margin-left:150px;
    margin-right:20px;
    font-weight:normal;
}
```

37 ▶ 切换到 15-1.css 文件中，创建名为 .a 和 .b 的类 CSS 样式。

38 ▶ 返回到设计视图，为相应文字应用该类 CSS 样式。

```
#rank_text{
    width:314px;
    height:155px;
    margin-top:5px;
    color:#8d7869;
}
```

39 ▶ 在名为 rank_title 的 Div 后插入名为 rank_text 的 Div，切换到 15-1.css 文件中，创建名为 #rank_text 的 CSS 样式。

41 ▶ 将光标移至名为rank_text的Div中，将多余文字删除，插入图片并输入文字。

43 ▶ 切换到 15-1.css 文件中，创建名为 #rank_text dt 和 #rank_text dd 的 CSS 样式，以及名为 .img 和 .font 的类 CSS 样式。

```
#business{
    float:left;
    width:312px;
    height:218px;
    margin-left:20px;
    background-image:url(../images/15017.jpg);
    background-repeat:no-repeat;
    background-position:center 15px;
    padding-top:50px;
    padding-left:2px;
}
```

45 ▶ 在名为 rank 的 Div 后插入名为 business 的 Div，切换到 15-1.css 文件中，创建名为 # business 的 CSS 样式。

40 ▶ 返回到设计视图，可以看到页面效果。

42 ▶ 切换到代码视图中，添加列表标签。

排名	玩家名称	等级
1	极品小公子	100
2	邪帝之泪	96
3	帅到被人砍	89
4	战神	88
5	王者归来	80

44 ▶ 返回到设计视图，为相应的图片和文字应用类 CSS 样式，可以看到该部分内容的效果。

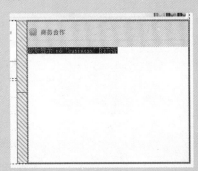

46 ▶ 返回到设计视图中，可以看到页面的效果。

```
#pic{
    float:left;
    width:95px;
    height:118px;
    color:#3c3b3b;
    font-weight:bold;
    margin-left:4px;
    margin-right:4px;
    line-height:28px;
    text-align:center;
}
```

47 ▶ 将光标移至名为 business 的 Div 中，将多余文字删除，插入名为 pic 的 Div，切换到 15-1.css 文件中，创建名为 #pic 的 CSS 样式。

48 ▶ 返回到设计视图，可以看到页面效果。

```
.font01{
    background-image:url(../images/15018.png);
    background-repeat:no-repeat;
    background-position:15px center;
}
```

49 ▶ 将光标移至名为 pic 的 Div 中，将多余文字删除，插入图片并输入文字。

50 ▶ 切换到 15-1.css 文件中，创建名为 .font01 的 CSS 样式。

51 ▶ 返回到设计视图，为文字应用类 CSS 样式。

52 ▶ 使用相同的方法，完成其他内容的制作。

```
#right{
    float:left;
    width:297px;
    height:100%;
    overflow:hidden;
    margin-left:19px;
}
```

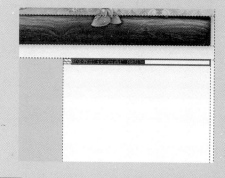

53 ▶ 在名为 left 的 Div 后插入名为 right 的 Div，切换到 12-1-1.css 文件中，创建名为 #right 的 CSS 样式。

54 ▶ 返回到设计视图中，可以看到页面的效果。

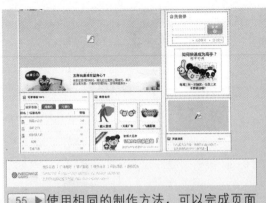

55 ▶ 使用相同的制作方法，可以完成页面右侧部分内容的制作。在名为 main 的 Div 之后插入名为 bottom 的 Div，使用相同的方法，可以完成页面版底信息部分内容的制作。

56 ▶ 完成该页面的制作，执行"文件 > 保存"命令，保存该页面，在浏览器中预览页面的效果。

15.4 本章小结

要完成本实例的制作，读者需要掌握使用 DIV+CSS 对网页进行布局制作的方法，特别是使用 CSS 样式对背景图像进行定位的方法，并且在页面的制作过程中，涉及了表单元素、新闻列表等网页中常见的元素。掌握这些网页元素的制作方法，有利于更好地完成实例。